墙之规定办法》，下令拆城，城墙的东段、西段和北段大部分被拆除，唯南段临近江水，不可能成为人群疏散的障碍，且有防洪之用，便留了下来。但严州城垣废弃大半，只剩下孤零零的澄清门、福运门两座城楼。

1942年5月，日军攻入建德县城，在此建立警备司令部。严州古城沦陷，澄清门城楼一度成了日军的江边瞭望处，被恣意毁损。

1958年8月，富春江水电站开始建设，时为建德专区治所所在地的梅城恰在水库库区内。为了库区蓄水，从1961年1月起，梅城防洪大坝施工。1965年富春江水电站复建，梅城大坝从次年恢复施工，澄清门、福运门城楼被拆除，原城墙处改建成了防洪大坝。自此，这座高大雄伟的城楼从人们眼前消失了。

1968年12月，富春江水电站基本建成。为减少损失，避免大量移民，经国家批准，在梅城镇筑坝护城，至1970年4月全部竣工，国家投入资金1100万元。大坝自钟楼山起向南，循古城墙向西至西湖山止，全长2270米，以未拆除的古城墙作为大坝内坡，用黏土斜墙防渗砂石料支撑混合结构，迎水面用干砌块石作护坡。用大石块水泥封闭澄清门和福运门。大坝高8米至12米，最高处达19.5米，坝顶宽3米以上。

1993年，在建德市委、市政府的支持下，栴城镇着手进行严州古城风貌恢复工程，包括思范坊、建德侯坊在内的一批古迹得以重建，部分古城墙也得以修复和重建。此后，结合实施杭州市“三江两岸”生态景观保护与建设工程，旨在让“三江两岸”整体形成“一带一轴四区八组团”的空间结构，打造出一条山水秀美、生态宜居、城景交融的世界一流的风景廊道。2010年8月18日，梅城大坝改造提升工程开工，并于2017年8月全线竣工。

梅城大坝加固工程的主要内容是防洪除险加固，同时实施了顶部地面青砖嵌铺，外侧雉堞用青砖砌成。在旧城墙基础上向西湖山延长一段城墙，并新建一座城门，称为定川门，城门上建城楼，恢复唐代睦州城的格局，把西湖包容在城内。澄清门西侧古城墙被新建城墙包裹在内，东侧古城墙从澄清门一直保留至福运门为止，城墙顶外侧重建梅花雉堞，恢复昔日旧观。澄清门风貌更显靓丽。

2014年7月中旬，修葺一新的澄清门重新打开，一座两层仿古城楼巍然屹立于澄清门之上，成为严州古城的标志性建筑之一。

如今的澄清门雄伟高大，楼上飞檐挑角，城门上方的城楼正中挂着牌匾“澄清楼”。城门正对着严州古城最主要的街道正大街，再往北连通南大街，先前还直接严州府台衙门，这澄清门又理所当然地成了严州的南大门。

澄清门城门门面由石块叠成，形成拱圈状，门洞内则由整齐的青砖堆砌而成，现高5米至6米，宽3.5米至4米。面朝正大街方向，城门上方有“澄清门”三字行书的匾额镶嵌，城楼正中高悬“严州”二字草体的牌匾；而面朝三江口方向，城门上方，是“严州”二字魏碑体的牌匾，城楼上方悬有“澄清楼”三字隶书的匾额，成为城门城楼乃至整座城垣的名称标识。“严州”和“澄清门”“澄清楼”三个名称的互用，说明城门和城楼乃浑然一体。

登上澄清门城楼，举目远眺，三江口汇合处，雄姿清晰可见。新安江自西向东，兰江自南而来，烟波浩渺，形如“丁”字。晚唐诗人杜牧曾为此而赋诗：“越嶂远分丁字水，腊梅迟见二年花。”说的便是这番景色。顺着流水东望，可见南北双塔屹立峰峦，这姿态已保持了千百年。宽阔的江面上，有飞鸟绕船追逐，吱吱的鸣叫更添几分幽静。伫立在楼前远眺，你可以默想很久，纵横古今的情绪已在你胸中激荡，让你更觉这江、这楼、这城垣历史的源远流长。

城楼二层廊下有四根黑色柱子，镌刻有金色楹联，内柱联为：“澄坐江山收雨脚，清游风月畅天心。”外柱联为：“城头判水知清浊，楼角飞霞说古今。”城楼正中有一方形诗屏，题有“澄清楼上望澄清，塔影波光耀眼明。千载梅城如一镜，人间正道有浮沉”，两边柱联为：“半朵梅花几多思慕，一竿钓竹些许闲情。”寓意深刻。

下到澄清楼一层，又见一诗屏，也有诗和对联，诗为：“叠峰飞云岫，群山绕水流。梅城兴古镇，建德筑江楼。荟集前贤雅，互通复走游。功业垂永久，胜地惠千秋。”对联是：“绿掩山中千峰诗韵，烟笼江上一堞梅香。”其意隽永。

“澄清”一名取自《后汉书・党锢传》：“（范）滂登车揽辔，慨然有澄清天下之志。”后来，因为城门上有“澄清”二字，这里成了当地居民们辨别是非、澄清正名的地方，当你觉得“跳进黄河也洗不清”时，澄清门外新安江的清澈水色可清洗污秽。如今，政府部门的失实检举控告澄清正名发布会也选择在此举行，这里成了“澄清门下道澄清”活动举办地，不少干部在这里洗去了冤屈，焕发了工作热情和担当精神，这是古人筑造这座城门城楼时未曾料到的。

与澄清门相对的福运门，俗称小南门，其地址在南北方向的古县治直街南端，即今字民路终点与东西方向的小南门街巷（今为城南东路）交会处。如今，这里开辟为沿江绿化带即严州文化公园。

依本节前述，元至正二十一年五月，李文忠在严州城基础上着手重建建安城，改原先的八门为五门，其中未有小南门，这可能是小南门建成后，不知何时何故已经壅塞，因此后人未予记载，乾隆《建德县志》亦未载入。道光《建德县志》在依乾隆志叙及五门后，又按云：“又有

◇俗称小南门的福运门（梅城镇政府提供）

小南门，道光四年，知府聂镐敏就旧地重开，榜曰福运。”

这位聂镐敏知府还撰有《重开小南门记》一文，将重开此门的缘起、经过和作用记叙得十分详尽：“君等亦知明初移城，设门之精意乎？从北移出南，直临新安江，取以水为池之象也，从西移过东，近接对岸来会之婺江，取两水会合之情也。婺江为本省金、衢、台、温、处五府，外省两广、湖南、江西、福建之孔道，非若新安江出自徽州一郡。开设小南门，与婺江相向，使有情来会之水，更以辟户纳其款，且便往来商旅，就近分泊，使舟楫用济之众，咸以带阛聚其势也。迎受者众，流通者广，小南门之利赖多。”

福运门为何辟而又闭，各代府志、县志对此语焉不详，这究竟为何？至今仍是一个谜。

据年长者回忆，至20世纪60年代初，福运门尚存之时，这一带是颇为热闹的。那时候福运门前靠东边还有一个戏园，过往的船客和船工常在这里歇脚看戏。50年代，上海合力越剧团来这里演出时还场场爆满。可见，这里的繁华与建有沿江码头有关。严州古城的水运向来发达，往兰溪、杭州方向的客船和货船都会经过这里。澄清门、福运门前有很多店铺，都是依托于航运发展起来的，主要做编纤绳、修竹篙、织蓑衣等，酒坊、茶馆、戏园等生意也不错。

与澄清门一样，福运门也在梅城大坝加固工程期间被列入重建名录，并于2014年11月初竣工重开，比澄清门稍晚了几个月。如今的福运门基本上是按原样重建，整座城门由块块条石精心砌就，历史的斑驳感极为真切，可以说是还原了严州古城昔时城门城楼的风貌，值得前往瞻赏。

比澄清门、福运门重开更早一些的，是定川门，它于2013年5月竣工重开。眼下，严州古城沿江城墙已经开启的，便是这三座古城门了。

定川门的历史颇为久远。北宋末年，方腊既平，知州周格重筑城郭，设有八门时，就有定川门。定川门位于澄清门之西，西湖与新安江的江堤最窄处。所以古人以“定川”命名，就是要定住新安江水，让它不能经西湖漫入城内。

重建的定川门就在原城门址附近。远远看去，高大雄伟的定川门及两层城楼颇有气度。城门口有两石狮蹲立，不失威严。走上城楼，眺望四周，但见一江如练，双塔相映，已经修复的梅花古城墙蜿蜒在江畔。一条绿色的亲水景观带从城墙和新安江之间穿过。轻风拂来，草树的清新气息沁人心脾。向北可俯瞰西湖美景，小桥流水，亭台楼阁，假山鱼池，绿树簇拥，令人不舍得把目光移开。

值得一提的是，位于江与湖之间的定川门实现了南北通透，一旦城门开启，南面新安江的气流就能进入城内，使得江面上的风与湖面上的风对流。门洞中还设置了电动闸门，万一有洪水侵城，关闸闭门，就可以起到阻隔洪水的作用，这也是现代城门重建之妙。

第二节　府衙和总兵府，州府文化积厚流光

严州府城门口“公生明”戒石碑兀立，府城内的青柯亭不可小觑，首版全本的《聊斋志异》“青柯亭本”即在此开雕。而在总兵府，出土了大量青花瓷器等古物，表明此处同为文化底蕴深厚之地。州府文化的魅力在此呈现得淋漓尽致。

严州府城，即严州州官府尹治事之所、生活之处，在各个版本的州志、县志上往往被称作子城，原址位于今梅城镇古城中轴线府前街之北端。子城坐北朝南，城内有官府相应的各种建筑。南宋绍兴年间《严州图经·城社》载：“子城，周回三里，南即遂安军门，东、西门在授官厅之两厢，北门在州宅西偏。”说明了子城内的大致布局。子城四方开门，朝南方向建有城楼一座，俗呼鼓楼，楼下的城门洞就是府衙头门。二门称作仪门，仪门有正门和东西两座边门，东边的叫青龙门，西边的叫白虎门。甬道北进，直线上有三座主要建筑，第一座是设厅，即会议大厅，也是犒劳宴请的地方；第二座是功曹办事之处，其名坐啸；第三座位于坐啸厅之后，是太守办公之地，其名黄堂。

这三座厅堂的后面及其旁边是会客、读书、休闲的各类建筑，有思范堂、潇洒楼、读书堂等。黄堂东边则是东圃，是子城中最大的园林，中有杏园、桂馆、桃李庄，有潺湲阁、木兰阁、酿泉亭，有千峰榭、面山阁、环翠亭，以及库房都仓、州宅院落等。

仪门与设厅之间的甬道上，有一座戒石碑亭兀立。戒石碑正面镌刻“公生明”三个大字；碑之阴，即对着设厅这一边，刻有宋太宗所定十六字戒言：“尔俸尔禄，民脂民膏。下民易虐，上天难欺。”戒石碑之立，宋以后历代沿袭。府、县皆立。仪门内的甬道两边，则是各职能部门所在的吏廊庑屋。

办公大厅即黄堂檐廊西端有一形似圆月的洞门，过月洞门，是为西园。20世纪50年代，在西园草树间，有一小亭仍立于三尺台基之上。经考证，它应是几度重建更名的青柯亭。青柯亭，与严州府知府赵起杲倾尽家资镌刻《聊斋志异》一书有关。

赵起杲的老家在山东莱阳，距《聊斋志异》作者蒲松龄的家乡淄博并不太远。赵起杲平生喜读《聊斋志异》，甚至到了痴迷的程度。蒲松龄家境贫寒，完成这部瑰伟大作后仍不断增补修改，直至花甲之年方才搁笔。但成书之后蒲松龄无力付梓刻印，此书只能以手抄本的形式在世上流传。

从乾隆十一年（1746）起，赵起杲相继得到《聊斋志异》的多种手抄本，相互校勘后获得了一个比较完善的抄本。乾隆三十年（1765），赵起杲知严州，随即进行十六卷本《聊斋志异》的编辑、校订、刻板。他邀集当时多位博学之人担任主编和文学校勘，并拿出薪俸，还典当了不少财物，作为刻印此书必需之费用。至乾隆三十一年（1966）五月，《聊斋志异》前十二卷刻成，不料赵起杲在五月十八日猝死于校士馆之书案，家人将其葬于严州南峰山丘。未来得及刻印的剩余四卷，由藏书家鲍廷博等人协助刻印完成。

青柯亭本是严州府衙后花园里一个简陋的休憩小亭，因赵起杲编辑、校订《聊斋志异》时，都在这里工作，且这里又是十六卷本《聊斋志异》的开雕处，所以首版全本《聊斋志异》得名“青柯亭本”。青柯

◇严州府衙后花园内的青柯亭（梅城镇政府提供）

亭也因赵起杲的义举和这部皇皇巨著而名垂青史。

青柯亭于20世纪50年代后已不存。当时东圃有楼屋三间，其楼上曾置放“青柯亭本”《聊斋志异》雕版。谁料1958年冬季，在此驻扎的建德县政府食堂炊事员，竟窃取这些极其珍贵的雕版，作为引火燃料，逐日焚燃殆尽。此实有煮鹤焚琴之痛！1996年，梅城镇政府筹资，在旧址新辟青柯院，重建青柯亭，以颂赵公之德，以志传世奇书首版之地。

重建的青柯亭位于子城原址，是一方古朴幽静的院落，门顶高悬“青柯院”三字。入得院内，可见一六柱小亭，亭匾“青柯亭”三字出自山东籍著名学者、国家图书馆原馆长任继愈之手。亭联“桂馆秋香青柯传世，梅城春丽聊斋留仙”刻在两边柱亭上，为诗词家戴盟所书。院内有两株800多年历史的宋代桂花树，一为金桂，一为银桂。

前文已述，睦州府城整座城垣始建于唐，北宋末年平方腊之后，于宣和三年（1121）改筑，此时睦州也改称为严州。元时城垣被毁，李文忠移城重筑已在元末明初，奉的是朱元璋之命。后虽有多次修葺，但整体格局未变，城垣基本面貌保持到民国抗战之时，而街道坊巷的格局一直未变。

因李文忠重筑梅花城时，整座府城从西北向东南作了移动，子城也随之迁改。清光绪《严州府志·公署》载："府治，旧为州治，在子城北，元改府治，明洪武初，改筑城垣，始移今所。"咸丰十一年（1861）府城遭遇太平军围攻，子城被焚，只剩架木，这里所说的"今所"，指同治四年（1865），知府戴槃陆续修葺、规模如前的府治之所。民国废府制，建德县治从字民坊迁入子城。

1949年5月5日，建德解放。同月设立的第四专员公署（旋改建德专区）和1955年3月设立的建德专区（由衢州专区改设），先后驻于梅城旧严州府衙东圃。新成立的建德县人民政府也入驻于此，直至1960年8月县人民政府迁往白沙止，时间长达十年。其间，子城内房舍虽有整修扩建，但旧制格局大体未变。

县政府迁往白沙的同时，浙江冶金工业学校（后更名为浙江冶金经济专科学校）从宁波迁至梅城，已被搬空的子城显然是一处极佳的校园。该校于子城内建校期间，在东圃建造了现代校舍建筑。1978年，为了拓宽道路，校方还拆毁了存世已600多年的严州子城城门谯楼。1993年，该校撤销，余部迁去嘉兴，这里又办起了工厂，其建筑和园林无疑又遭受了新一轮的折腾。如今，以子城内的严州府路为界，西侧的子城原址为严州中学梅城校区和杭州科技职业技术学院严州校区，东侧则为梅城镇初级中学，均建有多幢教学大楼、学生宿舍以及田径场等。

2009年，在严州府衙门旧址上，又重建了巍峨的严州府门楼。经过多次修葺维护，严州子城内仪门仍在，仪门两旁相向而立的庑屋仍在，府门前高逾三丈、宽五丈有余、面南而立的大照壁仍在，照壁南首墙根石墩上的那尊“四不像”怪兽“犭贪”已重新雕琢安置（原“四不像”在“文革”时遭毁并掩埋，今仍无觅）。严州有传说，说犭贪凶残贪食，金、银、铜、铁、锡、土、木、石之类都能入口即化，某夜皓月当空，企图逐月而食的犭贪跌入江中淹死。古人遂刻其形状，置于府门照壁南端，与府衙正堂前的戒石同义。

严州清总兵府遗址位于今梅城镇总府街123号。2019年4月至9月，按照严州古城恢复保护工程之需，杭州市文物考古研究所组织专业技术人员，对总兵府遗址进行了考古挖掘。遗址平面近长方形，东西长75

◇修复后的严州清总兵府正门（梅城镇政府提供）

米，南北宽约60米，总面积4000多平方米。考古挖掘发现了总兵府遗址的房址、道路、水池、缸等遗迹，出土陶瓷碗、盘、罐、铜灯台、烟斗、簪、钱币等遗物，数量众多，颇为珍贵，为研究严州总兵府历史、古代建筑史，以及人们当时的生活状况提供了丰富的实物资料。

所谓总兵府，指的是明清两代朝廷派驻某地的最高军事机构。明朝建立卫所制度，自中央到地方管辖次序为五军都督府、都司、卫所体系，总兵官为朝廷高级将领，全国仅20人左右，其职务相当于如今的军区司令员。到了清代，总兵官为绿营兵（汉人军队）的高级武官，受提督节制，掌理本地军务。顺治年间，全国共设有总兵83名，其中陆路总兵有70名，水路则为13名，统辖全国18省614防营约63万的兵力。

严州踞钱塘江上游新安江、兰江、富春江交汇处，为金、衢、婺、歙要冲之地，历为兵家所重，所谓"严州不守，临安必危"。历朝历代，对严州（睦州）作为军事要冲的重要性，一直有着清醒的认识，千百年来，均在此设立军事管理和统辖机构，起到"近扼三江、中控五州、远可连三省"，内防民间走私，外御倭寇侵扰的作用，保一方平安。

唐以来为睦州军，置防御使。宋政和八年（1118），诏升为建德军节度。宣和三年（1121）平方腊后，改曰遂安军。

元代置建德路，至元年间初罢防御使，以万户府总管统之。明初改建德路为严州府。明洪武二十年（1387），信国公汤和设严州守御千户，隶浙江都司；同年，千户鲁雄建立公署，即严州守御千户所，在府治东南善政坊内。后千户所多次损毁，多次修建。宣德七年（1432），千户田兴、操斌再度修葺。景泰四年（1453）后，指挥邢忠、千户赵瑛、汤诚、武英、赵鹤龄相继修葺，但因岁月长久，又渐倾圮。隆庆五年（1571），把总汤之盘、方策、千户赵一元、武安夏、李朝亨等复修葺之。

清顺治三年（1646），在严州始设总兵官，两年后，改设副总兵官。顺治七年（1650），严州知府钱广居、建德知县郑应皋买下民地，改建成公署，即严州总兵府。其位置在亲仁坊偏石巷，即位于原守御千户所区域。后副总兵改称副将或协镇，公署亦改称为严协总府署。康熙三年（1664），协镇鲍虎捐出一块构隙地（曾有争议的土地），增建了协总府署的旁厅、箭道。康熙二十一年（1682），严州发大水，协总府署的正门倒塌，协镇洪起元重建。雍正十三年（1735），衢州协改镇，以严州城守营改隶衢州。光绪年间，称严协总府署为协镇署、严协副将署（简称严协署）。宣统元年（1909），设建德巡警总局。这便是清时总兵府的历史。

1912年，改巡警为员警，建德县员警所设在偏石巷东，即清严协署。新中国成立后，此处又先后成为派出所、消防队的驻地。因年代久远，原先的木结构房屋已显破败，派出所、消防队等单位对房屋进行了多次翻修重建，至2019年前后，这里完全是若干幢现代砖混结构的房屋，与先前的面貌迥异。

因为总兵府最初的建成年代距今不足400年，遗址埋藏较浅，地层也比较简单，考古挖掘的揭露部分可分为三层。第一层出土有青花瓷片和近现代砖、瓦、瓷器残片，为近现代堆积层；第二层出土遗物以清末民国时期的青花瓷为主，年代应为清末民国时期；第三层出土了较多明清时期的青花瓷片，未见晚期遗物，其年代应为明清时期。

至此次考古挖掘工作结束，仅在此遗址即发现遗迹52处，包括房址11处，道路3处，水池13处，水井1处，排水沟8处，缸10处，灰坑6处。从开口层位、出土遗物及遗迹之间的叠压、打破关系来看，遗迹的年代主要可分为两期：明清时期和清末民国时期。这些遗迹埋藏较浅，均不同程度遭到了破坏。

总兵府遗址同时出土青花瓷碗、杯、盘、碟、笔筒、青瓷碗、笔架、虎子、青白瓷器盖、酱釉瓷罐、灯台、白釉瓷人像、铜锁、灯台、烟斗、簪、钱币等遗物1000多件，其中以青花瓷器占绝大多数，器形主要为碗、盘、杯、罐等日常生活用器。根据出土遗物的造型、胎、釉、纹饰等特征，可将其分为明清和清末民国两个时期。

在遗址东侧采集到残破石碑一件，碑面竖行铭刻有“严镇副总兵官尚维勷中军都司特通阿左右两营守备任重于广汉”字样。据《乾隆实录》和《嘉庆实录》记载，乾隆五十九年（1794），尚维勷从惠州协副将一职升任广西右江镇总兵；嘉庆二年（1797），改任广州协副将。文献中不见尚维勷任严镇副总兵官的记载，此碑可弥补史料的不足。

严州清总兵府遗址考古挖掘工作结束后，原址重建的工作随即展开。以重建后的总兵府为主，严州总兵府考古遗址公园在此建立，成为继西水门考古遗址公园之后，严州古城第二座考古遗址公园。

严州总兵府考古遗址公园位于城内古僵石巷东。从已重建的总兵府正门入内，即是一幢具有明清风格的大宅。在这里，除了可以通过图文了解严州清总兵府的由来，还可以见到集中展示的100多件古物，均为本次考古挖掘所得。在仍保留的考古挖掘遗址现场，能看到水井、井台、青砖墙基等老物件。在此，你还可以看到100多块牌坊残件和石碑，这些牌坊残件也是近几年考古挖掘出来的，在恢复牌坊时，因种种原因未被嵌入其中。

来到严州总兵府考古遗址公园，既可走访遗址、了解州府文化，还可在此拍照互动。在江南一带，它应是唯一一座已被复原的清代总兵府，值得前往游访。如今，它已顺理成章地被列入古严州旅游的黄金景点之一。

第三节 动荡的时光，在古城刻下道道历史深痕

陆游在严州的行迹、六合古井、严东关洪武井、金源昌卷烟厂、清邮局……尽管它们的出现，横跨了上千年的动荡时光，迄今却仍留有珍贵的印痕。经过改造的古建筑承载了这一段段历史，让我们能抚今忆昔，鉴知往来。

回过头再来叙述散布在严州古城内的各处重要历史遗存。

“从前车马很慢，书信很远，一生只够爱一个人。”这是诗人木心《从前慢》一诗中的句子，表达了一种对旧日时光的怀念和对眼下快节奏生活的反思。事实上，这句话用来描述古时邮驿的运作状态，同样是准确而形象的。在严州古城，倘若来到位于三星街15号的清邮局旧址，细细体味一番，你就会获得昔时那种“车马很慢，书信很远”的感受。

事实上，清代邮驿业的出现和发展，在当年可是“快”的象征，特别是相对于更早年代的邮传方式而言。完全依靠人力和畜力，加之体制的落后和管理的混乱，嘉庆、道光年间，古邮传业已呈现出种种衰落景象，“文书任意延搁，至数起始遣一马夫送之。故往往有数百里内文书竟迟至十条日始到者”。在这样的状况下，引入现代邮政业已是顺理成章。

清光绪二十六年（1900），原先的邮驿制度被废弛。至光绪三十二年（1906），大清有了第一部邮政法规，驿站等划归清廷邮传部管理，衙署公文统由邮局寄递。也就是在这一年，严州城内开办了二等邮局，后共历经九次迁址。1930年，严州邮局搬迁至今三星街15号，直至

◇严州大清邮局旧址（梅城镇政府提供）

1942年5月日寇入侵迁出，在此办公长达12年，门楼上的“邮局”二字正是这段历史的最好见证。

幸运的是，严州邮局旧址，即先前的毕氏古民居，一直完好地保留着，在这次小城镇建设和严州古城恢复过程中，这幢清代徽派古民居的典型建筑被改为严州邮驿文化展示馆，还集合了慢递、咖啡、研学等多种文旅功能，已成为如今严州文化旅游的网红打卡地。

这是一幢三进四出的院落，天井照壁，粉墙黛瓦，环境清幽。入内的门洞拥有长方形石条门框，左右两边各有四个大字：“邮政守信”“信达天下”。两边粉墙上还挂着邮标“大清邮政局的一分银，龙形邮票”。入门洞后，可见大厅正中端坐一个真人大小的蜡像，身穿大清工作服，只是式样与邮差不同，显然是该邮局的主事官员。他的桌子上有油灯、算盘、邮戳等必备工具，左边墙上挂着规章制度和警示条幅，右边是行李包裹架，身后的墙上则贴着一张当年的严州地图。这可是一幅货真价实的古地图，笔者凑近细看，发现地图上的河流、山脉、村庄依旧是先前的摆布，不少地名很是陌生，原来都是古地名。无疑，在当年，邮差可是把这山山水水背着滚瓜烂熟。

正厅两侧则是左右厢房。一边陈列着当年留下的邮驿和邮政物品，包括邮差的服装、用具等，都值得细细端详。其中一件邮差工作服复制品，无疑是这些邮驿和邮政物品中最引人关注的。它采用青蓝色的布料，绲红边，系盘纽，中间部位有个醒目的邮差标志。不过那时的邮差工作极其辛苦，每日驮着沉重的邮件，只能靠两条腿翻山越岭，邮差工作服肯定是破破烂烂的，不会像这复制品一样光鲜完整。

厢房的中间是一条过廊，置放着一只大莲缸，里面除了一丛青莲，就是满缸的水了。大莲缸正对着办公大厅，应该是用来防火和美化环境的，或许也有警示邮局主事官员保持清正廉洁的作用。

对面的厢房里，则陈列展示着一些极有历史意义的邮票，譬如中国第一套邮票“大龙邮票”，中国第一套纪念邮票“万寿邮票”，宣统登基纪念邮票，还有庆祝辛亥革命成功的“光复邮票”和“共和纪念邮票”等。毫无疑问，大多为中国现代邮政业发展初期的邮品，能让你增加不少历史知识。陈列在此的严州历史人物和名人的信件，也是值得一看的。

必须提到的是，来到严州邮驿文化展示馆，你还可以在时光慢递柜上写一封信，盖上严州大龙邮戳，寄给自己。如果是与孩子一起来的，那么，让孩子也给未来的自己寄上一封，就更有趣味了。

2023年“五一”起，位于大清邮局旧址隔壁、三星街37号的严州古城数字文化体验馆正式对外开放。该馆利用人工智能、大数据、人机交互等方式，整合建德全市范围内的诗词、景点、历史文化等IP资源，向游客展现千年古城诗路文化的独特魅力。

该体验馆分为沉浸式空间、飞花令研学空间及室外展区文化点三个部分。沉浸式空间以严州历史文化和历代诗词为基础打造，通过大数据梳理出与建德相关的770位诗人和4800余首古诗，形成严州“人地时物诗”数据图卷，包括钱塘江诗路地图、严州古城诗路图谱、壮游严州数字图卷等。飞花令研学空间可通过交互竞答方式开展诗词研学，感受严州古典的诗词之美。室外展区文化点则借助诗词“串”起了全域旅游，景中有景、一人园、姚坞石碑……游客可循着“诗歌之路”，领略严州秀美的山水风光。一句话，只要你在此好生体验一番，就可以与孟浩然共赏明月，同谢灵运共游山水，跟陆游共听诗音……严州诗路文化就能“一网打尽”了。

是啊，与依靠两条腿传送信息的大清邮局相邻，严州古城数字文化体验馆古今互融、虚实交互的体验，依靠的已是瞬时传送的数字技术了。二者出现的年代相差百余年，但呈现和传输手段的变化可谓天翻地覆，这实在令人感叹！

六合堂，位于严州古城府前街六曹巷口，现已重建，可入内参观。它是为纪念三国东吴孙权封孙韶为建德侯，并置建德县而兴建的，又因临六合古井而得名。

据民国《建德县志》《寿昌县志》记载，严州时有古井44眼。光绪《严州府志·古迹》记载，严陵八景中，就有“九井储清”一景，在治内。九井实有八井，大堂一井双眼，故名。曰：桂泉、乳泉、甘泉、酿泉、秀泉、海底泉、白龙泉、碧波泉。六合古井即为其中一处。

六合古井，位于今梅城镇总府社区勤俭路19号与石板井头交会处，是一处公用井。井深7.15米，水深6米，井圈为石质，高0.4米，外部为六边形，内部为圆形，直径0.39米。井圈上刻有“六合古井，信士方应文”。据浙江图书馆《馆藏浙江金石拓片目录》记载，六合古井的井栏（圈）立于明末崇祯八年（1635），为信士方应文所立。当时已称古井，则其开凿年代必然更早，其确切年代现已无可稽考。此井圈原在城内其昌酱园内，后在严东关（致中和）酒坊原址内重新发现移至此处。

向井内俯视，可见井壁用砖砌成六边形。取名“六合”，一取天地东西南北六方之意，二是井壁呈六边形之故。又名“嫁资（妆）井”，有人认为此井有可能是当年某大户人家为出嫁的女儿所凿。但现在多传说为“教子井”，即三国时吴国太倚井教子之处，谓此井为三国东吴丹阳太守吴景之家井。

“倚井教子”的故事见《三国志·吴书·妃嫔传》裴松之注引《会稽典录》。说是严州的城北，有一个叫作“石板井头”的地方，这里有一口有名的古井，叫教子井。吴景是富春孙坚之妻舅，吴国太之胞弟。当时，孙坚长年征战在外，其子孙策、孙权等均由其母亲吴国太带着在娘家居住（即吴景家中）。吴国太经常在井旁谆谆教诲孙氏兄弟要长记“六合”之理，常怀“平天下”之大志，还教诲他们要礼贤下士，宽以待人，严于律己。吴国太的道德培养，为孙氏兄弟的成长打下了坚实的基础。吴国太倚井教子的故事流传久远，这口井也被人们称为教子井。

据《三国志》记载，吴国太死于东汉建安七年（202），吴景死于建安八年（203）。以吴景死之年推算，这口井至今已有1800多年。

还有一口六眼古井，位于今梅城镇梅花社区府前街53号。现井深7.7米，水深5.7米，口径1.65米。无论是来历，还是形状，此井与上述六合古井完全不同。因名称类似，游客往往容易弄混。

明代宣德年间，严州城内人多井少，特别是干旱之年，城内百姓备受缺水之苦。为解决百姓饮水问题，当时富户马景福出钱雇人挖井，上

◇六眼古井（张华摄）

面开六眼，可供六个人同时汲水，解决了百姓的取水难题。前排三个井圈形状为圆台式，后排三个为直筒式。宣德八年（1433），严州知府万观为表彰马景福，在六眼井旁立石，上刻“德沛甘泉”四字，距今已有500多年历史了。

除了上述两处古井，严州古城内还留存有多处古井，如严东关洪武井，现位于严东关五加皮酒厂内，为明洪武年间的井圈，井圈题词“平川粟立”，落款“洪武冯衙”。严东关即严州的东关，原名东津、东馆、东管，最初应该是严州东面的渡口之意。因严东关地处三江口，航运发达，明清时期渐显繁荣。尤其是在抗战时期，因富春江下游的富阳、杭州已经沦陷，浙赣铁路又受阻，水运成为当时唯一可以依赖的交通方式，严东关一时成了浙东和浙中的水运枢纽，更显其繁华。据载，当时小小的严东关就有戏馆两家、店铺百余家，五条码头十分繁忙，当时的人们说它连石头缝里都在往外冒油水，是当时建德县八大镇之一。

大悲古井，位于小西门外，于唐神龙元年（705）修建中兴寺时或稍后开凿。民国《建德县志》载："大悲古井，在兜率寺西北，陶土为栏，上镌宋开宝三年三月，并识是年斗米二十钱。"方家古井，位于梅城正大街10号，井圈上刻有"□□己丑年四月"，余字模糊不清。双眼井，位于西门街双井弄，《建德县志》载："在正街西，以井圈双眼名。"据淳熙《严州图经》所附"建德府内外城图"，可知其至少已有800多年历史。乌龙庙八角井，始建于唐贞观年间，为乌龙王庙内的遗迹。灵池，为二口方井，是北峰塔圆通殿遗址内留存的遗迹，民国《建德县志》载："灵池，在县东七里，相传唐僧善道，本缙云仙都人，姓周名少康，化缘至严州，即高峰山巅，建净土道场，凿池二口，各阔一丈，深五尺，水色清洁，四时不干，至今岁旱，乡人请水祷雨辄应。"

值得一提的是，上述这些古井，如六合古井、六眼古井等，如今居然还能正常使用，附近的居民常年提着水桶在这里打水。千年古井尚能使用，严州古城内的这一景，在全国各座古城中也是少有的了。

前面说到了六合堂，接下来要重点说一说六合堂对面的陆游与严州展陈馆了。

这是一幢新建的仿民国风格的两层建筑，专为展陈馆而建。它以沉浸式空间、场景还原等手段，营造出千年前宋时的严州生活气息，呈现一位杰出诗人在严州的行迹以及他辉煌的诗文，让人能尽享宋诗之魅力。陆游与严州展陈馆于2021年11月建成开放。

陆游，越州山阴（今浙江省绍兴市）人。南宋时期文学家、史学家。他生逢北宋灭亡之际，少年时即深受家庭爱国思想的熏陶。高宗绍兴二十三年（1153）赴临安应试，主考官将他拔为第一名。次年殿试，仍然位列前茅，因其名次排在秦桧的孙子秦埙之前，竟被秦桧黜废。秦桧死后，才得官位。孝宗即位后，赐进士出身，历任福州宁德县主簿、敕令所删定官、隆兴府通判等职。乾道七年（1171），应四川宣抚使王炎之邀投身军旅，任职于南郑（今陕西省汉中市南郑区）幕府。次年，幕府解散，陆游奉诏入蜀，任蜀州（今四川省崇州市）通判。不久，又被调到嘉州（今四川省乐山市）。宋光宗继位后，陆游升为礼部郎中兼实录院检讨官，不久即因其诗中有咏风吟月内容的“莫须有”罪名被罢官，归居山阴故里。实际上，他是因坚持抗金，而遭到主和派排挤。

宋孝宗淳熙十三年（1186），61岁的陆游以朝奉大夫、权知军州事（官名。宋代初年置，以朝臣充任，使出守各郡，以革五代藩镇之弊。掌理郡政，宣布条教，导民以善，以时劝课农桑，综其赋役、钱谷、狱讼诸事）一职赴任严州，在故里赋闲十年后被重新起用。对于能赴严州任职，陆游还是高兴的，因为家族与严州有着特殊的缘分：高祖陆轸曾于宋仁宗庆历六年（1046）出任睦州知州，140年后，陆游竟也循着高祖的足迹来到此地。而再过40年，陆游的小儿子陆子遹又将来到严州任知州。陆氏一门前后居然出了三任严州知州，这实在是一段历史佳话。

陆游在严州三个年头，重视农桑，爱民如子，两次向朝廷请求蠲免灾区的赋税，发放州县义仓粮食救济灾民。他还数次设坛祈天求雨，盼望风调雨顺，五谷丰登。两度于春耕生产之前召集父老，两次颁布劝农布告，鼓励农桑，帮助当地灾民渡过难关。他在严州留下了两篇《劝农文》，情真意切，充分体现了他的爱民之心。因此，严州民众自发地为陆游高祖陆轸建祠，并刻石像供奉，“以慰邦人无穷之思”。

“夷甫诸人骨作尘，至今黄屋尚东巡。度兵大岘非无策，收泣新亭要有人。薄酿不浇胸垒块，壮图空负胆轮囷。危楼插斗山衔月，徙倚长歌一怆神!”这是陆游在严州写下的《夜登千峰榭》一诗，着重写前代兴亡的往事，借以抒发自己呼号抗战而不得的孤愤。千峰榭在乌龙山麓，南宋《严州图经》载，千峰榭在“州宅北偏东，跨子城上。自唐有之，久废”。北宋范仲淹知睦州军时重建。

在严州，陆游还写下诸多呼吁抗金的诗作。“铁骑森森帕首红，角声旗影夕阳中。虽惭江左繁雄郡，且看人间矍铄翁。清渭十年真昨梦，玉关万里又秋风。凭鞍擦动功名意，未憾猿惊蕙帐空。”这首《严州大阅》描绘了一场在严州举行的盛大阅兵典礼，通过对壮丽景象和内心感受的描写，表达了诗人对功名和荣耀的向往，同时也表现出对时光流转和岁月荏苒的感慨。在严州任职期间，是陆游创作的又一个巅峰。是的，尽管在风光如画的严州任职，旖旎的景色放眼可见，但对国运的担忧使他无法迷恋山水、赋咏自适，胸中始终怀有“夜阑卧听风吹雨，铁马冰河入梦来”的激情，期冀能有一天，能击退敌寇，捍卫家园。因此，这一时期他的诗作依然充满了许身报国、恢复中原、渴望建功立业的壮志豪情和壮志难酬的苦闷、报国无门的悲愤。

陆游对严州的另一个贡献是刻印书籍。后来他的小儿子陆子遹在严州任职时，也刻印了不少书籍，涉及政治、哲学、史学、文学、医学等，计23种以上，近400卷。

据载，陆游在严州主持刻印的第一部书是《江谏议奏稿》。江谏议即建德人江公望，徽宗时任太常博士、左司谏，死后追赠右谏议大夫，以直谏著名。陆游主持刻印江公望文集，无疑表达了他对江公望“平生尊仰之意”，也为保存严州乡邦文献做出了贡献。

陆游在严州主持刻印篇幅最大的一部书是《南史》。《南史》计80卷，唐代史学家李延寿撰，讲述南朝宋、齐、梁、陈四朝历史。陆游对

◇陆游与严州展陈馆（梅城镇政府提供）

南朝历史很感兴趣，曾写过一部《南唐书》，“简核有法”，史评色彩鲜明，也具有很高的史料价值。

《剑南诗稿》是陆游的诗词集，共85卷，收录诗词9344首。在严州任职期间，陆游对作品进行了严格的筛选，仅保留2500首，编成20卷《新刊剑南诗稿》，由他亲自主持刻印。这也是陆游生前刊刻的一部重要诗集。

陆游与严州展陈馆虽非陆游在严州期间的居所遗存，却因全面而生动地展现了陆游这一阶段的活动状况和创作成就，成为游览严州古城时必到的打卡点。它重点展示和赏析《剑南诗稿》，并将陆游与严州的渊源缓缓道来，十分吸引人。陆游一生笔耕不辍，诗词文都有很高的成就，其诗语言平易晓畅、章法整饬谨严，兼具李白的雄奇奔放与杜甫的沉郁悲凉，对后世影响深远。

正大街22号，有一幢民国时期的粉墙砖雕门楼建筑，徽派风格浓郁，高耸的马头墙有三个层级，依次拔高，掩映着双披屋顶。门楼上方精雕细刻，环围着“棣萼迎芳”四个大字。下方门框处线条朴素，外门框上写有一副楹联，左联为“从知草木有馨香”，右联为“偶与烟云同缱绻”，为当代诗词与楹联家尚佐文所撰。大门右墙上竖写着“金源昌”三个大字，左边小门楣上则刻有“惟吾德馨”四字。这便是建德金源昌卷烟厂旧址了。

金源昌卷烟厂是民国时期浙西地区最重要的卷烟厂之一，其创始人和掌门人为金忠汉。金忠汉原是义乌人，早年随父亲来到建德三都翁村街，先在一家张姓人开的药店对面，设摊度日。张老板也是义乌人，老乡帮老乡，让金忠汉在药店当了个小伙计。抗战时期，金忠汉盘下了一家小型烟厂，与妻子两人一起主要生产土黄烟和手工卷烟。日军侵占梅城后，金忠汉一家避难到乡村。为了糊口，两人一起做黄烟和手工卷烟，白天则挑小笼担，走村串户叫卖烟草，有时以货易货，灵活经营。1943年7月，金忠汉把烟厂迁到了县城梅城，在正大街建成店厂合一的生产销售基地，取商号名为“金源昌”。金源昌在1945年转为机器制烟，推出由金忠汉独创的“双金钟”香烟和“金猫牌”香烟，质量可靠，口味对路，销售状况不错。加之生产规模较大，金源昌利润较为可观。1949年5月，梅城解放之时，金源昌已拥有流动资金5亿元法币，店员120人。

金忠汉虽已是梅城富商，但很有社会责任感和正义感。民国末年，他被商界推举，担任建德商会理事长，手上掌控了大量的物资与财富。但他向来乐善好施，济穷救急。据说当年不少居住在梅城的穷人，快要过年了却穷得揭不开锅，就向他求助，而他都会施以援手，无偿送给他们粮米以救急。

1949年5月，解放军逼近建德，守防的国民党军闻风撤离，代县长也弃城逃跑，梅城一时间处于无人管理状态。以金忠汉为首的众多商界人士主动组织起来，来到梅城西门外，迎接李德生师长率人民解放军入城。解放军入城后，金忠汉又忙着为解放军筹集急需的生活物资，还捐赠了存放在八婺小学的800担松柴。后来，他又在分水、淳安筹集到大米200担，支援解放军。

新中国成立后，金忠汉热心于支持国家建设，为民生事务出钱出力。抗美援朝时，他曾捐赠黄金500克和他夫人的一批金银首饰。梅城镇早年的航运子弟小学，就是在他倡导下兴办起来的。1986年，金忠汉与画家寿崇德还发起修葺北峰塔活动，并带头捐款资助。1998年，金忠汉无疾而终，享年91岁。

1951年，金源昌率先实行公私合营，并改名为建德烟厂。1956年，省政府实行卷烟行业的调整撤并，全省仅保留杭州和宁波的两家烟厂，建德烟厂并入杭州利群烟厂，即现在的浙江中烟工业有限责任公司。由此，金源昌和建德烟厂成为历史。

金源昌不再生产卷烟，但这座宅院一直保留着。2019年初，在小城镇建设和严州古城恢复工程中，这幢宅院开始了全面改造，被改造成了严州古城核心景区首个江南庭院式精品民宿，名称也改为“金源昌客栈”。金源昌客栈在整体建筑上基本保留了最初的面貌，宅院内漂亮的天井和两个装饰得很美的水池犹在，天井周围则是雕梁画栋的四合院式二层楼房。金源昌客栈占地2000多平方米，拥有13间装修风格各异的客房，整体上以传统的建筑风格为主，融庄重与优雅于一体。门窗用棂子做成传统图案，高空间，多为实木雕刻而成，具有文化韵味和独特风格。

值得一提的是，金源昌客栈内还开设有一个小型的烟草博物馆。当地文旅部门搜集了当年的账册、物料登记本等，同时采访了当年卷烟厂的员工。博物馆展示了金忠汉生平事迹和金源昌发展历程，以及相关的烟标、宣传画和历史物品，非常值得参观。

第四节　在淬炼中前行，迎接不朽的光辉岁月

抗战时期，浙大师生西迁途中于此停留，办学和办公旧址以及教授住处等至今仍在，百年名校在此铸就一段历史佳话。中共建德县工委旧址和中共建德小组旧址也都在，前者成了德文化实践中心，寓意不无深刻。值得观瞻的还有严州金石博物馆和千鹤妇女精神教育基地，尤其是后者，展现了新时代千鹤妇女的精神风采。

1937年7月7日“卢沟桥事变”爆发之后，日本发动全面侵华战争。同年8月13日，上海淞沪会战打响，这是整个抗日战争中进行的规模最大、战斗最惨烈的一场战役，以中国军队被迫撤退告终。上海告急，杭州危在旦夕。著名地理气象学家、教育家，国立浙江大学校长竺可桢在赴建德县城（今梅城镇）考察后，召开校务会议，决定将浙大迁至建德县城。不久，浙大派出人员来到建德，落实了部分房屋，解决用水、用电问题，至10月30日，建德校舍已基本得到落实，各项准备工作也基本完成。

11月5日，日军在杭州湾金山卫、全公亭登陆，大举包抄京（宁）沪杭地区，杭州沦陷已难以避免。在这样的情况下，国民政府教育部令国立浙江大学师生，除师范学院避居浙南山区龙泉县外，举校尽早西迁

内地。10日，浙大发出布告，要求学生做好准备，11月11日、12日、13日连续三天，浙大师生怀着“教育救国，科学兴邦”的理想，踏上漫漫西迁路。前往建德的本部师生在杭州江干码头乘船，由大轮拖民船赴桐庐，到桐庐后换小船来到建德。

来到建德的浙大师生，学生们分别安排在东城乾源当铺、文庙、严子陵祠及何宅，教员宿舍在北门林场，校长竺可桢住在府前街3号孙宅，学校总办公厅设在方宅。此时，严州中学因战乱已临时解散，浙大便又借用严州中学第二部作为部分学生、教职员工的宿舍及教室。原疏散在临安禅源寺的浙大一年级学生，此时也来到了建德，千名师生济济一堂，这座古城顿时成了大学城。

可想而知，尽管建德在当时属于县府所在地，具备一定的生活和教育条件，可一下子迁入了一所大学，人多房少，用水、照明等不少基础性设施还是跟不上，办学环境仍属艰苦。但浙大师生们把艰苦环境当作磨砺自己的机会，在分散难管、各类条件捉襟见肘的情况下，依然保持了良好的校风校纪，为建德留下了百年名校的精神传承，也铸就了一段历史佳话。

12月初，由于战事发展太快，苏州、杭州相继陷落，得悉江西吉安鹭洲可容全校，教育部要求已迁建德的浙大本部，再向江西吉安、泰和方向迁移。12月24日至12月26日，浙大本部从建德撤走，再次踏上漫漫西迁路，历时两年半，最终抵达贵州省遵义市湄潭县。

尽管浙大本部在建德驻扎的时间并不长，仅45天，但毕竟是本部驻扎，且是西迁首站，所以无论对浙大，还是对当时的建德，都留下了宝贵而深刻的印记。抗战胜利后，竺可桢校长率师生从贵州返回杭州，特意将东归回杭部分教职工的宿舍，取名为“建德村”。无疑，这不仅是纪念西迁之情，更代表着浙大与建德之间的深情。

◇浙大西迁建德办学旧址（梅城镇政府提供）

浙大在建德驻扎期间，教室、师生宿舍、办公处等分散各处，因此，目前在严州古城内计有浙大西迁建德办学旧址、浙大西迁建德教务处办公旧址、浙大西迁建德总办公厅旧址、苏步青旧居等处，这些旧址历经80多年的漫长时光依旧存在。位于严州府谯楼前，府前街153号的浙大西迁旧址，已辟为展示浙大建德办学时期历史的主要展馆。

浙大西迁旧址展馆曾是竺可桢及其家人的临时住所，也曾经作为教学点，为当地富商孙氏宅院，建于清末民初。浙大在此期间，东侧为南北两个一层的教室，东入口门厅为民国时期建设，西洋样式，青砖砌筑，四柱；中部入口门设山花，这种建筑入口较为少见，也极有特点，是不可多得的民国门厅建筑实例；西侧为当时竺可桢居住的二层木结构小楼，为清代建筑，造型简洁而精致。

2018年6月，梅城镇结合小城镇建设和严州古城恢复工程，启动浙大西迁建德办学旧址修缮工程。完成修缮后，又联合浙江大学征集西迁资料进行布展。展馆展厅面积699平方米，拥有藏品151件。

浙大西迁建德旧址展馆内有序厅以及“文军西征”“长校之舵”“行进之舰”三大展厅，十三个子板块，重点展示了浙大西迁首站建德梅城期间，师生们在此学习和生活的故事。展陈以传统图文结合展品进行阐释为主，并引入数字化多媒体展示、互动体验、场景再现、模型展示等方式，将传统与数字化相结合、静态与互动合理搭配，以实物、图片、场景手段等，生动展示了竺可桢校长率领师生克服种种困难，倡导“求是精神”，胸怀报国之志，陋室栖身，俭餐淡食果腹，创造了累累教学科研成果。

位于严州古城三星街33号的梅城德文化实践中心，20世纪40年代，曾是中共建德县工作委员会所在地，这无疑也是值得参观和瞻仰的红色旅游景点。

这幢宅院原为钱氏家园，是当地一位富人的居所。1937年8月，国共开始第二次合作。次年，在中共金衢特委的领导下，中共建德县工委成立，驻地就设在这里。当年秋天，时任金华特委青工部长、金浦义兰总办事处主任兼《浙江潮》副主编王平夷，多次来到这里指导工作，推动建德县抗日救亡运动的全面开展。

结合小城镇建设和严州古城恢复工程，中共建德县工委旧址得以修缮，并于2019年3月竣工。这次修缮的建筑面积为237平方米，修复更新建筑面积264平方米，拆除建筑面积509平方米，重点为屋面、木构件、墙面、地面的修复整治，同时拆除搭建构筑物，以恢复原有建筑格局。修缮结束后，梅城镇在这里设立了梅城德文化实践中心。

走进梅城德文化实践中心，进门所见就是一尊建德侯孙韶的铜像，开门见山，道出建德之来历。三国时吴王孙权封将军孙韶为建德侯，孙韶的故乡在建德，原建德县的辖境为孙韶的封地。建德县因此得名，取建功立德之义，从那个时候起，独特的德文化逐步形成。所以，这尊铜像放在这里完全是恰当的。

德文化实践中心分别布置了建德厅、革命史展厅、尊德厅、文育崇德板块及坊巷铭德展区等多个展示区域，展馆集中展示了严州历史名人及中共建德党组织沿革，传承弘扬建德源远流长的德文化。

事实上，在严州古城，红色教育基地远不止这一处。除了上文提及的浙大西迁建德旧址展馆，以及后面将要叙述的千鹤妇女精神教育基地和千鹤传习所，仅中共早期活动的纪念地，还有中共建德小组纪念馆和新知书店梅城分销处等，近年都已修缮并开放，值得前往参观瞻仰。

中共建德小组纪念馆坐落于总府后街43号，系原省立九中小学部旧址（现梅城成人文化技术学校），这里是建德中共党组织的发祥地。1927年2月，建德县第一个共产党组织（即中共建德小组）就诞生在这里。当年建德县第一个共产党员竹均之的宿舍所在的五间旧平房保存至今。2012年，这五间旧平房被修缮，在此设立中共建德小组纪念馆，并于2015年9月正式对外开放。

纪念馆面积约120平方米，内设五个展厅，分十一个篇章，围绕中共建德小组诞生、发展、壮大这一主线，以一批珍贵的文献和资料，突出展现大革命前后建德人民在中共建德小组领导下支持国民革命军北伐，开展工农运动，反对国民党右派等。党组织在斗争中经受了实际锻炼和考验，建德的工农群众的革命觉悟空前提高，为后来开展土地革命打下了坚实社会基础。

新知书店是中国共产党领导的革命出版机构。抗日战争爆发后，新知书店在重庆、金华、丽水等地设立多家分店，出版了很多马克思主义经典著作和党的文献，在读者中有广泛影响。

新知书店梅城分销处旧址位于总府后街22号，该分销处由桐庐人王大田和建德三都人陈国枢（陈详）共同创办。二人早年均就读于省立第九中学，在校期间接受进步思想，从此倾向革命，成为共产党员后积极从事党的地下工作和抗日宣传工作。根据党组织安排，王大田到梅城开展地下工作，参加抗日宣传活动，积极发展中华民族先锋队组织。陈国枢相继担任遂安汾口小学、建德里陈小学的教员和校长，利用在小学教书的有利身份，为学生编写、油印抗日教材，动员了50多个农民上夜校，既教文化又宣传抗日。

王大田来到梅城后，即与陈国枢取得联系。为了更好地宣传抗日救国主张，他们租用梅城总府后街周金福家的房子，于1938年夏开办了新知书店梅城分销处。这些进步图书都是王大田从金华新知书店带回来的，马克思、列宁、毛泽东、邹韬奋、艾思奇等著述的进步书籍，受到读者普遍欢迎。1940年6月，新知书店梅城分销处的活动引起了国民党反动派的警觉，国民党建德县党部书记方镇华不但派人对房东进行威胁，还要求学校出面阻止学生前往书店看书购书，最后派人直接查抄书店，将所有新书收走，新知书店梅城分销处被迫关闭。

今完整保存的新知书店梅城分销处旧址建筑坐北朝南，占地面积94.3平方米。面阔三间，二层木结构建筑，硬山两坡屋顶，青砖墙体。旧址对外开放参观。

严州金石博物馆位于澄清门至福运门大坝下方，为新建展馆，2019年5月建成开放。它以“壁瓦传道”为主题，借城墙考古所得之古砖铭文，以叙事性展览的方式，系统展示严州古城历史发展、文脉传承和人文精神，演绎古城的故事百态，展现严州古城1800年的历史文化。

金石博物馆分为主展区、拍卖室与画廊三个部分。其中主展区由序厅、古城墙历史展示厅、金石展厅、互动体验区四部分组成，列数金石变迁更迭，展示严州城墙考古所出古砖铭文，其中不乏名家所题砖拓。

进入序厅，首先看见的是主背景墙上那些介绍严州梅花城墙的相关内容，阐释那句耳熟能详的口头禅——“天下梅花两朵半，半朵梅花在严州”，让游客领略严州古府的历史韵味。

穿过拱形城墙，则进入古城墙历史展示厅。该厅分为左右两侧墙体，左侧图文结合，展示严州城墙遗迹的考古研究成果；右侧是古城从秦代至今的建制沿革时间轴，配上与时间年号相符的古砖，讲述严州古城1800年的历史文化，并延伸阐述“壁瓦文化”在中国历史文化中的地位和作用。

金石展厅分为左、中、右三个展示板块，通过展示与严州有关的物件，整个金石展厅犹如一部可见可触的历史典籍。左侧是古砖展示柜，按照古城建制年份，依次展示十二块价值较高的砖砚。为方便游客观赏，柜墙上悬挂所展示砖砚的拓片。中间设三个独立的展示台，展示三块不同时期的与严州历史有关的墓志铭古碑。右侧墙壁上主要展示与严州府有关的拓片、锦灰堆等作品。

互动体验区左侧是小型休憩区，游客可以亲自体验手作拓片带来的乐趣。

拍卖厅和艺术画廊的设置，表明金石博物馆将在展示的同时，在此不定期地举行主题拍卖会和金石文化的展示活动，以增强博物馆的互动性。

知道了严州古城的城墙下，有这么一座定位独特、内容丰富的博物馆，游览古城墙及各座城门之后，可不要忘了循着城墙下方的通道，去那里走一走、看一看噢。

1955年底，毛泽东主席在主编由中共中央办公厅选编的《中国农村的社会主义高潮》一书时，发现了一篇原载于《浙江农村工作通讯》的文章，这篇文章的标题是《建德县千鹤农业生产合作社发动妇女投入生产，解决了劳动力不足的困难》，总结了1953年以来，建德县千鹤村妇女在妇联组织带领下，响应党和政府的号召，喊出“劈山拦河溪改田”的口号，打破传统旧俗，走上田间地头，实行男女同工同酬，解决农业生产中劳动力不足的做法和经验。毛主席看得特别仔细，为这份总结报告写下了长达512字的按语：“中国的妇女是一种伟大的人力资源。必须发掘这种资源，为了建设一个伟大的社会主义国家而奋斗。要发动妇女参加劳动，必须实行男女同工同酬……”并将文章标题改为《发动妇女投入生产，解决了劳动力不足的困难》，肯定建德县千鹤村发动妇女投入农业生产的做法。这一重要论述后来被收入《毛泽东选集》第五卷。

毛主席的这份按语，不仅高度肯定了“不等不靠、敢想敢干、团结协作、艰苦创业”的千鹤妇女精神，更是新中国妇女解放的重要理论篇章。在这份按语中，他鲜明地提出了“中国的妇女是一种伟大的人力资源”，更把发掘这种资源与建设伟大的社会主义国家结合起来，将妇女的地位提到了前所未有的高度。因此，这份按语在新中国妇女运动史上留下了光辉的一页，提振了千千万万中国女性的自信，鼓舞了一代又一代中国女性去建功立业，实现人生理想。这个小村庄成为大历史的注脚，显出了它的不同凡响。

经过几十年的锤炼，千鹤妇女精神的内涵不断充实、丰富、发展，历久弥新。2020年，千鹤妇女精神教育基地被全国妇联授予“全国妇女爱国主义教育基地”称号，这是浙江省首个全国妇女爱国主义教育

◇千鹤妇女精神教育基地（梅城镇政府提供）

基地。

千鹤妇女精神教育基地位于梅城镇千鹤村下高自然村，2020年建成开放。它是一座以新中国基层妇女干部和普通妇女群众为主要对象，展示“千鹤妇女精神”从形成发展到新时代传承弘扬的专题展馆。展馆占地面积2711.53平方米，展陈面积2145.79平方米（含临展厅150平方米），集“半边天”文化体验、妇女教育培训、乡村旅游为一体，具有展示、教学、会议等功能，为“立足浙江、面向全国”的全国妇女爱国主义教育基地、农村基层党建教育基地、红色旅游教育基地。

而在严州古城的三星街与后沥路交叉口之东北，几幢已经改造的旧宅内，有一处极具特色的街区所，它便是梅城镇妇女乡土人才培育的摇篮——千鹤嫂创业街。为鼓励女性创新创业，让新时代千鹤妇女精神走向现实，建德市妇联和梅城镇共同打造了这条创业街。如今，这里共有文创、民宿、非遗、餐饮等商铺90余间，其中女性主导的商铺80间，占总数的85%以上，引领当地110余名女性在此续写新时代妇女创新创业的“她故事”。梅城镇还将据此构建起“组织共建、平台共建、产业共兴、品牌共塑”的妇女创业工作体系，不断提升改造千鹤嫂创业街，使之成为新时代千鹤妇女精神活化展示区，全省创业女性产品展销、孵化成长和风采展示的重要窗口。

千鹤传习所是千鹤嫂创业街的重要组成部分，2021年11月开业。它是集展示、工坊、店铺、演绎、研学、培训、孵化等为一体的文化综合体项目，重点打造了13个主题空间，即千鹤时代记忆馆、竹生活工坊、柔性工坊、建德匠心画廊、非遗剧场、百艺商店、巧手礼物中心、手艺书店、手作学院、浩然茶室、联盟会议室、千鹤嫂直播间、非遗咖啡馆。在这里，你能与各种传统手工技艺近距离接触，了解女创客互帮互助的发展模式，感知当代千鹤妇女在创新创业方面发挥的非凡作用，同时也能进一步感受丰厚的严州传统文化。

第七章

望得见山，看得见水，记得住乡愁

第一节　看见乌龙山和南北双塔，就到了严州

站在乌龙山顶上极目远望，三江口和南北双塔尽收眼底。有人说，梅城人一天不见乌龙山就会哭，浓郁的恋乡之情由此可知。而南北双塔是古严州历史的见证，蕴含着民俗，积淀着文化。看见双塔，游子就知道家乡严州快要到了。

倘若你在严州古城的街巷游走，无论在哪个区域，只要抬头北望，就能看到乌龙山。

第一眼见到乌龙山，你就会被它突兀的山势、乌黑的山色所震慑。它有一种沉沉压来之势，似在向你步步紧逼，让你油然而生窒息感。有人说，只要看过一眼乌龙山，你就永远不会忘记它的雄伟，此言不虚。但事实上，乌龙山的海拔最高处仅916.6米，主峰海拔也只有909.7米，即便在浙江也不算太高，但看上去特别险峻巍峨，至今有不少当地百姓仍称乌龙山为“建德第一峰”。

乌龙山形成于燕山造山运动后期，即在侏罗纪和白垩纪期间，由强烈的地壳运动造成火山喷发、酸性岩浆凝结而成。山体形成早期曾处于浅海之中，故而山巅地沉中时有螺壳等水生物遗迹出现。因山体是火山

◇乌龙山远眺（梅城镇政府提供）

喷发形成的断层，相对高度又达800多米，几乎是拔地而起、高临江岸，所以气势十分雄伟，成为古城严州的象征。

乌龙山又名乌山、乌石山，因山石乌黑，山体魁岸，蜿蜒如龙而得名。北魏地理学家郦道元所著《水经注》卷四〇载：“浙江又东北经建德县南。县北有乌山。”又有清代地理学家顾祖禹《读史方舆纪要》卷九〇载：“（严州）府东十五里，以乌石山而名。”事实上，乌龙山看上去色泽乌黑，还与遍植于山上的那种苍劲郁黑、针叶肥大、树枝矮小的墨绿色松树——乌龙松有关。传说乌龙松是乌龙的鳞片，极其柔嫩，枝干黑油油的，颇为湿润，摸上去宛如凝脂。

乌龙山位于严州城池之北，故又有北山之称。陆游在严州时作《秋兴二首》，有“东馆烟波秋渐瘦，北山雾雨昼多昏”之句，其中之“北山”即指乌龙山。严州人有句俗话说，梅城人一天不见乌龙山就会哭，浓郁的恋乡之情由此可知。对乌龙山这样的深情，在如今的梅城人中间依然浓郁。

乌龙山又称仁安山，据《严州图经》记载，宋“宣和初，臣僚建言，谓龙为君象，应州县山水地名有龙字者当避。及方腊之乱，复言狂贼窃发，由土地之名未正，乞赐以忠顺之名镇定一方”。于是，乌龙山改名为仁安山。

虽然朝廷把乌龙山改称为仁安山，但民间及文人笔下仍将其称为乌龙山，并不被朝廷所左右。南宋淳熙年间，陆游任严州知州时，他在不少诗作中依然称其为乌龙山，如《乌龙雪》一诗，诗题中的“乌龙”即乌龙山。明洪武初，封广济王神为乌龙山神，又恢复了乌龙山这一名称。

昔时当地人的讲述中，乌龙山由一条巨龙变成，这巨龙曾在伏龙潭里生存，太乙真人还搭救过它。后来它在此苦修了七八十年，终入仙界，化身为山。这当然是一则神话了。

神话姑妄听之，毕竟它渗透了人们理想主义的美好想象。不过在严州古城，如今说起乌龙山，人们更多地把它与方腊起义，与《水浒传》这部中国古典文学名著牵扯在一起，这是因为百回本《水浒传》第九十六回《卢俊义分兵歙州道　宋公明大战乌龙岭》、第九十七回《睦州城箭射邓元觉　乌龙岭神助宋公明》等章回中，较为详细地叙述了宋江率兵与方腊作战的故事，这些故事就发生在乌龙山上。

宋江攻打方腊的时候，梁山泊的好汉已被朝廷招安。也就是说，宋江的队伍并非农民武装，而是官府的军队了，但宋江连面见皇上的资格和机会都没有。由于宋江是投降过来的，朝廷对他很是提防，生怕他再次叛变。为了赢得朝廷的信任，宋江迫不及待地想要以立功来换取信任。

李纲是宋代抗金名臣，他在《赵忠简公言引录》一文中说，宋江等一受招安，就立即被送往平方腊的战场，这便是朝廷不无险恶的策略。他们不仅是先锋，而且是攻打方腊的主力。在作战过程中，其力量进一步削弱，幸而获胜凯旋。但回师至东京附近，竟出乎常情地受到预谋的伏击，其部下被一网打尽。宋江的一生是一个悲剧，从梁山泊辉煌一时，到受招安、平方腊，最后被朝廷暗害，小说的这一段落是对历史真实的演绎，而乌龙山之战，应是他的人生转折点。

乌龙岭在乌龙山主峰以西，为马鞍形古道，旧时为睦州（严州）到杭州的官道。岭下旧有镇龙亭，岭上旧有粉泉庵，如今都已不存。《水浒传》中提及，宋江率兵攻打方腊的途中，被乌龙山挡了道。为了能沿江上溯去睦州（府治在今淳安）攻打方腊的老巢，就得先攻下这座险峻的大山，这说明当年乌龙山的易守难攻已有共识。宋江为此安排了精兵强将，作为先锋使的他率正偏将佐三十六员，攻取睦州并乌龙山之乌龙岭，副先锋卢俊义带率领正偏将佐二十八员，收取歙州并昱岭关。没想到乌龙岭的这场恶战，就让宋江所率三十六将中的十员大将战死，如此大的损失，前所未有。

按照《水浒传》的叙述，这十员大将的姓名和战死过程分别为：

立地太岁阮小二在被围时扯出腰刀，自刎而亡；玉幡竿孟康被火炮打中头盔，头顶被打成肉泥；两头蛇解珍、双尾蝎解宝兄弟俩装扮成猎户，上山时被敌方发现，解珍从空里倒撞下来，死于非命，解宝被滚下的大小石块砸中，被短弩弓箭射死在乌龙岭边的竹藤丛里，兄弟俩的尸首还被风化在岭上；矮脚虎王英被方腊的部下郑魔君郑彪一枪戳下马去；一丈青扈三娘想为丈夫王英报仇，却被郑魔君用一块镀金铜砖打下马来而死；铁笛仙马麟在乌龙岭上被方腊麾下将领白钦用标枪撇下去，南军大将石宝赶上，复砍一刀，把马麟剁作两段；锦毛虎燕顺被石宝用流星锤打死；赛仁贵郭盛被山头上飞下的一块大石头砸中，连人带马打死在乌龙岭上；小温侯吕方与白钦相斗，在马上你我相揪，后来两人与马一起滚下岭去，二将做一处死在岭下……

这十位梁山泊大将死得有点惨，曾经如此威武，如今一个个猝然倒下，一是说明方腊军队骁勇善战，二是说明乌龙山山高崖深、地形复杂，是梁山好汉们罕遇的险峻之地。

宋江在乌龙山上大战方腊并非神话，小说虽是虚构，但大体反映了事实。有人说曾在山上找到生锈的兵器，竟有古旧的匕首插在树丛里。不知近千年前的铁质兵器，能否在露天里保存到现在，但乌龙山上的这场激烈战事，确凿地记载在大量史籍中。

据说如今能上乌龙山的路有好几条，当地人砍柴烧香走的崎岖小路不无挑战性，但若在做好安全防护措施的前提下，选择这条显得陡峭的山路，能看到更多宜人的景色。乌龙山的树林茂密，空气清新。山脚蔚然一大片松树，人称“万松林”，这里的松树高低相当，根筋裸露，树底几乎没有丁点儿杂草。松树皮像鱼鳞一样，两三棵松树就交错成一条盘龙。空气中处处弥漫着松树的幽香，让人每个毛孔都有畅快之感。这样的登山显然饶有趣味。

严州古城有两座古塔，均位于三江口。一座在城东的高峰山上，叫北峰塔，因其位于卯方即正东方，所以又名卯塔。另一座在与古城隔新安江相望的巽峰上，名巽塔，巽峰在城之南，故又称南峰塔。因两塔隔江相对，故有“婆媳塔”“夫妻塔”等别名。至明代，双塔仍在，且成严州著名景点，“严陵八景”中的“双塔兆魁”，就是指这一于高端可揽十万云峰，处平冈则拥三江秀水的双塔。

如前所述，至少在南宋，严州已筑有双塔。但另有证据说明，双塔在北宋年间即已出现，也是有一定可能性的。

北宋嘉祐三年（1058）知睦州的赵抃，撰有《高峰塔》一诗：“上石披松十步劳，下窥人物见秋毫。嗟谁更向山峰顶，树塔孤撑碧落高。”

◇南北双塔相望于三江口（吴峰摄）

从中可知其时北高峰上已有“树塔孤撑”的宝塔了。而曾于南宋淳熙十三年（1186）知严州的陆游在绍熙四年（1193）二月所撰《严州重修南山报恩光孝寺记》中载：“初，郡长者江氏为塔七级与寺俱毁于宣和之盗。厥后，文则来居而寺复，法琦来助而塔建。”建德文史专家罗嘉许分析，陆游此记中有两条重要信息，一是巽峰（南山）上，北宋时已有宝塔，这座塔是宣和年间（1120年前后）遭方腊义军毁损；二是陆游提及“郡长者江氏”，江氏是谁？陆游在文中虽未言明，但在当时能被知府尊为“长者”的，唯有江公望。江公望卒于建炎年间（1127—1130），那么巽峰有塔即在北宋以前。如是说来，严州双塔均始建于北宋，确实极有可能。

民国《建德县志》卷四载：“高峰山，在城东五里，即北高峰乌龙山之支也，双峰耸秀，林木清幽，为一郡奇观山巅，旧有浮图七级与南天宁寺塔相望，嘉靖间旧塔圮，知府庄壬春重建，郡民复建东岳天妃、文昌、三官庙。”又载：“南高峰，在城南三里上有浮图久圮，明嘉靖丙午乡达俞夔因旧址重建，工未竣。知府韩叔阳终成之，与北塔对峙。”这主要记述了双塔重建的相关情况。

南宋至元，岁月漫漶，战乱导致双塔毁损，到了明嘉靖二十四年(1545)，南北双塔倾圮已有约四十年。恰逢严州人、江西按察使、布政使俞夔致仕回乡，目睹双塔如此情状，便主动发起倡议，捐出巨款，重建双塔。次年大年初一，北峰塔开始重建。同年六月，南峰塔也开工重建。经过两年时间的施工，北峰塔建成。而南峰塔或因资金问题，重建工程一度停止，直到十年后，方才由后任知府韩叔阳主持修筑完成。南峰塔现存明嘉靖都御史鄢懋卿所撰《重建卯巽二塔记》石碑一方，碑文详细记录了双塔修建的过程。

现存的南北双塔为明代遗存，是严州古城的重要实物遗存之一，原为佛塔，后为文峰塔，既反映了严州历史上佛教兴盛的景况，又是古严州历史的见证，蕴含着民俗，积淀着文化。同时，双塔为严州历史上水路交通导航起到了定向作用，是水上交通发达和军事要道的见证，具有极高的历史价值。

南峰塔塔基直径为8.6米，塔身通高35米，底层有四个券门，二层以上各层有四个发券窗洞，错开排列，层高逐级降低，每层略有收分。塔体外壁，菱角牙齿迭檐涩作檐子，檐角微微起翘。

南峰塔建在山体低矮、山顶平坦的巽峰，但因位于三江汇合处，水阔、田平、地坦，冈峦周边峻峭，宝塔挺立其上，如玉冠束顶，附近波痕帆影，农舍炊烟，日升月落，水天瑰丽，真是风光无限，诗意盎然。更为神奇的是，南峰塔的顶部竟然长出了几棵树，最显眼的是一棵黄连木。据林业专家测算和考证，这棵黄连木的树干基部合围直径50厘米至60厘米，树龄在120年至250年之间。或许，起初这棵树的树种是由飞鸟衔来，如今已长成一棵古树，与古塔相伴上百年，这无疑是罕有的古塔奇景了。

北峰塔为六边形七层密檐式砖塔，通高八丈，外观七级，内分六层。塔的中心是一个自顶到底的大砖石柱子。中心柱与塔内壁构成过道，由第一层南门而入，向西折北，按顺时针方向，可从过道盘旋而上至顶层。外观六面七层，内为六层，其第六层即外观的六、七两层。塔顶中心为复钵，钵上为两个重叠圆形葫芦，再上为宝瓶，整个塔刹为金属制成。

据严州文史专家朱睦卿介绍，古时，双塔塔上悬灯，虽是一种佛教的仪式，但为过往的客舟起到了导航定向的作用，这也成了当时三江口一景。“宝塔张灯”这一景观不知起于何时，但至迟北宋年间就已经有了。北宋睦州知州吕希纯《潇洒亭》诗有“浮梁倒影横雌霓，宝塔张灯叠万星”之句，描述的就是这一景观。此诗无疑也是双塔建于北宋年间的宝贵证据。吕希纯担任睦州知州是在宋哲宗绍圣元年（1094），距今已有900多年，由此可以想见北宋年间睦州文化、经济的繁荣状况。

朱睦卿介绍说，比起高耸挺拔的北高峰，玲珑俊秀的南高峰更让人容易亲近，也显得更加亲切，因此游南高峰的人比游北高峰的多得多，南高峰成为游客到严州后的必临之处。这里也是严州本地人常去的地方。每年的端午节，人们在江上赛罢龙舟，还要登塔游览。孩子们穿着新衣服，足蹬虎头鞋，身上挂着五彩丝线绣成的老菱和香袋，跟在大人后面，从大南门登上渡船，咿咿呀呀地渡过江去，心里不知有多高兴了。

1942年5月，日军侵入严州，见北峰塔高踞山顶，即派兵占据，当作瞭望台，警戒四方。有一天，几个日本兵强掳民妇，拖进塔里加以侮辱。此时，一片乌云忽地从乌龙山上压将下来，压到塔顶，刹那间，一道闪电如金龙般缠绕宝塔盘旋，接着便是一声巨响，雷电从塔顶劈将下来，塔裂三层，日本兵顿时死于非命，这真是天人共怒！消息传开，古城百姓奔走相告，拍手称快。

上述故事不无传奇，寄寓的无非是人们斩除敌寇的心愿，但事实上，由于塔身兀立于地面，很容易在南方雨季时遭受雷击。20世纪80年代初，北峰塔就因遭受雷击，塔刹无存，损坏严重，塔的顶部及塔的正面部分也已损毁。1984年，梅城人士寿崇德、汪积功等31人发起抢修双塔、保护文物之议，得到政府部门的拨款3万元支持。社会各界人士纷纷响应，又募得善款3.8万元。1986年6月初，北峰塔修复工程动工，历时半年，于1987年4月竣工。20世纪90年代，梅城镇人民政府有关部门又对南峰塔进行了修缮。

2019年10月7日，南峰塔和北峰塔被列入第八批全国重点文物保护单位名单。

而从2023年11月起，南峰塔又开始了一轮修缮。迄今，与古塔相伴的古木树龄已超百年，古树根系日益发达，已使塔顶产生裂缝。建德市文物局积极争取国家文物保护专项资金，经国家文物局批准后，市旅投公司对南峰塔进行了保护性修缮。本次修缮工程投资额约110万，主要修缮内容为保留塔顶主要树木，清理杂草和其他树木，对塔顶进行整修，对塔身墙体裂缝进行修补，破损墙面及抹灰剥落的地方重新抹灰。修缮工程已于2024年2月底完工。

没错，这新一轮修缮，依然保留了南峰塔塔顶的那几棵树，尤其是那棵黄连木，因为它们已经成了这座古塔不可或缺的特征。

第二节 琅琅书声不绝，书斋归筑乐青山

严州书院出现很早，青山书院是浙江乃至全国最早的书院之一。座座书院对严州文化的传播起到了不可估量的作用，文渊书院、双峰书院、龙山书院、宝贤书院等影响颇巨，培养出大量人才，余韵延续至今，遗迹值得寻访。

2021年5月，重建的龙山书院正式对外开放，成为严州古城标志性文化建筑之一。它的重建，也让我们重睹宋明时期严州书院文化的盛况。

龙山书院旧址位于乌龙山麓，与今址并不是同一处，原址已是一片田畴。明代淳安人徐楚撰有《龙山书院记》一文，为龙山书院最早之记载。明万历《严州府志》卷三载："龙山书院，在府拱宸门外乌龙山麓。今拆毁。康熙十一年建德县知县项一经改建于兴仁门外，后圮于水。"但未载明龙山书院始建于何时。

相传龙山书院由范仲淹所创办，此说由来已久，近现代多种史籍也支持这一说法，民国《建德县志》也有相关记载。但《范文正公集》及宋代方志均无明确记载。范仲淹向来重视教育，担任睦州知州期间，"延见诸生，以博以约"，向学生们传授读书的方法。"景祐中，范仲淹始建堂宇斋庑"（淳熙《严州图经》卷一），说的是他在田锡所建孔庙的基础上，扩大其规模，即为官办的州学。从这些记载来看，范仲淹有可能创办龙山书院，然清康熙五十九年（1720），曾在严州任职的海宁人陈诜在严州《文渊书院记》中写道"宋范希文特创龙山书院，张敬夫继

设丽泽书院……一毁于元初，再烬于明季”，则提供了另外的说法。陈诜撰写此文，距该书院遭毁损不过三四百年，应较为可信。认为龙山书院由范仲淹始建，更多的是表达了民众对这位杰出政治家、文学家的崇敬和赞美。

光绪《建德县志》载，邑人宋维藩在《重修湖坝纪略》一文中说：“邑侯项公一经，捐俸建龙山书院于文昌阁前，以培地脉，其中博雅堂则余所建也。”从这段文字中可以得知，昔日的龙山书院旁边还有文昌阁和博雅堂，今均已不存。

重建后的龙山书院是一组典型的宋代风格建筑，外观恢宏，不乏气势。整体占地面积为5000多平方米，建筑面积为4200平方米，总投资约为7000万元，建有藏经阁、大成殿、潇洒楼、范文正公祠等仿古建筑，同样配有综合会议厅及四座办公楼，功能齐全，在此可以开展文化

◇龙山书院大讲堂（梅城镇政府提供）

交流、教育研学、会议论坛等系列活动。虽然它是重建项目，古迹难觅，但是通过书院内的一幅幅壁画，仍能窥得当年贤士会聚、讲学传艺、交流理学的盛景。

重建的龙山书院正式开山这一天，范仲淹的三十世孙，北京大学历史文化研究所所长、教授，中国范仲淹研究会会长范国强也来到现场，并向书院捐赠了范仲淹铜像。这尊铜像现摆放在范文正公祠内，颇具神韵。

龙山书院内仰圣殿前的龙山书院坊，新建于2020年秋，与书院同时落成。龙山书院坊并不十分高大，却气势雄伟、端庄古朴，上有“棂星门”三字。棂星门是中国传统古建筑名，通常出现在文庙中轴线上，为牌楼式木质或石质建筑，古代传说棂星为天上文星，以此命名意味着孔子为天上星宿下凡，象征着孔子可与天上施行教化、广育英才的天镇星相比。龙山书院坊以棂星门的形式出现，其寓意不言而喻。

严州文史学者汪国云对严州书院文化极有研究，撰有《严州书院》等多部专著。他认为，严州是历史上众多知名学者往来交流频繁之地，加上刻书业盛极一时，自然成为文化和思想的聚集地，书院应运而生，顺势发展。在严州发展史上，严州书院对严州文化的传播起到了不可估量的作用。

稍迟于民间办学，严州官方办学的记载首见于北宋初年。宋太平兴国八年（983），名臣田锡以右补阙的官衔出任睦州知州。此时，吴越国刚归顺于宋，“人阻礼教”，社会仍显动荡。田锡从抓教育入手，“大兴庠序，建孔子庙”，即以庙建学，且提供纸张，请国子监印制儒家经书，以解学生教材之困。朝廷对田锡的做法十分肯定，特地批给睦州一套《九经》，国子监还将纸张退还。田锡亲自给学生们讲解儒学经典。自此，睦州学风渐盛，至宋真宗咸平三年（1000），出现了严州历史上第一个进士王冕。

中国古代书院创建始于唐朝，当时中国有书院17所，浙江仅2所，其中睦州的青山书院即为其一。“严州书院出现很早，青山书院是浙江乃至全国最早的书院之一。自晚唐至宋时，或因名人创办，或因名人讲学，以至于影响全国。而在明清时期，名声虽不及宋，但数量已大大超越前代，成为一支不可或缺的教学力量。”汪国云说。

南宋时期，严州书院教育崛起，并在中国书院史上占据不可低估的地位，这一现象与张栻和吕祖谦一度同在严州任职有关。乾道五年（1169），张栻和吕祖谦同时任官严州，一任知州，一任州学教授，两位大学者同任严州，真可谓“黄金搭档”，实乃严州的幸运。吕祖谦先于张栻来到严州，发现“学舍芜甚”，即与前任教授郑庶商讨整饬事宜，经过一个多月的努力，“渐有次序”，教学活动步入正轨。张栻赴任严州后，即视察州学等学校，发现州学虽已在绍兴七年（1137）经知州胡寅的修葺，“殿堂、廊庑、斋舍焕然一新”，但南面被一座废旧的尼姑庵所挡，大门只能朝东面“屈折而出”，遂下令拆除尼姑庵，并将其地盘纳入学校。

作为知州的张栻还大力支持吕祖谦整顿严州各家书院，制定学规，学规中对各校的管理制度、学员的纪律和道德操守都作了具体而详细的规定，甚至对学生上课考勤制度都作了明确规定，规定每年请假的时间不超过一百天。

由于张栻、吕祖谦两人大力整饬书院，兴办学校，延请名人前来讲学，严州书院“铎音大振”，各地学子纷纷前来，“士由远方负笈者日众”，以至于人满为患，“泮宫至不足以容之”，可见当年严州书院之盛，严州文脉愈显丰盈强劲。

而由于宋代严州办学之风炽盛，退休官员和在乡学者也成了办学的主力，他们兴办家塾、书院，收徒讲学，培养子弟，形成风气，影响深远。据统计，两宋时期，严州共考取进士459名，是唐代的27倍。古代严州府在科举史上共出了822名进士，其中南宋有311人，是北宋时期的两倍还多。喻樗、赵彦肃、钱时、方逢辰这些大学者都出现于南宋。

严州书院教育自南宋延续至清末，一直未绝。晚唐到清，较有影响的书院有青山书院、文渊书院、双峰书院、龙山书院、宝贤书院、会文书院等不下50座。

寻访严州古城的书院遗迹遗韵，已经重建的龙山书院当然是第一站，尽管它属于重建，但能通过那一组典型的宋代风格建筑，那些精美而生动的壁画，感受当年书院的盛况。在严州古城，因年代久远，传自古时、原汁原味的古代书院建筑已经难觅，但若细致追溯，仍能从现有建筑、旧址、典籍、民间传说中获得它们的蛛丝马迹，从中依稀窥见昔时的景象，想象它们的繁盛。

青山书院为睦州（严州）最早的书院，遗址位于寿昌县航头村（今建德市航头镇初中东侧水碓坞）。遗址虽然已是山野田垄，但遗迹仍能辨出若干。

据睦州寿昌《青山翁氏宗谱》记载，唐乾符年间，翁明任寿昌县宣议郎，从山东青州随任迁徙，卜居县西航川。其侄翁洮为遗腹子，母继殁，成为孤儿，翁明遂携翁洮随育于官署，教养备至。光启三年(887)，翁洮赐进士第，授礼部主客司员外郎兼殿中侍御史，退居不仕。朝廷征之，洮作《枯木诗》以答诏。帝嘉慕不已，复遣使赐以曲江鱼。翁洮择航川近郊青山，筑室于青山白眉山下，办学兴教，取名青山书院。青山书院的来历即是如此。

翁洮是我国最早创办书院的先贤之一。据万历本民国重修《寿昌县志》卷二载："青山，唐聘君翁洮隐居之所，在县西十里逶迤幽静。"又载：“（青山书院）在县西南十里，青山之阴，唐聘君翁洮建，遗址犹存。”“唐刺史李频宅，在县西永平乡八都；唐聘君翁洮宅，在县西南航川青山下。”由此可知，青山书院，与翁洮、李频的旧居等，早在明清时期就已列为寿昌县治的名胜古迹而受到关注。翁洮卒后与诰封夫人王氏合葬于寿昌县西青庵山。

翁洮撰有《青山书院》自勉诗一首：“懒逐红云上翠峦，书斋归筑乐青山。灵台一点天光漾，不管猿猴侮凤鸾。”读书育人的志向完美地交融于对绿水青山的喜爱之中。

翁洮办学育人、甘为人梯的精神一直被后人所称颂，他不仅在家门口开办书院，还会同县南前吴山（今大慈岩镇吴山边村）的好友吴钦，开班方塘书院于大顺岭南里，吴氏子弟受教于翁洮门下，考中进士的不在少数。

吕祖谦曾在他的故乡婺州创建丽泽书院，该书院后成为南宋四大书院之一。好几位严州地方官都以为张栻也在严州创办过丽泽书院，如清代严州府学教授陈家騄在撰于嘉庆八年（1803）的《双峰书院记》中记载，“宋乾道初，南轩张宣公由直秘阁起知严州府事，特创丽泽书院，俾多士肄业其中，士习文风，一时称盛”。清代严州知府刘荣玠也在撰于道光十二年（1832）的《丽泽堂记》中记载，“昔张南轩先生来牧严州，建丽泽书院于此地，与紫阳朱子、东莱吕子往复讲道不倦。自南宋以迄元明，频遭兵燹而遗迹荡然”。事实上，南宋时严州究竟有没有建起丽泽书院，一直存在争议。

虽然严州究竟有没有丽泽书院存疑，但丽泽堂确实是存在过的，对此，汪国云在《严州书院》一书中曾有考证。刘荣玠在《丽泽堂记》中介绍，丽泽堂设于文渊书院之内，是为书院之正堂，“托丽泽之遗规，问朱、吕之故事，与多士朝夕讲习其中……异日人文蔚起，道德文章将与宋贤后晖映于六睦，岂非堂之光也欤!”

光绪《严州府志》载：“文渊书院在府儒学东，即分守道旧基。康熙己亥知府吴昌祚创建，六县公捐延请掌教。”载明清康熙五十八年(1719)，知府吴昌祚在创建了文渊书院后，向严州六县延请掌教。后经多次修葺，书院教育一直延续。至嘉庆八年（1803)，知府张丙震重建书院，易名为双峰书院，并在东西两侧新建了十二间号舍以及堂后的小轩静室。道光六年（1826)，知府聂镐敏改书院大门为南向，里人夏琼林专门让出自己的住宅，使书院扩大面积，还主动出资建造头门五间，增设桃李门，双峰书院的规模由此扩大。道光十三年（1833)，知府刘荣玠又重修了丽泽堂和经训楼。

咸丰十一年（1861)，太平军毁损双峰书院，但架木尚存，知府戴槃主持修复。光绪十三年（1887）改名为师南义塾。光绪二十七年(1901）大水入城，院墙冲坍，知府刘忠标又主持大修，易名为六睦学堂，两年后又由知府黄书霖改名为严郡中学堂，聘县绅吴逢庆为监督。因绌于经费，仅在原有学科基础上“增英、算两科”，体制却与书院无异。光绪三十一年（1905)，严郡中学堂大加改良，“购备图书、仪器、标本，拓地建校舍，并于严东关威坪、龙山等局加抽学捐以作办学经费”。宣统元年（1909)，严郡中学堂改归省立，更名为浙江省第九中学堂。1912年改称浙江省立第九中学校。1923年，省立九中与省立九师合并，迁入今严州中学梅城校区办学。1933年，省立九中改名为浙江省立严州初级中学。1940年7月，在时任校长严济宽的改革下添设高中，改名为浙江省立严州中学。

因严州中学梅城校区至今仍在，从这番文脉的梳理中可以看出，丽泽堂、文渊书院、双峰书院、六睦学堂与后来的严郡中学堂、省立九中和严州中学有着清晰的传承关系，从如今的严州中学溯源，仍能追索严州书院文化的神韵。只不过有一点必须明确，今严州中学的源头是文渊书院和丽泽堂，而非传说中范仲淹所创建的龙山书院。

宝贤书院旧址在严州古城和义门外宝华洲上，即宝华寺旧基。明嘉靖四十二年（1563），在严州参政张子弘和知府张任的主持下，宝华寺西侧建起涣文堂，供本地书生读书，严州西湖也被称为来贤湖。因宝华寺已破旧不堪，清道光六年（1826）二月，由时任严州知府聂镐敏主持，开浚西湖，同时把宝华寺及周边建筑一并改建成书院，由此宝华寺变成了宝贤书院。九月间，聂镐敏因病归隐，致仕前捐银币100圆。道光八年（1828），知府刘荣玠，准董事童占元、胡廷望等人请官府筹拨地方财政余钱1500余圆，与聂镐敏捐献的100圆归拢在一起，存入典当行获得孳息，来帮助书院生存。

与双峰书院一样，咸丰十一年（1861），宝贤书院毁于太平军战火。同治十一年（1872），知府宗源瀚在宝贤书院建造了头门五间，并筑起围墙，光绪三年（1877）又建造头门三间。光绪十年（1884），知县刘毓森捐出养廉银重建，讲堂、上房、左右耳房、庖湢，悉循旧址。两年后，刘毓森再次捐廉重建。后建德知县谢仁澍还亲自前来书院督课，评文讲解，书院一时称盛。

至20世纪初，宝华洲上仅剩三间平房，宝贤书院亦向现代学堂过渡，初迁至今西门街，以一片典当的大屋为校舍，改名为县高等小学堂。1913年，此地改为县农会，后划归林场管理。1917年，更名为县立模范高等小学堂。值得一提的是，宝贤书院是严州城内建造最迟、消失最晚的一座书院。

2005年，梅城镇政府着手整治西湖二期工程，重整宝华洲，在西湖公园西侧、梅花南路以东，平整出一块场地，作为宝华洲，竖起一座高大的牌楼作为门坊，面西矗立。牌楼的梁楣间，嵌入梅花鹿木雕花

◇宝华洲上的宝华书院（梅城镇政府提供）

格，并有大理石一方，上书“宝华洲”三字。重建的宝贤书院、丽泽堂都在洲上，值得游观。

同在严州城北乌龙山麓的会文书院，始建于明万历元年（1573），由知府陈文焕主持建造。据明代淳安人徐楚在《龙山书院记》中一文记载，当时的会文书院堂楹、号舍、楼阁、池塘、庖湢、垣墙均备，并有官府划定的口粮。陈文焕在朔、望日都会来到书院学舍，与诸生辨析经文，并亲为校艺，“教思无倦，上稽六籍，洞启心源”，即便数九寒天仍坚持不辍。陈文焕一向坚守教学以穷理尽性为要务，以正心修身为根本。

陈文焕在严州时十分体察民情，重视农事。一遇旱情，即虔诚祷告，甘雨立至。闲暇时便独自出城巡察，发现有耕种者则给予干粮。万历四年（1576），陈文焕升任淮扬兵备，离开严州。临行时，严州百姓自发送行，不舍得他离开。陈文焕离开严州后，会文书院被拆毁，从此再未恢复。如今，站在乌龙山麓，只能凭史籍文字，遥忆这座短暂存世的书院了。

除了寿昌县的青山书院和严州古城的龙山书院、文渊书院、双峰书院、会文书院等，唐以来的睦州（严州）辖地，尚有寿昌县的岑山书院、莲谷书院、默山书院、屏山书院、石泉书院，淳安县的石峡书院、蜀阜书院、仙居书院、宾兴书院、南峰书舍、南山书院、古城书院、紫阳书院，遂安县的瀛山书院、台鼎书院、五狮书院、松皋书院，桐庐县的钓台书院、桐江书院、朝阳书院、沧江书院、蓝田书院、勤学书院、培杏书院、学山书院、英华书院、西林书院，分水县的庆云书院、兴贤书院、志学书院、玉华书院等，此处不赘。

第三节　山南玉泉涌清澈，梵音袅袅传千年

“参天松径夹篮舆，僧在乌龙腹内居。”（北宋·黄裳《过严州同太守游乌龙寺》）古时相传乌龙山上有九十九座庙，这是极言其多之意。严州历史上不仅寺院众多，高僧众多，还出现了尊为净土宗五祖的少康大师和禅宗高僧陈尊宿。梵音缭绕，千年不绝，为保存和传承民族文化发挥了不可或缺的作用。

玉泉寺位于严州古城北乌龙山南麓，旧名玉泉庵，因庵旁有飞瀑如喷玉而得名，又说寺旁有一孔名为“玉泉”的泉眼，冬夏不竭，寺名由此而得。玉泉寺所在的位置，地名唤作石佛坳，源自这里有一块酷似佛

像的奇石（又称“息石”）。此石从色泽上看与周围山上的岩石不一样，似乎并非出自乌龙山。这里环境清幽，草木盎然，站在寺前南望，山下的景色尽收眼底，起伏之山峦犹如朵朵青莲，绽放其间。

据说玉泉寺是唯一一处能将南北双塔“并”在一起的地方，也就是说，从这里看过去，玉泉寺和北峰塔、南峰塔三点可以成为一线，由此可见玉泉寺所处位置之奇特。明代严州知府张元电曾撰有《游玉泉寺》一诗，赞叹了这一番不凡：“石佛山岩古，茅堂秋草深。流云栖塔顶，飞絮贴禅心。高阁悬灯在，危萝碍日沉。乘间一登眺，留此壮云林。”

玉泉寺起初仅为小庵。相传净土宗（中国佛教宗派，亦称“莲宗”）五祖少康（后人称其为“善导”）大师云游于此，于唐贞元年间在此建立道场弘法（又说少康大师弘法之地是在严东关北高峰，而非乌龙山），并把那块息石雕凿成一尊阿弥陀佛石像，移入寺庵中。此后，常有信众前来烧香朝拜，据说能祛病消灾，息石由此也成了镇寺之宝。

少康大师不遗余力地弘扬净土佛法，使其迅速传播，名师辈出。大师所编纂《往生西方净土瑞应删传》，还被收入《大藏经》，成为研究净土佛教的重要文献。唐永贞元年（805）农历十月初三，少康大师在此圆寂，年届69岁。然大师的佛法风行海内外，在日本、朝鲜等地产生了很大影响，绵延至今。

北宋时，此道场易名为玉泉庵，曾拥有宇舍两百多间。宋真宗赵恒在位时，名臣陈尧佐之子陈学古曾为玉泉庵题过匾额庵名。如此看来，至北宋年间，玉泉寺已颇具规模。据《严州图经》记载，玉泉庵旁“旧有屋相对，名玉泉亭”。北宋睦州知州、诗人赵抃曾有《玉泉亭》诗云：“潺潺朝暮入神清，落涧通池绕郡厅。乱石长松山十里，讨源须上玉泉亭。”

◇玉泉寺雪景（梅城镇政府提供）

严州文史学家朱睦卿在《千年梅城》一书中对昔日的玉泉寺有一段形象的描述：

> 玉泉寺深藏在乌龙山腹部，从城中远望，一片翠绿的林海松涛之中浮出几片橙黄色的佛殿殿顶，白云缭绕其间，真是"白云藏古寺"的好风景。出严州城北门，行一二里，始登山，"萦纡松径，有亭当路，名曰'寻幽'。又自石磴而上，有亭名曰'竞秀'，然后至庵。"这段来自《严州图经》卷二《建德县·寺观》的描述是一千年前的人们游览玉泉寺的实录。

南宋绍兴八年（1138），玉泉亭移建于泉上，原址改建为性乐堂，又建曲水亭，"甃石其中，可以流觞"。其时，有禅师真悟和尚建屋其间，隐居修行。

朱睦卿描述，玉泉寺后石冈高耸，故名"乾冈"。寺左有石冈隆起，延伸如城，名"石城冈"。冈上建有钟楼，钟上刻有大悲咒，故名"大悲钟"。石冈凌空，钟声洪亮，声传松林山巅，十分悠远。玉泉寺中有一尊古石佛，由天然石笋雕琢而成，号称"石佛"。此石佛应是上文所述由息石雕凿而成之石像，故本地人又称玉泉寺为石佛庵。

相传玉泉寺辈分高于杭州灵隐寺，玉泉寺凡有重大佛事，灵隐寺方丈自觉到场。因社会动荡变迁，玉泉寺历代多有兴衰。明末毁于兵火，复建，清咸丰年间再次毁于战火。光绪八年（1882）始重建。1942年，侵华日军怀疑寺院中藏有军队，动用大炮击毁大殿。"文革"中，残留之寺宇被全部拆除，仅留下息石雕刻的阿弥陀佛石像。

1992年1月，经杭州市人民政府批准，玉泉寺重建。历时三年，建成山门、放生池、金桥、天王殿、弥陀殿、大雄宝殿等。2000年以后，又建成观音阁、念佛堂、钟楼、综合楼、少康祖师塔等，对外开放后，香火渐旺。至此，玉泉寺不仅是佛教界从事佛事活动的场所，也成为一处游览胜地。

2011年12月9日（农历十一月十五），净土宗五祖少康大师道场、严州乌龙山玉泉寺重建完毕，并举行盛大的开光仪式。重建的玉泉寺现有大雄宝殿、放生池、天王殿、弥陀殿、观音阁等，前几次重建的建筑也都在，殿宇宽敞，佛像庄严，俨然已是浙西名刹。

2011年11月4日，纪念少康大师圆寂1200周年的仪式上骤现奇特天象，此事值得一说。

纪念仪式主要有两项活动，即少康大师铜像揭幕和少康祖师殿奠基。仪式举办的时间是一个月前就已经确定的，不巧纪念活动的前一天突然下起了雨，一直到上午10时左右都没有停下。主办方负责人心急如焚，愁眉不展。因四面八方的人们已经来到现场，仪式无法取消或延期，只能按时举行。

令人欣喜的是，10时20分许，即仪式正式开始时，原本一直下个不停的大雨竟戛然而止，云雾消散，甚至还出现了阳光，而等到两项活动顺利结束时，乌云再次聚集，又下起了大雨。在现场亲眼感受这番神奇的人们无不称奇，兴奋不已，都说今天不虚此行。众人久久不肯离去。

澄溪道院最初也是佛教寺院，因旁侧有澄溪潭，得名澄溪庵，初建于唐，传说由德韶禅师所建。宋绍兴五年（1135），僧道照四处募捐重建，改名澄溪院。明万历三十八年（1610），僧祖信再次重建，明儒董其昌题写寺额。清嘉庆年间，道士蔡合龄曾加以修葺，改成道院，取名奉真道院。因供奉道教七祖吕洞宾，俗称祖师殿。地点一直在乌龙山南麓大坞。这里有二十余丈瀑布悬流。殿后有飞醉石，南有石亭，为严州名胜之一。

民间传说澄溪庵改为道院，与晋朝道士许逊有关。许逊从家乡江西来到吴郡建德，发现城北乌龙山气势雄伟，镇天压地，入得山中，又见森林茂密、怪石飞瀑，便觉得此地适合修道炼丹。他见有一瀑布从二十余丈高的悬崖上倾泻而下，甚是壮观。其下有两石合而为门，称小天门。门下有澄溪潭，潭水清澈。许逊就在此养白鹿自娱。数年后，许逊返回故里前，将白鹿放归乌龙山。夜里常有群鹿在山中相聚，故有鹿砦坪之名。据传，许逊在鹿砦坪下跌水岩溪涧旁的天然岩洞里修道，至今崖壁上仍可见“元阳洞”石刻。许逊后来又四处募捐，建起澄溪道院，古迹尚存。

事实上，说许逊建起澄溪道院显系误传。许逊所生活的晋朝与澄溪庵初建时的唐朝，时光相隔数百年。澄溪庵改成道院已在清代，与许逊生活的年代更是相隔了1500年左右，因此这一说法只能是民间传说而已。北宋政和二年（1112），徽宗皇帝曾赐封许逊为神功妙济真君，世称许真君，许逊死后地位很高，各地设立道院时，经常供奉许逊，成为民间最有影响的道士之一，这可能是误把许逊视为澄溪道院始建者的主要原因。

祖师殿旁有澄溪潭，特产平底螺蛳，为严州所独有生物。民间另有传说，这平底螺蛳也与许逊道士有关。据传在乌龙山修道的许逊，因目睹母鹿舐犊情深的情景，怆然醒悟，他把打猎的弓箭砸得稀烂，从今以后再也不杀生了。放走母鹿的那个地方便是鹿砦坪。

有一次，许逊有事下山，下山前特意嘱咐小道士，要他在院里安心修道，不要做出违规的事情来。但小道士实在嘴馋，尤其是入道观以来，饮食清淡，不吃荤腥，难熬极了。等师父下山，他便到澄溪潭里捞了一篮螺蛳，用柴刀斩掉螺尾，打算点火炒食。忽然师父又回来了，小道士慌忙把已经斩掉尾巴的螺蛳倒回澄溪潭里。原来，许逊刚走到半山腰，就听见“师父救我”之声，循声望去，慧眼看见小道士正在用柴刀斩螺蛳尾巴，急忙回来责问。小道士据实相告。许逊施展法术，使这些无尾螺蛳转死为生。从此，澄溪潭里的螺蛳都没有尾尖，成了平底螺蛳。

这则传说其实是称赞作为道士的许逊，有着一颗善良的心。众所周知，坚持修身养性、具有较高的文化素养、信奉独立自主的生活方式是道士们通常具有的特点。为了修道炼丹，他们往往遁入深山老林，把道观设于崇山峻岭、远离尘嚣的僻静之处，并在十分艰苦的环境中生活，这与佛门常把寺庵设于人口稠密处，以便香客前来的做法迥异。从古至今的道士青睐深山秘境，源于他们对道教精神的追求。澄溪道院同样地处乌龙山的深处。道家的核心理念，在老子的《道德经》中体现得淋漓尽致，主张人应顺应天地自然法则，不违拗，不做作，让心灵自由飞翔于无拘无束的大自然之中。道士们的选择是对宁静致远、超凡入圣理念的生动诠释。显然，传说中许逊的那颗善良之心，与道家主张道法自然，顺应天地自然法则，注重自身对天地的感悟不无关联。

玄妙观是严州规模最大的道教宫观，始建于唐中宗景龙年间，时称龙兴观。宋景定《严州府志》记载：“龙兴观，旧在仁安山之巅，观废，为仁行乡泽山新观请额云。淳祐壬子，仁安山复自为观。”龙兴观位于严州城区西北面，今严州中学校园北面范亭山与赤山之间。唐朝皇室为了神化自己的统治，抬高李家的名望和地位，尊道家创始人老子（老子姓李名耳，字聃）为始祖，利用道教具有祈福赈灾的法术，以及劝善惩恶的教义来维护“三纲五常”等封建伦理道德，同时利用道家清静无为的思想作为治国之策，与民休息，发展生产。唐时，道教被定为国教，朝廷下旨将老子的《道德经》列于科举考试之中，下诏令天下诸州都要建造道教宫观，使得道教宫观遍布全国各地。正是在这样的历史环境下，睦州在城区西北面建起龙兴观。

时光进入北宋，公元1008年正月，参知政事王钦若等在京师开封制造了一桩闹剧，谎称祥符降于宫中。宋真宗因此改元大中祥符。次年十月，下诏以正月初三日为天庆节，要求州府军监各县都要建道教宫观一所，以天庆为名。睦州城内的龙兴观由此改称为天庆观。大中祥符四年（1011），朝廷又下诏，在天庆观建圣祖殿，每逢新年和节日，地方长官都要率领僚属朝谒参拜。

南宋绍兴三年（1133），严州知府颜为重修天庆观，并建钟楼和清静坊。后来龙兴观年久失修坍塌而废，直到南宋淳祐十二年（1252）才得以重修。元元贞元年（1295），朝廷下诏，改江南诸路的天庆观为玄妙观，意为道家当玄，佛释色空之意。至正十八年（1358）三月，朱元璋部将李文忠攻打建德城，玄妙观毁于战火，但李文忠不久就在旧基上重建玄妙观，并扩建玉皇殿，奉祀玉皇大帝，“规模壮丽，为一部伟观”。重建严州城时，将北城墙往南移入八十五步，玄妙观与开元寺被划到城外。

到了明朝，自永乐年间开始，玄妙观几度重修扩建，西为紫微楼（左为真风堂，右为景星楼），东为迎仙馆，南为三清殿、治事厅，规模扩大。崇祯十四年（1641），严州府推官冯秉清再次重修玄妙观，三年后又被毁。

清朝建立以后，朝廷对道教不太重视，道教整体衰微，乌龙山上的道观再度荒废，最终走向没落。康熙二十年（1681），严州知府任风厚拨款在旧址上重建，只扩建月台以及两座班亭，并在大门外重建清静坊，左右各立下马石，改玄妙观为万寿宫，作为文武官员的祝圣之所。

乾隆十九年（1754），建德知县王宾拨款修建。咸丰四年（1854），知县裕英召集县绅陈达才、严国华筹集资金，再次重修。咸丰十一年（1861），玄妙观毁于太平天国战火，从此再未重建，如今连废墟都已不存。

雷公庵是为敬奉古代神话传说中的司雷之神而建。传说雷公庵也是许逊修道炼丹之处，清光绪《建德县志·杂记》记载，许逊炼丹时，丹基在“乌龙山顶西北，《旧志》：中平四高，形若荷心。相传为许真君炼丹之所”。甚至认为龙兴观即雷公庵的前身，唐宋时期这里被定名为龙兴观，至明初，因朝廷不再推崇道教，龙兴观逐渐面目全非。明万历《严州府志》记载：“雷公庵，在城北乌龙山绝顶。岁久倾圮，僧悟真重建圣水亭，旁有池，祈雨辄应。”从中判断明代后期的龙兴观已变成雷公庵，且雷公庵之名一直沿用至今。

事实上，说雷公庵所在位置是许逊修身炼丹之所，后来变成了龙兴观，明代后又成为雷公庵，这一说法显然存疑。如同前文所言，许逊所生活的晋朝与唐朝时光相隔数百年，即便他曾借助这里的小庵修道炼丹，也不可能保留到数百年之后，并改建为道观。这同样仅是民间对许逊的一种崇仰罢了，寄寓了一份美好的心愿。而传说中许逊的修道炼丹地，并非只有一处，或为元阳洞，或为澄溪庵，都只是传说而已。查阅并分析相关记载，可知两处传说中的许逊修道炼丹处，澄溪道院起自澄溪庵，又称奉真道院，一直是座道观；雷公庵直至倾圮，仍然被唤作雷公庵，自南宋开始直至明清，雷公庵向来为严州地方祈雨必选之地，从未成为道观，与龙兴观、天庆观并无关联。

正如严州文史专家陈利群所说，这些历史的遗存，随着岁月的风烟化为尘土，然而这里是佛道两家都曾经看好，并且共同栖身修行的场所，却是个不争的事实。实际上，无论是澄溪道院，还是龙兴观、雷公庵，它们都地处乌龙山深处林木茂密、鸟鸣婉转的地方。雷公庵所处位置，是在乌龙山金顶偏西的日峰之下，过了雷公庵翻越一险岭，就能到达乌龙山顶。这里四周环山，状若一朵盛开的荷花，中间还有一片二三亩开阔的平地，一大一小两个池塘，池水清澈，绝对是个清幽古雅的好地方。或许，正是因为此地是禅修问道的宝地，所以民众都觉得许逊应该出现在这里，以至于弄乱了寺庵道观的来历。

雷公庵今已不存，据说驴友爬乌龙山寻访，找到的也只有隐于草丛的若干断砖，而灵石寺、乌龙庙、七郎庙和开元寺，或已重建，或尚有若干踪迹，值得前往寻访拜谒。

灵石寺，在严州古城东北乌石滩左半山上，旧称灵石院。据传是在后梁开平元年（907），由看中了这片好地方的长守禅师开山。民间传说，当时这里也有一块乌石，与玉泉寺那块雕琢成石佛的息石类似。长守禅师云游于此，在乌石旁搭草棚念佛。乌石夜里托梦给他，说此地宜建寺院。长守禅师遂四处化缘筹款，建起寺院，灵石院因此得名。

宋建中靖国元年（1101），新任睦州知州马玗去灵石院烧香拜佛，发现寺院破败，便拨款重修，并将灵石院改为灵石寺。南宋建炎年间，岳飞、张俊、刘光世结伴从京城临安乘船来到乌石滩，在灵石寺墙壁上挥笔题名。但刘光世是个文盲，只得令侍儿意真代他书写。后来，宋代词人姜夔来到乌石寺拜佛，看了墙上的题名，即在旁边题诗："诸老凋零极可哀，尚留名姓压崔嵬。刘郎可是疏文墨，几点胭脂污绿苔。"

明洪武二年（1369），知永禅师筹款重修，改名乌石寺。清道光五年（1825），显裕禅师再次募款重建。咸丰十一年（1861），清军与太平军在严州激战，毁于战火。光绪元年（1875），悟修禅师筹款重建。至光绪三十四年（1908），虔诚信佛、行善积德的员外钱禄，捐款重修乌石寺，扩建僧舍，并将家中部分田地捐献给乌石寺，作为寺产，这应该是乌石寺最后的香火旺盛期。

1968年12月，富春江水电站建成后，水位上升，乌石寺以及那块具有灵气的乌石被淹没于江面之下，但水下遗迹尚存。

乌龙庙，又称广济庙，后称乌龙王庙，位于严州北门外乌龙山南麓。此庙的建立过程，有着一则不无离奇的传说。百回本《水浒传》第九十七回有一段叙述："宋江、吴用拜罢下阶，看那石碑时，神乃唐朝一进士，姓邵名俊，应举不第，坠江而死，天帝怜其忠直，赐作龙神。""龙神"说的就是一个叫邵俊的人，在宋江、吴用率兵攻打乌龙岭时显灵，帮助宋军征剿方腊。

民国《建德县志》载："祀唐处士邵仁祥，青溪清平乡谏平人，讳俊，号安国，仁祥其字也。"邵俊是唐贞观年间的处士。所谓处士，古时候称有德才而隐居不愿做官的人，后亦泛指未做过官的士人。据传，邵俊此人生有异质，贞观初年，曾隐居于蟠山（即乌龙山）修习《道德经》，深得其奥妙。当时，出现了一名何姓之巫，虚言祸福讹人，邵俊就用一根木头，挑着一块巨石来到这名巫者的面前，又把木头折断，植入土中，枝叶顿生。巫者见状，知道邵俊是个法力无边的人，大惊，然后逃遁。或许，正是因为邵俊拥有非凡之术，个性倨傲，建德县令周光敏"怒其无礼，因笞杀之"。

但奇怪的事情发生了。邵俊死后三天，还是在白天，坐在衙斋中的周光敏忽然受惊，仆倒在地，大声喊着"处士来"而猝死。严州百姓由此更加惊异于邵俊的灵异，立庙祀之。

后梁开平元年（907），朝廷封邵俊为贞应王。宋熙宁八年（1075），又封为仁安灵应王；绍兴十三年（1143），皇上又赐额"广济"，称乌龙庙为广济庙就从此时起。

庆元五年（1199），广济庙重修。严州进士沈奂专程前往绍兴，请当时已经74岁的原严州知府陆游为之作记。陆游在《严州广济庙碑文》中，对神助宋攻金，述之甚详。事实上，无论是《水浒传》的记述，还是陆游的碑记，所述诸事都是那时流传的民间传说，至于旱涝有祈求必应的现象，往往是自然偶合，实在不该理解为邵俊显灵。

元至正二十五年（1365），明将李文忠从严州出兵，大战张士诚，得胜，认定有山神助力，遂奏请朱元璋封邵俊为乌龙山神，殿宇也得以重修，改称乌龙王庙，并命地方有司春秋祭祀。邵俊在长林（今属建德市李家镇）的后裔也在聚居地建乌龙庙以祭。这样的祭祀延续较久，至宋，祭祀渐变为庙会，每逢“三月三”（传说为邵俊的生日），尤其是在长林乌龙庙前，形成规模不小的庙会。新中国成立后，庙会演变成物资交流会。近几年，又发展演变成集文娱活动、物资交流于一体的民间集市。

乌龙庙改称乌龙王庙后，历代多为之修葺并有增建，庙有仪门、戏台、廊庑等，颇壮观。清康熙十一年（1672）和光绪二年（1876），时任知县和住持相继拨款和筹资，扩大庙产，充香火之需。至20世纪中叶，乌龙王庙尚显完整。1969年，在乌龙王庙内建新安江电子管厂，占庙为仓库，拆大殿建厂房，庙遂毁。今存后殿三间及西廊庑为原物，另有一头残足的石狮以及一个石香炉。石香炉高五尺，宽二尺，前正面有“乌龙王”三字，阴面“钱库”二字尚明，小字则湮。此石香炉或旧时祭祀还愿、投荐钱币之具。

位于今梅城镇严州大桥北端建昌山麓的七郎庙，也与李文忠攻打张士诚时获得神助有关。

七郎庙为俗称，其正式名称应是七总管庙，现址在今梅城镇严州大桥北端建昌山麓。七总管庙是为了祭祀金元七而建立。金元七，南宋时

◇俗称为七郎庙的七总管庙（梅城镇政府提供）

人，籍隶姑苏，姓金氏，名生，后又称金元七总管、金七相公，是明清以来江浙一带供奉的当地财神。传说他在京城汴梁生活，后随宋室南渡，属外来神祇。也有传说他曾是抗倭英雄。清代笔记《贞丰拟乘》和《铸鼎于闻》详细记录了金元七的相关情况："金二十相公，名和。其初本汴人，随高宗南渡，居贞丰里，殁而为神。其子名细，为太尉，理宗朝尝著灵异，封灵佑侯。灵佑之子名昌，封总管。总管之子名元七，复为神。元至正间，阴翊海运，亦封总管。兴昌之从子名应龙者，同封。再晋封昌为洪济侯，元七为利济侯，应龙为宁济侯。"清代文人俞樾在《茶香室三钞》中引用《清波小志》称："流福沟就有金元七总管庙。今绍兴、杭州多有总管庙，皆昔守郡者之生祠也，吾邑亦有总管庙几处，则属之于金昌及其子元七。"由此可知，金七公的信仰原本在江苏、杭嘉湖一带的民间较为普遍。

据传，元至正十九年（1359）三月，张士诚派兵进犯建安府。李文忠率兵迎敌。正在两军对垒、势均力敌的危急关头，“忽见兵仗旌旄，拥护前后。命巫祝之‘金元七总管也!’”（清·胡书源《建昌山金元七总管庙记》）。有金元七的阴兵相助，张士诚很快被击败。李文忠遂奏捷朱元璋，不久，李文忠被封为浙江行省左丞，总管严、衢、信、处四州军事。同时封金元七为利济侯，建利济侯庙以祭祀，庙在浙江布政司原址西侧。后迁到建昌山麓，明清时期文人墨客多假此聚会。

新安江水势凶猛。据传，元末之前，建昌山上有一老翁，每当新安江水泛滥时，就举起扫帚对着江水横扫，江水即刻下降，因此当地人认为，这位老翁是龙王显灵，便在建昌山下建起顺济龙王庙。其时，建昌山下的江上有个水潭，即水中漩涡，俗称建昌潭，过往船只稍不留神，就会在这水流湍急的潭里船翻人亡。民间有死后阴灵能保佑水上安全之说。为祈求金元七同时能护佑船只，元至正二十五年（1365），李文忠又将利济侯庙移到顺济龙王庙前。据说从此客舟商船经过此地，只要焚香叩拜，江面立即风平浪静。

由于年久失修，利济侯庙破败不堪，清雍正二年（1724），经当地士绅倡议并组织捐款，利济侯庙得以修复，并改利济侯庙为七总管庙，后人俗称其为杨七郎庙、七郎庙。后来，有人在隔江相望的葛家埠建起了杨八郎庙，也是一座祈求神灵护佑的庙宇，与杨七郎庙相对应。

道光十八年（1838），当地士绅倡议把七总管庙前的建昌潭设为放生池，刻放生池碑，从上游的唐浦到下游的澄清门一带，禁止捕鱼。这座放生池显然是天然的大放生池了。放生池碑后被人砸毁，光绪十年（1884），当地士绅重刻放生池碑。

1981年，七总管庙成为杭州电表厂分部的食堂。2005年，为建设七里扬帆码头即七郎庙旅游码头，拆掉了七总管庙，在原址偏西地块迁建了开元寺。后来，七总管庙又得以重建，位于开元寺之东，寺院之南还建有山门。寺院前的七郎庙旅游码头，参加严州江上旅游活动者可自此下船。

因为这里又提到了开元寺，在此得再说一说这座改了四次名字、重建迁建多次的寺院。有关开元寺的来历和陈尊宿即道明禅师的生平，本书第一章第二节中已有所介绍，此处再做一些补充叙述。

开元寺创建于唐神龙年间之初，先前称中兴寺、龙兴寺。公元712年，唐玄宗李隆基即位，次年改年号为开元，龙兴寺也改称为开元寺。唐会昌年间之初，由于佛教寺院土地不用交税，僧侣免除赋役，佛教寺院过分扩张，损害了国库收入，与普通地主也存在矛盾。武宗李炎崇信道教，深恶佛教，会昌年间又因平叛，财政告急，遂下令清查天下寺院及僧侣人数，后令天下仅保留极少寺院，其余诸寺限期拆毁，迫令僧尼还俗，寺产良田没收，金银佛像上交国库，铁像用来铸造农具，铜像及钟、磬用来铸钱，此为历史上的“会昌毁佛”。会昌六年（846），武宗逝世，笃信佛教的宣宗李忱即位，又下令复兴佛教。毁佛期间，睦州开元寺被毁，陈尊宿不得不在旧寺小山岗上搭茅棚，依然潜心修学。

陈尊宿不仅是高僧，还是孝子。他在福建黄檗山讲经十年，因思念家中老母，遂回到睦州，居住在开元寺里。他不以化缘所得来赡养母亲，因为募化是布施者与佛结缘，施舍于佛门弟子的，而是利用晚上时间，在所居之处手编草蒲鞋，次日一早拿到城里换取钱米来侍奉母亲。宋代灵隐寺僧人普济所编《五灯会元》，亦将道明禅师的这一孝行载入佛籍。

唐乾符五年（878），黄巢率军南下，睦州民众得悉黄巢即将攻打睦州城，不免惶恐。道明禅师劝慰大家不必惊慌，说自有退兵之策。他编了一双巨大的草蒲鞋挂到城门上。黄巢率兵来到睦州城下，发现城门上挂着这双巨鞋，心想有这样大的草鞋，此人肯定高大无比，还是小心为妙，便暂时放弃攻打睦州城的计划，掉头返回。

不过，不久后道明禅师的计谋被黄巢识破，他再次率兵攻打睦州城，开元禅寺也在战火中被焚毁。

宋大中祥符元年（1008），有僧人从外地来，请工匠重建开元寺，改称兜率寺，大悲殿北面有口古井，陶土为井圈，上镌“宋开宝三年三月，是年斗米二十钱”字样。朝廷赐道明和尚为悟空禅师。兜率寺自唐至宋、明、清，历代皆修之。而今寺虽不存，但遗迹尚在，至今严州古城西北角、严州中学梅城校区的北面，还有一个叫庵基的地方，为开元寺即兜率寺之旧址，大悲殿古井依然守候。

2005年，政府投资在建昌山下建七里扬帆码头，即七郎庙旅游码头，古七郎庙的一部分地块建成了码头，大部分改建为开元寺。七郎庙中殿改名为开元寺，寺院布局按照佛教的规制，前殿供奉弥勒佛、四大天王、韦陀，主殿供奉释迦牟尼、十八罗汉，左开间为圆通殿，供奉观音，右开间为建昌殿，恢复了七郎庙的古迹。千年古刹开元寺从此重见佛光与香火。

第四节　青山不老古城依旧，一江碧水向东流

青山绿水之间，“九姓渔民”的故事只是严州文化瑰丽传奇之一罢了。千百年来，有多少神奇传说曾在这里涌现，又将有多少动人故事在这里诞生。在江畔行走，吟诵一首首唐诗宋词，更悟得这片山水今昔风姿之神妙，更折服天地造物主独运之匠心。

九姓渔民又称九姓渔户。他们以舟为家，不在陆地上居住，籍贯属于严州府建德县，活动范围包括杭州、绍兴、金华、衢州四府之间。

关于九姓渔民这个名称的起源，没有一个统一的说法，但主流观点认为，它起源于南宋灭亡时亡国大夫效仿伯夷叔齐之志，以舟居捕鱼为生。尽管这种生活方式曾经被视为士大夫的一种高尚行为，但后来，这些人却被称为“贱民”。因为身份低贱，在明朝，九姓渔民只能生活在渔船上，不得进入任何公共场所，不能与岸上的人通婚，更不许步入仕途。

又说九姓渔民是明朝歌伎的后代。明朝时，官绅富户皆可以私蓄戏班歌伎，一旦主人败落，这些戏班歌伎只能流落江上。由于这些人大多来自浙西江山县的官绅富户，所以被称为“江山船”。“两桨一舟，自成眷属；浅斟低唱以外别无他人。俗称‘九姓渔船’，亦曰‘茭白船’，言止能助人清谈而已。”（民国《建德县志》）这里提到的“浅斟低唱”无疑是指卖唱（甚或卖身）的谋生手段。清末外交家、爱国主义诗人黄遵宪曾写过一首《九姓渔船曲》：“西施一舸轻波软，原是官船当娃馆。玉女青胪隔牖窥，径就郎怀歌婉转。”描绘的也是这样的情景。

还有一种说法流传更广，朱元璋在消灭了陈友谅率领的反元农民武装后，将其后代贬为渔民，并把他们列入特殊的户籍，“相传陈友谅部曲共九姓，明太祖锢元，不齿诸民，故其子孙无寸土，惟船于家，男作船户，女多流娼。同治年间，严州太守有心化理劝谕，谆谆弃船居岸，诿曰：‘府有渔课，无出。’为白大吏奏除，居不数年，仍家于船为娼”（清·范寅《论堕贫》）。当年的严州太守曾想让他们弃船上岸，却因如是少了渔税而作罢。据民国《建德县志》记载，清时九姓渔户要向朝廷缴纳丁银二百一十八两，渔课九十四两，且在征收的过程中，地方官府又有加征、加派的情况。

九姓渔民是陈友谅的后代，这一说法也只是流传于民间，其真实性令人怀疑。民国《建德县志》提出了质疑，认为这种传说是不可信的，并提出渔民在唐代就已存在，与陈友谅无关。

虽然九姓渔民的起源很难确定，但九个姓氏基本可以确定，具体指陈、钱、林、李、袁、孙、叶、许、何九姓。但在清同治年间，九姓中的李姓已经消失了。据官府统计，清道光、咸丰年间，九姓渔民还有千余艘船只，太平天国战乱后，许多船只被毁，同治初年仅剩下几十艘，九姓人口总数也只剩下三百余户。

事实上，对于九姓渔民所谓“贱民”的认定，在历史上也多有变化。清朝初期并没有官方文件将其定为贱籍。而在雍正年间，朝廷下令废除了贱民制度，这使得九姓渔民的地位有所提升。但到了乾隆三十年(1765)，浙江地方按照陕西、山西等省乐户（中国历史上以音乐歌舞专业活动为业的贱民，集中于陕西、山西等省）、丐户（明编户籍，称惰民为丐户，清雍正元年始废除，江南一带较集中）的成例，将九姓渔民视为贱民，这实际上是对过去歧视行为的合法化。

九姓渔民的贱民户籍并不是一成不变的，雍正年间规定，如果贱民后代想要获取与良民完全平等的政治权利，必须是四代以后，符合这个标准，就可以向当地官府上报准入良籍。但实际上，直至晚清，九姓渔民的地位仍然十分低下，即使是在1920年的记载中，仍称“至今贱视之”。

北洋政府时期，九姓渔民的问题依然存在。1927年至1928年间，浙江省政府发布命令，宣布释放九姓渔民，并要求各地政府对其人口进行统计和备案，同时推出一系列方案，以改善他们的生活水平。建德、衢县、开化等地的政府立即采取行动，为解决九姓渔民的问题做出了努力。从此时起，九姓渔民才获得与普通百姓同等的地位。但九姓渔民真正从江上消失，还是在新中国成立之后。因实行移风易俗，平等人格，提供新的就业机会，九姓渔民才全部弃船上岸，茭白船从此销声匿迹。

“百年心思恼侬歌，破涕声中笑语多。一曲筌篌齐拍掌，不知江上有风波。”这是前人描写茭白船上灯红酒绿、醉生梦死场景的诗句。茭白船是九姓渔民浮家泛宅的生活居所，他们驾驶着这样的船，养鸬鹚捕鱼，结网打鱼，有时还用于载货，在江上谋生。这些船被编为伏、仁、义、礼、智、信、补七个字号，船长八十尺，中部宽二十尺，首尾均尖削而高峭，分头、中、房、后各舱，舱高十尺，上覆篾篷。顺风之时，则竖桅杆而行；逆水行舟，则需纤夫拖缆而上。因船尾特高，最初被唤作靠泊船、高白船，后音讹成茭白船。

严州严东关位于新安江、兰江、富春江三江汇合处，时为浙西商埠重镇。码头上画舫丽妓，丝竹渔火，彻夜不息。上画舫寻欢作乐的，大多是些常年在外经商的老板。茭白船由此成为客商品茗喝酒、洽谈生意的场所。

严州文史专家朱睦卿介绍，九姓渔民是严州最“古老”的居民。严州历经战乱，许多本地土著逃离了家园，许多外地人又迁入严州，“正宗”的严州人不多。九姓渔民却因为浮家泛宅，本无“家园”可依，无处可迁，所以一直生活在严州境内，他们的语言是正宗的“严州话”，其中有许多语汇已与现行的严州话不同，保留了不少古代汉语的遗存，如称“跑”为“跳”，称“走”为“跑”等。这一语言文化遗存十分珍贵，值得重视。

除了保留了正宗的严州话，九姓渔民还形成了独特的服饰文化、饮食文化和生活习惯。龙舟抢亲、水上婚礼以及名扬四海的佳酿五加皮药酒都是九姓渔民文化的代表。

九姓渔民的婚嫁礼俗也值得一说。明初以来，因九姓渔民不能与岸上的人通婚，只能在九姓之内互相通婚，加之所有礼仪环节都在水上进

◇九姓渔民婚礼（建德市三都镇政府提供）

行，这一婚嫁礼俗也变得独特。

九姓渔民的婚礼自始至终都在船上进行。婚嫁之日当天，先是新娘和新郎各乘坐一条船，新郎方的接亲船俗称男船，新娘方的送亲船，与男船相似装扮，只是旗帜、灯笼上的姓氏不同，俗称女船。

两条船渐渐并拢在一起后，在司仪的喝令下，两位端灯姐姐从船舱里扶出新娘，众人开始帮着抬嫁妆，包括被子、枕头、木箱、利市桶、梳妆台等，又从女船中端出喜盆，新娘坐入喜盆中。男方的利市嬷嬷要给新娘唱歌、说规矩，手里还拿着一杆秤，对每一件嫁妆都要象征性地称一下，边称边唱“称一斤来进千金，称两斤来进万金”，还有“五子登科”“六六大顺”等，以表祝愿。

接下来，由新娘的叔父以及家中兄弟，把她抬到男方的船上来举行婚礼仪式。先由男方的利市嬷嬷用那杆秤去挑新娘头上的红盖头，再由女方的利市嬷嬷给新娘喂离娘饭、唱离娘歌，教导新娘到婆家后的规矩。新娘吃完离娘饭，听完离娘歌后，坐在喜盆里，由四个壮汉抬起来，绕着船的桅杆转三圈，表示对娘家的眷恋之请，也表示不忘父母的养育之恩。然后再传给前来迎亲的男方船上的四个壮汉，他们抬着新娘，围着男方船上的桅杆转三圈，表示落地生根。

新娘过船后，新郎、新娘在铺着袋子的船头上并排站立，在“利市人”（主婚人）的引导下，一拜天地，二拜父母（公婆），三是夫妻对拜。在锣鼓鞭炮声中，男船、女船上的人同时向岸上的观礼人群撒柏籽、花生、红枣和糖果，以示感谢。人们向新人祝福，祝愿他们相亲相爱，白头偕老。

上文说的只是九姓渔民的婚嫁礼仪，事实上，整个婚姻流程都很有特色，颇为繁复，但与中国古代婚嫁风俗十分相符。比如订婚时的“送盘”，结婚头三天的“送妆奁”，结婚头天晚上的“谢礼”，新娘起身时的“训女婿”，新娘“拜祖宗父母”、吃“离娘饭”，以及“抛新娘”“拜天地”“分大小”“入洞房”“闹新房”，三朝“回门”等，与流传千百年的中国传统婚姻嫁娶流程几无二致，只是增添了九姓渔民的生活风尚和严州地域文化特色。

这传统文化浓郁、颇有看头的婚庆礼仪，新中国成立后随着九姓渔民的弃船上岸悄然消失。是啊，连九姓渔民这一群体本身都已与岸上的居民同化，这样的婚庆仪式自然无法存在了。不过，随着这几年重视文化旅游业的发展和非物质文化遗产的发掘，包括“九姓渔民水上婚礼”这一独特风俗在内的九姓渔民文化资源被发掘出来，被当作一种特异的地域历史文化，成为新安江上特有的民俗旅游资源。这一民俗现象被改编成歌舞、摄影等艺术形式。九姓渔民婚俗已被列入浙江省非物质文化遗产名录。

“江上往来人，但爱鲈鱼美。君看一叶舟，出没风波里。”范仲淹的这首《江上渔者》虽然写于北宋，但这番描述十分契合九姓渔民昔日的生活情景。

地处三江口的严州古城，山水秀美，城郭坚固，物产丰饶，文化底蕴厚重，千百年来，有多少神奇传说曾在这里涌现，又将有多少动人故事在这里诞生，九姓渔民的故事只是其中之一罢了。

“严之所以为望郡而得名者，不以田，不以赋，不以户口，而独以云山苍苍，江水泱泱，有子陵之风在也。”（景定《严州续志》）子陵之风是什么？一句话，是指不为功名利禄而改变自己志向和理想的品德情操和作风。严子陵之所以选择在富春江畔隐居，是因为他太清楚了，唯有在宁静安谧、远离纷争的地方才可安放身心，唯有在自然环境优美、有着深厚文化底蕴的富春江畔才可获得自由和理想的生活。郁郁苍苍、云雾缭绕的高山，仿佛崇高的品德风范和刚正峭直的禀性；浩浩荡荡、奔腾流逝的江水，象征着高洁而独立的精神追求。

严州是一座山城，整座城池依偎在群山怀抱之中。严州又是一座水城，源自城北乌龙山的溪流至少有三条，即城东的碧溪、城西的庵口溪和城北的大坞溪，而城中的东湖和城外的西湖，如同一对明眸，映照着碧蓝的天空。当然，“越嶂远分丁字水”的三江汇合处，最显严州古城作为水城的气势了。

“郡之山川，接于新定，谁谓幽遐，满目奇胜。衢歙二水，合于城隅，一浊一清，如济如河。百里而东，遂为浙江。渔钓相望，凫鹜交下。有严子陵之钓石，方干之隐茅。又群峰四来，翠盈轩窗。东北曰乌龙，崔嵬如岱。西南曰马目，秀状如嵩。白云徘徊，终日不去。”范仲淹在《衢州寄晏尚书》一文中，已对严州古城地势尤其是三江口之雄姿，做了简略而生动的描述。

开展“五水共治”以来，从保护“水生态环境”“水文化景观”出发，严州古城水系综合治理工程以科学疏通，恢复古河道，提高河网调蓄能力为重点，积极改善水生态，营造岸线景观。同时通过强化防洪基础设施建设，提高防洪能力；通过强化生境建设，保护生物多样性；通过打造文化氛围浓郁的沿河休闲场所，促进生态文化日渐繁荣。如今的古城，内涝问题已经解决，水生态系统稳定，河道景观日新月异，人水和谐的宜居环境得以呈现。流入江中的那一股股溪水已十分清澈，江水与溪水的交融处没有任何色痕。

远山如黛，近水含烟，风景袅袅，风情依依，活脱脱一幅江南水墨画。隔江遥望的双塔倩影、远离喧嚣的桃花源、飞珠迸玉的葫芦峡瀑布等，散布于三江口的每一个景致，都是那么的天造地设，那么的恰到好处。山与水之间相得益彰，景与景之间互为增色。在美不胜收的景致面前，鬼斧神工与浑然天成往往是同一个意思。

千百年来，三江口舟来楫往，舟楫所过之处，是财富的交汇，是诗意的交融，是兵力的交锋。这一脉流域，流淌着一江碧波，承载着千年文脉，吹拂着独有乡风。古往今来，多少文人雅士，只要亲临三江口，无不为其容颜所倾倒。范仲淹、杜牧以及谢灵运、孟浩然、陆游等诗人文豪是其中最为人钦服的几位。他们笔笔生花、步步成诗，用诗情在浙西唐诗之路上镶嵌了一颗颗璀璨明珠。

“严陵不从万乘游，归卧空山钓碧流。”（唐·李白《酬崔侍御》）“严滩一点舟中月，万里烟波也梦君。”（唐·岑参《送李明府赴睦州，便拜觐太夫人》）“萧洒桐庐郡，乌龙山霭中。使君无一事，心共白云空。”（宋·范仲淹《萧洒桐庐郡十绝》）“偶上千峰榭，遥思六客堂。前时赋诗处，烟水路茫茫。”（宋·王十朋《端午日陪柳严州登千峰榭》）“青松满山响樵斧，白舸落日晒客衣。”（明·唐寅《严滩》）“过城滩更急，直下汇分流。树色衔双塔，山形豁一州。”（清·查慎行《睦

◇撒网三江口（赵建民摄）

州》）……在江畔行走，吟诵一首首诗词，更悟得这片山水今昔风姿之神妙，更折服于天地造物主独运之匠心。每首诗词都在记叙和描摹这份山光水色对自我心灵的冲击。

三江口畔的严州古城内，一幢幢徽派建筑依然洋溢着原先古朴的韵味，修葺一新的白墙青瓦马头墙透露出新的生机。蜿蜒于屋宅间的街巷中，青石板早已被鞋底磨得铿亮，浑圆的表面不知已记下多少人的脚步。喧嚣的市声在清晨时分尤其清晰，笼罩在那几条最繁华的街道上方，直到夜幕浓稠，把整座城池彻底包裹起来，那市声才渐渐退去，仿佛进入了睡眠状态。此时，江上的点点渔火早已亮起，整个夜里它们是不会熄灭的。

夜里伫立江畔，眺望远山近水，有人说，偶尔会听见千军万马呼啸而来的声音。金戈铁马从乌龙山上下来，飞过城池，甚至可以直接飞过江去。这当然是幻觉了，不过，在巍峨的城门外伫立，身后是古城，眼前是大江，思绪正盘桓在昔时的场景中，幻觉悄然侵袭。夏风强劲，冬雪弥漫，季节的转换并不妨碍你在三江口忆古思今。没错，这座已矗立了千百年的古城，她默然的身影，本来就是让你不要轻易忘了先前，不要轻易舍了今日。

晴时，三江口波光粼粼，白帆点点，淡妆浓抹；雨时，江上烟深雾重，万物朦胧，山水犹如泼墨。四时风光不同的三江口，洗涤着八方游客的心灵，维系着两岸百姓的乡愁。是的，严州古城里有那么多景致，都值得一游，值得你来此枕山卧水、诗意栖居。但绝对不能漏掉的，是安静地站在澄清门外的江边，站在城东朝京门外的三江亭，眺望江水，感受江风，谛听江流的声音，沉浸在久远的历史中。只有如此，你会深深感知古城的深邃厚重；只有如此，你才会真心感悟眼下的美好、未来的期许。

江流千古，生生不息。严州古城稳稳地蹲踞着，固若金汤；江水从历史深处款款走来，从城边轻轻流过，流过青山，流过田畴，流过村庄，滚滚东去，那是太阳升起的地方。

本书主要参考书目

［宋］陈公亮：《严州图经》，罗嘉许点校，《严州文献集成》（第一册），严州文化全书，杭州出版社2020年1月版

［宋］郑瑶、（宋）方仁荣：《严州续志》，罗嘉许点校，《严州文献集成》（第一册），杭州出版社2020年1月版

［明］徐楚：《严州府志》，朱睦卿点校，《严州文献集成》（第一册），杭州出版社2020年1月版

［清］顾祖禹：《读史方舆纪要》，贺次君、施和金点校，中华书局2019年9月版

夏曰璈、张良楷：《建德县志》，金华朱集成堂1919年版

建德市委党史研究室、建德市地方志办公室：《建德往事》（第一辑），中国文联出版社2013年1月版

朱睦卿：《严州府城梅城》，方志出版社2018年7月版

朱睦卿：《千年梅城》，杭州出版社2019年9月版

方　韦：《严州诗词选》，杭州出版社2019年9月版

罗嘉许：《严州府城坊巷志》，杭州出版社2019年9月版
陈利群：《严州古城石牌坊》，杭州出版社2020年9月版
汪国云：《严州书院》，杭州出版社2020年9月版
张炜、张梦新：《严州府城古牌坊》，浙江大学出版社2022年9月版

本书在写作过程中，还参考了建德市梅城镇提供的相关材料，以及公开发表的相关新闻报道和公众号文章，在此一并致谢！

| 南京航空航天大学管理预测、决策与优化研究 |

江苏省服务外包产业研究

JIANGSUSHENG FUWU WAIBAO CHANYE YANJIU

楚岩枫◎著

河海大学出版社
HOHAI UNIVERSITY PRESS
·南京·

图书在版编目(CIP)数据

江苏省服务外包产业研究 /楚岩枫著. —南京:河海大学出版社,2021.4

ISBN 978-7-5630-6908-8

Ⅰ.①江… Ⅱ.①楚… Ⅲ.①服务业—对外承包—研究—江苏 Ⅳ.①F752.68

中国版本图书馆 CIP 数据核字(2021)第 059396 号

书　　名　江苏省服务外包产业研究
书　　号　ISBN 978-7-5630-6908-8
责任编辑　卢蓓蓓
责任校对　彭志诚
封面设计　徐娟娟
出版发行　河海大学出版社
地　　址　南京市西康路 1 号(邮编:210098)
网　　址　http://www.hhup.com
电　　话　(025)83737852(总编室)　(025)83722833(营销部)
经　　销　江苏省新华发行集团有限公司
排　　版　南京月叶图文制作有限公司
印　　刷　江苏凤凰数码印务有限公司
开　　本　787 毫米×960 毫米　1/16
印　　张　6.75
字　　数　103 千字
版　　次　2021 年 4 月第 1 版　2021 年 4 月第 1 次印刷
定　　价　38.00 元

目　录

第1章

绪　论

1.1 研究背景

相比于印度等服务外包大国来说，我国的服务外包产业起步较晚。在2006年，我国开始重视服务外包的发展，并且根据中国的政治和经济环境，提出了适合本国服务外包发展的策略。自此以后，中国的服务外包产业展现了飞跃式的发展，合同额连年大幅度攀升，所涉及领域也不断扩大。“十二五”时期全国服务外包产业呈现良好的发展态势。据统计，我国开展“一带一路”以来，仅2015年，与其相关国家的服务外包合同金额就高达178.3①亿美元，同比增长42.6%，“一带一路”相关国家对我国发包占我国离岸外包的18.8%，市场重要性显著提高。进入“十三五”以来，全国服务外包行业进入快速发展时期，2016年前2个月，我国企业签订服务外包合同金额1107.7亿元人民币，执行金额797.6亿元人民币，分别同比增长7.5%和7.1%[1]。

“十二五”时期，江苏省服务外包产业进入飞速发展阶段，服务外包合同总额逐年攀升。全省的国际服务外包业务普及到了美国、英国、德国、澳大利亚等100多个国家和地区，有力地促进了全省承接国际外包能力的提升。服务外包产业在江苏省经济发展中的地位越来越重要。2010年江苏省政府将服务外包产业定位为江苏省八大战略新兴产业之一，并研究制定了《江苏省服务外包产业发展“十三五”规划》。由于江苏省服务外包产业发展在全国居于领先地位，国家对江苏服务外包更好地发挥示范引领作用寄予更大期望。

因此本书主要针对江苏省服务外包产业进行研究，分析其发展的动力和竞争力，然后通过对投入产出效率的研究发现投入产出效率的演化规律和存

① 全书因四舍五入的原因，部分数据存在一定误差。

在的问题，最后对投入产出效率的影响因素进行研究，并对江苏省服务外包的发展提出相关建议。

1.2 服务外包研究现状

近年来，由于服务外包产业发展越来越好，并且世界各国也越来越重视，服务外包已经成为相关学者的一个研究热点，同时这些研究也取得了丰硕的成果。最近几十年里，国内外相关学者主要对服务外包的动因、决策、风险等进行了研究。

Klepper 等人构建服务外包关系演变的模型，并将其分为两个阶段：初始阶段和发展阶段。并发现不同的阶段内服务外包的主要动因不同，在初始阶段内成本和核心竞争力是服务外包的主要动力，而到了发展阶段获得相关的知识和专业的技能是主要的动力[2]；AMT 专家组通过对知识组织、发展对策等四个方面的分析，发现降低生产成本、增加柔性、抛弃非核心业务，是服务外包的主要动因，并认为服务外包可以推动组织向扁平化发展[3]；Cheon 等人通过综合资源基础理论、资源依赖理论、交易成本理论和代理四种理论模型，从发包方的角度分析了服务外包的动机[4]；Hancox 与发包企业和接包企业的部门经理进行访谈，结合信息不对称等理论，从发包方和接包方两个角度分析了服务外包的动因[5]；Adolph 等人利用扎根理论，对服务外包的决策进行了研究，并从财务、战略等视角提出相关建议[6]；Akomode 等人从行为研究和资源理论视角，对服务外包的公平决策进行了研究分析，并得到服务外包中关键的风险因素，最后为外包管理人员的决策做出相关建议[7]；Shieh 等人从发包方视角出发，在技术、质量等四个方面提出了选择接包方的准则[8]；Park 等人通过分析 87 个 IT 外包项目的供应商和客户配对样本数据，发现可以从核心技术、产业竞争力等方面来进行外包合作伙伴的选择[9]；李莹利用资源管理、交易成本等理论，从技术、成本、战略等视角出发，构建了我国信息技术外包的决策模型，并发现基础设施和技术对决策的影响最大[10]；彭杰等人通过模糊数学等理论，构建了IT外包的决策模型，并利用BP神经网络等方法对IT外包决策进行研究[11]。张园林、匡兴华等人首先从资源基础理论和代理成本理论出发，发现外包的三个动因分别为降低成本、聚焦核心竞争力和提高技术能力，并从识别和控制两个方面对外包的风险进行了分析[12]；杨波认为服务外包的风险是多样的，从不同的视角来判定，大致可分为系统性、模糊性等五种风险[13]；杨海蔚等人通过汇总前人的经验，将服务外包风险分为了技术、决策、经济等8种风险，并针对每种不同的风险提出了相应的规避措施[14]；林菡密结合信息不对称理论，认为信息技术外包的风险主要是由逆向选择和败德行为所产生，并结合这两种行为提出相关策略建议[15]；吴锋等人也认为知识转移的高效性、环境的动态性和关系的和谐性是影响外包成功与否的重要原因[16]。

1.3 研究的思路和内容

1.3.1 研究思路

本书首先根据委托代理、交易成本、资源基础理论，从宏观和微观两个层面对江苏省服务外包的发展动因进行分析，然后对江苏省服务外包产业的发展特点进行分析，从中分析出自己的优势和劣势，并利用钻石模型对其区域竞争力进行分析。紧接着利用数据包络分析法和神经网络研究了江苏省服务外包产业的投入产出效率，并得到效率的演化趋势。最后利用灰色关联熵分析法对投入产出效率影响进行了研究分析，并发现所存在的问题。

1.3.2 研究内容

第一部分，绪论。

第二部分，服务外包的理论基础及发展动因研究。本章通过委托代理、交易成本、资源基础理论，对服务外包进行了一个比较完整的介绍。紧接着从宏观动因和微观动因两个视角分析了江苏省服务外包的现实动因，其中宏观动因主要包括：市场竞争日趋激烈、政府支持和技术进步，微观动因主要是需求的驱动。

第三部分，江苏省服务外包的产业发展现状分析。本章首先对江苏省服务外包的发展特点进行分析，接着利用 SWOT 模型对江苏省服务外包优势、劣势、机会和威胁进行分析。最后利用钻石模型从要素条件、需求条件、相关和支持产业、企业战略、结构和竞争、政府和机会这 6 个方面对江苏省服务外包的竞争力进行了分析，并对江苏、浙江、上海服务外包竞争力进行了比较。

第四部分，江苏省服务外包的投入产出效率研究。本章将数据包络分析和 BP 神经网络模型相结合，建立了一个综合评价模型。该综合评价模型，先利用数据包络分析计算出江苏省服务外包的效率，发现效率的演化发展趋势，并以此进行评价分析。然后利用得到的效率，借助 BP 神经网络进行训练，进而做出预测。

第五部分，投入产出效率的影响因素研究。本章节在对江苏省服务外包投入产出效率的影响因素进行研究时，为了消除主观因素在服务外包指标选取时所存在的问题，以及以期从一个更加全面的视角来研究各种因素对效率演化的影响。因此，首先从宏观经济、IT 基础设施、市场开放程度、人才与科技水平、私营经济发展 5 个一级指标中选取与江苏省服务外包效率演化发展具有相关性的 14 个二级经济指标，然后采用 Pearson 相关分析法，从这 14 个指标中选取 11 个最为相关的经济指标作为研究对象，紧接着利用灰色关联熵分析法度量了这 11 个二级经济指标影响因子，以及与上一章节得到的江苏省服务外包投入产出效率之间的灰色关联度，最后根据这些关联度来分析影响江苏省服务外包效率演化发展的主要影响因子及阻碍因素。

第六部分，通过研究发现江苏省服务外包发展的现状和存在的问题，从政府层面、企业层面为江苏省服务外包产业提出发展对策。

本书的技术路线图如图 1-1 所示。

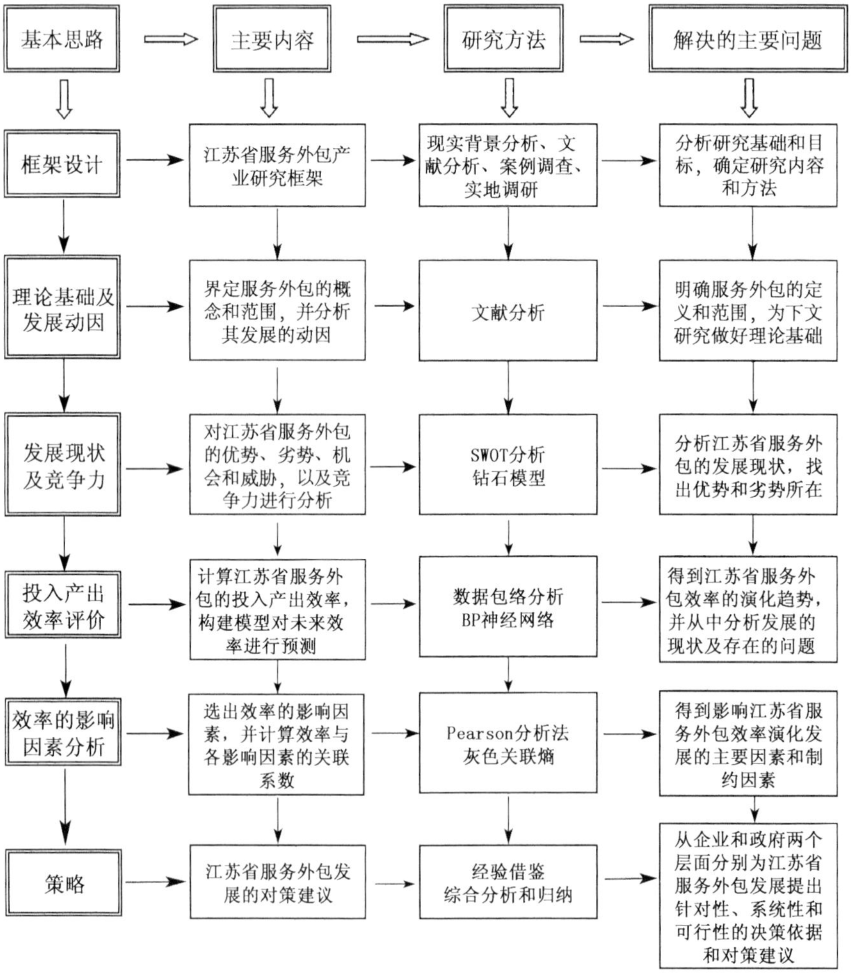

图 1-1　技术路线图

1.3.3 研究方法

本书研究中主要采用了以下几种方法：

(1) SWOT分析法：利用该方法分析江苏省服务外包的竞争特点，分析江苏省服务外包发展的优势、劣势、机会和威胁。

(2) 钻石模型：利用该方法从需求条件、机会、政府、生产要素和相关产业这5个方面对江苏省服务外包产业的竞争力进行分析。

(3) 数据包络分析：利用该方法对江苏省服务外包产业的投入产出效率进行了计算，并得到效率的演化趋势。

(4) BP神经网络：利用该方法对江苏省服务外包的投入产出与效率之间的关系进行了训练，以期对未来的效率进行预测。

(5) 灰色关联熵：利用该方法计算了影响因素与效率之间的关联度，并从中找出效率演化的主要影响因素。

第 2 章

服务外包的理论基础及发展动因

2.1 服务外包的定义及分类

2.2 服务外包范围的界定

2.3 服务外包的理论基础

2.4 发展服务外包的现实动因

2.1 服务外包的定义及分类

外包的概念最早是由 Hamel 和 Prahalad 于 1990 年提出，他们在发表于《哈佛商业评论》中题为《企业的核心竞争力》的文章里首先使用了外包(outsourcing)一词[17]。

可以看出，近些年来，国内外学者对服务外包进行了大量的研究，在服务外包投入产出效率方面，大部分研究都采用了数据包络分析的方法，但数据包络分析也有一定的局限性，它只能用计算得到的各种效率值对服务外包效率进行评价，而不能进一步仿真、预测。

服务外包是在制造行业外包兴起之后，逐步发展起来的重要外包领域。服务外包是指企业将其自身非专业的业务外包出去，借助外部专业的优秀团队来代为完成其业务，从而使企业能够专注自身的核心业务，降低成本、提高业务效率、提高企业核心竞争力和复杂市场环境应变能力的一种新的管理模式。

对于服务外包，目前普遍认可的分类方式有两种，根据服务外包的业务内容不同和根据服务外包承包商的空间和国家关系差异进行分类。

依据服务外包的业务内容不同[18]，可以将服务外包分为信息技术外包服务(ITO)、业务流程外包服务(BPO)和技术性知识流程外包服务(KPO)，信息技术外包的业务主要包括软件研发服务外包、信息技术研发服务外包、信息系统运营维护外包等。业务流程外包则是指企业将自身的业务流程委托给专业的服务提供商，委托服务提供商进行管理、运维等服务。业务流程外包的服务内容主要包括相关业务的代管理服务，如后勤、财务、采购、运输等业务流程环节的服务。技术性知识流程外包主要包括知识产权研究、产品技术研发、数据挖掘等知识密集型服务。

而根据服务外包承包商的空间和国家关系差异，可以将当前大部分服务外包分为境内服务外包、近岸服务外包和离岸服务外包 3 种类型。境内服务外包是指服务的发包商和承包商在同一个国家，整个外包活动在本国内完成，通常具有较大的成本优势；近岸服务外包是指发包商和承包商处在邻近国家，邻近国家的语言、文化环境等比较类似，往往具有一定程度的成本优势；离岸服务外包是指发包商和承包商来自不同的国家，外包活动跨越距离较远，而且离岸外包的业务流程常常仅是劳动密集型或者重复性活动，但也会产生一定的技术溢出来提高承包商所在国家的技术水平。

2.2　服务外包范围的界定

为深入贯彻落实《国务院关于促进服务外包产业加快发展的意见》，江苏省人民政府发布了《江苏省人民政府关于促进服务外包产业加快发展的实施意见》对服务外包产业的范围界定为以下 5 类：

1. 软件研发及服务

该服务主要指针对不同行业所用到的软件提供外包服务。其中主要包括以下软件：行业应用软件、嵌入式软件、客户定制软件、软件技术服务。

2. 产品的研发和设计服务

对用户需求产品进行研发和设计，主要包括自然科学类产品，并且影视产品也包含在内。

3. 信息技术研发服务

该类服务外包主要包括[19]：系统集成、集成电路设计、电子商务平台、测试平台。

4. 信息技术外包服务

主要包括：应用信息系统服务、操作信息系统服务、基础信息技术服务。

5. 技术性流程外包服务

主要包括:企业内部数据库管理服务、企业供应链数据库管理服务、企业业务流程设计服务、企业业务数据库运作服务。

2.3 服务外包的理论基础

1. 交易成本理论

交易成本理论由科斯于1937年提出[20],科斯认为,长期契约的签署,使得企业能够减少寻找合作伙伴、谈判签订大量契约等所产生的费用,从而降低企业的交易成本。根据交易成本理论[21],当企业某业务的外包成本大于内部进行的成本时,该项业务应在企业内部进行,否则应进行外包以减少交易成本。

2. 规模经济理论

规模经济理论作为经济学的基本理论[22],是当前企业理论研究的重点方向。企业的所有行动都是为了追求利润的最大化,根据规模经济理论,随着企业规模的扩大,企业的单位生产成本会降低,直到到达最佳规模,之后如果继续扩大规模,管理成本的增大会导致最终生产成本的增加。此时企业可以选择服务外包,继续了一定的规模扩张的同时又避免了规模递减效应。

3. 委托代理理论

委托代理理论由上世纪30年代美国经济学家伯利和米恩斯提出,根据委托代理理论,现代经济生产组织的产出是由不同所有者共同起作用的结果,企业要达到满意的运作效率,应该把一些非核心业务外包给外部专业化的组织进行。而专业化生产就难免存在知识或者信息的分散与集中问题、参与组织各自目标的冲突问题。消除因信息不对称、利益冲突所带来的低效率的风险,委托代理程序、协调与激励机制的设计就变得非常重要。在进行代理关系的选择上,选择行为契约(内包)还是选择结构契约(外包)取决于代理费用的高低。

4. 资源基础理论

资源指企业在生产经营过程中投入的所有要素，企业只有具备识别和管理形成企业竞争优势所需资源的能力，才能真正获得自身的竞争优势，服务外包的过程中，服务的承包商就相当于是企业的外部资源，服务外包即强调企业要形成竞争优势就要从外部寻找资源并充分利用内外部资源来达成目标。

5. 核心竞争力理论

在激烈的市场竞争中，企业的核心竞争力是企业维持自身不败地位的关键。而外包就是指企业集中资源发展自身的核心业务，同时将自身非专业的相关业务转交给专业的外部服务提供商完成，最终达到完成资源配置优化、提高运作效率、创造满意价值的目标。

6. 比较优势理论

比较优势理论是国际贸易产生和发展的基础[23]，也是外包国际化活动的理论基础。比较优势理论认为，国际贸易的基础是不同国家生产技术存在差别，并且由此产生了相对成本的差别。某种经济活动所需资源在外部国家或地区比较丰富，由此可以利用资源丰富带来的低成本优势来降低该活动的成本。比如，印度和中国现阶段都属于发展中国家，劳动力资源相对过剩，劳动力价格明显低于发达国家，许多发达国家企业通过向我国等发展中国家开展服务外包业务来降低其生产成本。

2.4　发展服务外包的现实动因

2.4.1　宏观动因

1. 竞争日趋激烈

21 世纪以来，经济全球化进程飞快，快速发展的信息技术使得世界各地的交流越来越便利，从而推动了国际贸易的快速发展，促进了世界经济的增长。同时，由于全球经济的一体化和技术的进步，企业国际间的竞争不断加剧，企业面对的市场变化越来越快，产品要求越来越高，竞争对手越来越多。迫于世界范围内的竞争日趋激烈，企业不得不选择外包等方式来降低生产成本压力，提高竞争力以维持自身的市场地位。

企业通过服务外包提高自身竞争力主要有以下三条原因。

第一，服务外包可以降低企业的成本。节约成本是当今离岸服务外包最基本的动力，根据比较优势理论和国际分工理论，各国由于资源禀赋不同，生产同一产品的成本就会有差异，某一国的某种资源要素较为丰富，相应的价格就会比较便宜。所以通过将相应服务外包给该服务丰富、价格低廉的某些国家可以降低发包企业的成本，同时又优化了国际分工体系。

第二，服务外包可以提高企业的资源配置的效率。发包企业通过将相应的业务外包出去，可以集中配置资源发展自身的核心业务，将自身不擅长或效率不高的业务外包给具有更加专业的知识、经验，能够提供更优质服务的承包企业完成，以此来提高企业效率。

第三，服务外包可以降低企业的开发风险。由于全球市场变化越来越快，企业将非核心业务外包可以降低自身业务开发的许多风险。通过外包与承包企业共同分担风险，企业可以实现风险的部分转移，在市场变动很快的情况下，维持较低的经营风险，拥有较高的抵御风险的能力。

2. 技术进步

信息技术的快速发展是离岸服务外包兴起的技术基础[24]。第三次技术革命推动了经济全球化的发展，世界经济区域一体化，国际分工发生了重大的变化。跨国公司为了适应一体化的全球经济经营环境，都调整了自身的生产模式、公司组织架构和全球投资战略，离岸服务外包就是全球经济新形势下产生的一种新的生产模式。事实上，正是因为信息技术的发展与进步，软件等服务产品的生产过程才能像制造业的生产过程一样可以分离，根据比较优势理论和国际分工理论，服务产品的生产也可以在全球实现资源的优化配置，通过国际间的优势互补，提高全球服务生产效率，促进服务产品全球一体化生产和销售，从而促进国际外包业务的快速发展。

3. 政府促进

出口是经济增长强大的拉动力，印度发展离岸服务外包的结果表明，服务外包可以促进经济增长，印度发展服务外包还不到 20 年就发展成为世界著名的软件出口大国，出口额的大量增长推动了印度经济的高速增长。而且，离岸服务外包的发展可以在一定程度上调整承包国的贸易结构，我国人口红利已经进入衰退期，承包国际制造产业的利润正在减少，长此以往对我国的经济会造成巨大的影响。而服务等资源的出口，由于附加了劳务、智力等无形资源，带来的利润远高于制造产品的出口，有利于减少我国服务的贸易逆差，逐渐实现国际贸易的协调发展。

就业是关乎国家社会稳定、经济健康发展的重要因素之一。承包服务外包能够创造更多的岗位需求，增加承包方的就业职位，缓解就业压力。我国每年大学毕业生数量巨大，岗位需求并不能满足数量巨大的待就业人员。开展承包服务外包可以为我国提供超过 150 万个高质量的就业岗位，可以有力推动人才工程建设，促进人才就业、社会稳定发展。

技术外溢主要是指跨国公司在接包国设立子公司、合建企业或开展其他形式的国际化生产和服务活动，由此造成技术及相关知识非人为地向接包国扩散，从而提升接包国企业科学技术水平、技术研发能力、科学管理水平并增加高素质人才数量，使得接包国提高创新创造能力，提升生产效率。由于服务外包技术知识密集的特点，技术外溢效应较大，通过承接国际高端服务外包业务，接包国可以引进国外大量的先进技术和管理经验，从而提高当地劳动者的素质，改善就业结构，促进当地产业结构优化升级。目前，我国政府已经明确服务外包产业对我国的重要作用，出台一系列政策规划，扩大优惠政策在服务外包行业的覆盖面，针对不同行业所具备的特点分别制定优惠政策，建立专项资金支持服务外包产业发展，支持、鼓励、引导服务外包企业进行科技创新、参与国际分工、进行国际认证，提高服务外包企业的接包实力，为服务外包企业创造融资条件，给服务外包出口企业发放贷款，并且适当地给予税收、利息减免等方面的优惠政策[25]。

2.4.2 微观动因

有需求才会有供给，服务外包产业的发展离不开企业服务外包的需求，企业外包的需求主要受以下三个方面驱使[26]。

1. 差异成本获利的驱使

差异成本获利就是指跨国公司将业务活动由成本高的国家或地区转移到成本低的国家或地区，从而获得由成本差异带来的收益。当前各国劳动力成本差异较大，发包商主要来自美国、欧洲和日本等劳动力成本较高的国家或地区，服务的承包商则来自劳动力成本较低的国家，如印度和中国。发包商正是通过服务外包，利用劳动力成本差异达成劳动力成本套利的目的。差异成本是跨国公司实施服务外包尤其是离岸服务外包的主要驱动因素，也是大多数跨国公司最初的动机。

2. 市场竞争驱使

当前越来越多的跨国公司将服务外包作为其重要的全球战略之一，究其服务外包的动因，市场竞争是一个不可忽视的原因。当市场上出现通过服务外包实现了人力成本获利的企业，即当该企业通过本国和服务接包国之间成本差异实现成本节约从而获得成本优势时，该企业的竞争对手或者退出竞争，或者采取跟进的服务外包。率先实施服务外包并取得成功的企业案例，在行业内形成了良好的示范效果，可以引发众多企业的效仿。

3. 提高服务质量

离岸外包服务的提供商具备更多在其专业服务领域内的知识与经验，具有帮助客户提高某领域工作质量的能力。跨国公司将一些业务离岸外包给承包商的另一个好处是可以获得高质量的服务和较低的风险。例如，在美国，呼叫中心、数据录入等工作并没有什么吸引力，这些岗位员工的流动极其频繁。而据一项调查显示，美国呼叫中心员工的流动率大概是印度的5倍多。

此外，外包出去的这些工作在其他国家会受到更高的重视。比如研究表明，在印度呼叫中心工作的人员的教育程度明显高于发达国家同等职位的工作人员，更高的员工受教育水平自然会提供更高的服务质量。

当然，服务外包产业的发展也与市场上服务提供商的积极服务有关，服务商提供服务的主要原因如下[26]。

1. 技术外溢效应

跨国企业因为内部某项业务难以独立开发或开发运营成本较高而选择外包服务业。通常人们只认为外包有利于发包商降低运营成本，事实上基于降低成本的战略，如果跨国公司决定将其高端业务如研发、设计等外包到低劳动力成本的国家，为了达到目标产品质量，跨国公司往往会对承包商的员工进行培训，使承包企业技术水平提高从而获益。在这个过程中，承包企业能够学习和模仿发包商的先进技术和管理经验，逐渐地提高了自身的接包能力，进而促进了接包国产业的优化升级。所以，专业服务提供商发展迅速，积极提供专业服务外包，促进服务外包产业的发展。

2. 服务规模效应

跨国企业为了优化组织结构而选择外包服务。首先，跨国企业把大量工作重组并外包给外部服务商，降低了自身业务运作成本，进而获得了较大的成本优势。而且，通过服务外包可以把跨国公司的固定成本变为可变成本，减少公司固定资本的支出，降低运作风险。一个能力足够的外包服务商能够同时承接多家客户的外包订单，这时的服务承包商能够充分利用现有人员和设备达到规模经济，从而大大降低单位生产成本。跨国公司可以通过与外包服务商的合作，达成和分享规模经济带来的成本节约利益。这是因为外包服务商可以将更低廉的价格让利给外包服务发包企业,使发包企业也享受到规模经济的成本节约,能够极大地促进服务外包的市场活力,推动服务外包产业的发展。

江苏省服务外包产业发展现状

江苏省服务外包产业随着国内外服务外包市场的迅速发展，结构发生了覆地的变化，成为了对江苏省经济发展有战略指导意义的又一新增长点。国家商务部和有关部委在“十二五”以来大力支持服务外包的发展，制定布了《中国国际服务外包产业发展规划纲要（2011—2015）》《国际服务外业发展“十三五”规划》，规划中提出云计算服务、软件研发及开发服务、电路和电子电路设计服务等12个重点发展领域。江苏省服务外包产业三五”规划的指导下发展迅速，规模不断扩大，结构不断完善，国际化程断提高，已形成了一定的先发优势。

外包业务持续稳定增长，产业队伍不断扩大

全省服务外包产业蒸蒸日上，拥有1个国家软件产业基地（江苏软件园），常州、无锡和苏州软件园4个国家级火炬计划软件产业基地，南京、无锡州3个服务外包示范城市，常州、无锡、苏州、昆山、太仓和江阴6个省级卜包基地。“十二五”以来，江苏省服务外包业务规模年均保持30%以上2015年，全省服务外包执行业务总额达到376.8亿美元，同比增长6；其中，离岸执行业务总额214.13亿美元，同比增长22.55%。其总量全国的三分之一，增速高于全国7个百分点，截至2015年年底，江苏省服包业务执行额连续8年保持全国第一。同年，江苏省ITO、BPO和KPO务的离岸服务外包执行额为116.4、15.5、82.2亿美元，比上一年增长6、25.6%、37.7%。3种业务模式结构日益优化，推动江苏省服务外包向加值领域发展，促进江苏省服务外包转型升级。江苏省服务外包企业数

第 3 章

江苏省服务外包产
发展现状及竞争力

3.1

翻天

和发
包产
集成
在“
度不

3.1.1

南京
和苏
服务
增长
21.1
接近
务外
3 种
13.4
高附

量有较大的增幅，较 2014 年增加 647 家，达到 8 841 家，约占全国 1/3，其中 542 家企业的离岸外包执行金额超过 1 000 万美元，吸引了服务外包从业人员大约 112.42 万人，其中大学(含大专)以上学历人员 78.51 万人，约占从业人员总数 69.84%[28]。

3.1.2　产业布局日趋合理，集聚效应日益凸显

江苏省结合苏南苏北当地产业特色和优势，突出错位发展，避免同质化竞争，重点推进软件开发、动漫创意、设计研发、生物医药、供应链管理和金融后台服务等六大服务外包产业集群加快发展。至 2015 年底，苏南苏北地区已形成若干个服务外包产业园区，特别是苏南地区已成为中国国际服务外包产业增长比较快、集聚度比较高、竞争力比较强的地区。其中南京、无锡、苏州作为国家级服务外包示范城市，“一带一群”城市群服务外包离岸执行总额占全省的 99.8%，主力军作用发挥明显。

3.1.3　政策优势逐步显现，吸纳就业作用明显

江苏省积极贯彻落实《国务院关于促进服务外包产业加快发展的意见》(国发〔2014〕67 号)，研究“十三五”期间推动服务外包创新发展的支持政策。2017 年，江苏省商务厅发布《江苏省服务外包产业发展“十三五”规划》展望分析了“十三五”面临的机遇和挑战，并对“十二五”期间全省服务外包产业发展状况进行了总结，确立了“十三五”期间服务外包产业的发展思路，确立了“十三五”期间的指导思想：牢固树立并贯彻落实新发展理念，以推进服务外包供给侧结构性改革为主线，以示范城市集群建设为中心，坚持市场导向和创新驱动，突出特色发展，推动结构优化调整，推进服务外包向价值链高端延伸，把江苏打造成具有国际先进水平的中国服务外包新高地。并提出“十三五”时期发展目标：突出抓好“江苏服务外包示范城市集群”建设，实现江苏服务外包迈入国际中高端水平。至 2020 年，实现服务外包业务执行额超过

600亿美元,离岸执行额达到300亿美元,高技术含量、高附加值业务占比明显提升,企业创新能力进一步增强,全省服务外包企业总数达到12 000家,产值超1亿美元的龙头企业100家左右,全省服务外包从业人员达到150万人[28]。

江苏省共有47家省级服务外包人才培训基地。除此之外,相关培训机构积极面向社会、企业以及大中专院校开展外包专业培训。据统计,为全省8万人员提供了服务外包就业培训,其中包括3万从事服务外包行业的在校大学生。一方面,为在校大学生提供了就业机会和就业方向。另一方面,有效地缓解了服务外包产业人才短缺的难题,在一定程度上为全省外包产业主体壮大和外包业务增长提供了有力支撑。多元化、多渠道、多层次、宽领域的服务外包人才培训格局已然形成。

几年来,全省服务外包示范城市在原有的基础上新增许多,包括江阴、昆山、太仓、镇江。中国国际服务外包合作大会,在宣传推广"江苏外包"品牌形象,为江苏省服务外包企业搭建交流合作的平台等方面起到了积极的推动作用。

3.1.4 示范城市发展定位明确,示范作用增强

2016年度商务部综合评选了中国服务外包示范城市,在31个服务外包示范城市中,南京综合得分176.1,高于上海0.5分,位居服务外包示范城市第一位。苏州市、无锡市以综合得分高于100分的成绩,与南京一起跻身于我国服务外包示范城市第一梯队。

苏州市被评为全国服务外包示范城市,并凭借其开放型经济优势,吸引了世界500强公司、全球外包百强企业和国内十大外包领军企业30多家在苏州投资,示范城市建设步伐加快,服务外包产业呈现出跨越式发展态势,接包合同额高达百亿美元。2016年,苏州市完工接包合同总额128.45亿美元,离岸执行总额66.88亿美元,同比增长7.80%、6.74%,促进服务外包产业持续

第 3 章

江苏省服务外包产业发展现状及竞争力分析

3.1 江苏省服务外包产业发展现状

3.2 江苏省服务外包产业 SWOT 分析

3.3 基于钻石模型分析江苏省服务外包产业区域竞争力

3.4 江苏、浙江、上海服务外包竞争力比较分析

3.1 江苏省服务外包产业发展现状

江苏省服务外包产业随着国内外服务外包市场的迅速发展，结构发生了翻天覆地的变化，成为了对江苏省经济发展有战略指导意义的又一新增长点。

国家商务部和有关部委在"十二五"以来大力支持服务外包的发展，制定和发布了《中国国际服务外包产业发展规划纲要(2011—2015)》《国际服务外包产业发展"十三五"规划》，规划中提出云计算服务、软件研发及开发服务、集成电路和电子电路设计服务等12个重点发展领域。江苏省服务外包产业在"十三五"规划的指导下发展迅速，规模不断扩大，结构不断完善，国际化程度不断提高，已形成了一定的先发优势。

3.1.1 外包业务持续稳定增长，产业队伍不断扩大

全省服务外包产业蒸蒸日上，拥有1个国家软件产业基地(江苏软件园)，南京、常州、无锡和苏州软件园4个国家级火炬计划软件产业基地，南京、无锡和苏州3个服务外包示范城市，常州、无锡、苏州、昆山、太仓和江阴6个省级服务外包基地。"十二五"以来，江苏省服务外包业务规模年均保持30%以上增长。2015年，全省服务外包执行业务总额达到376.8亿美元，同比增长21.1%；其中，离岸执行业务总额214.13亿美元，同比增长22.55%。其总量接近全国的三分之一，增速高于全国7个百分点，截至2015年年底，江苏省服务外包业务执行额连续8年保持全国第一。同年，江苏省ITO、BPO和KPO 3种业务的离岸服务外包执行额为116.4、15.5、82.2亿美元，比上一年增长13.4%、25.6%、37.7%。3种业务模式结构日益优化，推动江苏省服务外包向高附加值领域发展，促进江苏省服务外包转型升级。江苏省服务外包企业数

量有较大的增幅，较2014年增加647家，达到8 841家，约占全国1/3，其中542家企业的离岸外包执行金额超过1 000万美元，吸引了服务外包从业人员大约112.42万人，其中大学（含大专）以上学历人员78.51万人，约占从业人员总数69.84%[28]。

3.1.2　产业布局日趋合理，集聚效应日益凸显

江苏省结合苏南苏北当地产业特色和优势，突出错位发展，避免同质化竞争，重点推进软件开发、动漫创意、设计研发、生物医药、供应链管理和金融后台服务等六大服务外包产业集群加快发展。至2015年底，苏南苏北地区已形成若干个服务外包产业园区，特别是苏南地区已成为中国国际服务外包产业增长比较快、集聚度比较高、竞争力比较强的地区。其中南京、无锡、苏州作为国家级服务外包示范城市，"一带一群"城市群服务外包离岸执行总额占全省的99.8%，主力军作用发挥明显。

3.1.3　政策优势逐步显现，吸纳就业作用明显

江苏省积极贯彻落实《国务院关于促进服务外包产业加快发展的意见》（国发〔2014〕67号），研究"十三五"期间推动服务外包创新发展的支持政策。2017年，江苏省商务厅发布《江苏省服务外包产业发展"十三五"规划》展望分析了"十三五"面临的机遇和挑战，并对"十二五"期间全省服务外包产业发展状况进行了总结，确立了"十三五"期间服务外包产业的发展思路，确立了"十三五"期间的指导思想：牢固树立并贯彻落实新发展理念，以推进服务外包供给侧结构性改革为主线，以示范城市集群建设为中心，坚持市场导向和创新驱动，突出特色发展，推动结构优化调整，推进服务外包向价值链高端延伸，把江苏打造成具有国际先进水平的中国服务外包新高地。并提出"十三五"时期发展目标：突出抓好"江苏服务外包示范城市集群"建设，实现江苏服务外包迈入国际中高端水平。至2020年，实现服务外包业务执行额超过

600 亿美元，离岸执行额达到 300 亿美元，高技术含量、高附加值业务占比明显提升，企业创新能力进一步增强，全省服务外包企业总数达到 12 000 家，产值超 1 亿美元的龙头企业 100 家左右，全省服务外包从业人员达到 150 万人[28]。

江苏省共有 47 家省级服务外包人才培训基地。除此之外，相关培训机构积极面向社会、企业以及大中专院校开展外包专业培训。据统计，为全省 8 万人员提供了服务外包就业培训，其中包括 3 万从事服务外包行业的在校大学生。一方面，为在校大学生提供了就业机会和就业方向。另一方面，有效地缓解了服务外包产业人才短缺的难题，在一定程度上为全省外包产业主体壮大和外包业务增长提供了有力支撑。多元化、多渠道、多层次、宽领域的服务外包人才培训格局已然形成。

几年来，全省服务外包示范城市在原有的基础上新增许多，包括江阴、昆山、太仓、镇江。中国国际服务外包合作大会，在宣传推广“江苏外包”品牌形象，为江苏省服务外包企业搭建交流合作的平台等方面起到了积极的推动作用。

3.1.4 示范城市发展定位明确，示范作用增强

2016 年度商务部综合评选了中国服务外包示范城市，在 31 个服务外包示范城市中，南京综合得分 176.1，高于上海 0.5 分，位居服务外包示范城市第一位。苏州市、无锡市以综合得分高于 100 分的成绩，与南京一起跻身于我国服务外包示范城市第一梯队。

苏州市被评为全国服务外包示范城市，并凭借其开放型经济优势，吸引了世界 500 强公司、全球外包百强企业和国内十大外包领军企业 30 多家在苏州投资，示范城市建设步伐加快，服务外包产业呈现出跨越式发展态势，接包合同额高达百亿美元。2016 年，苏州市完工接包合同总额 128.45 亿美元，离岸执行总额 66.88 亿美元，同比增长 7.80%、6.74%，促进服务外包产业持续

健康发展。同时，产业结构逐年优化，不断向产业链和价值链高端攀升。同年，离岸 KPO 占总量比重达 66.75%。在全国服务外包示范城市综合评价中，苏州稳居第一梯队[29]。

南京市秦淮区发展“云”技术，为了提升和优化云外包发展生态环境，促进服务外包发展和促进传统商贸、金融服务业转型升级，把新街口打造成辐射“长三角”西北翼的综合“中心区”；依托东部高新技术产业园区开发建设，利用云计算应用服务带动相关服务外包企业发展，打造“特别社区、大学校区、公共社区”融合联动的科技创业特区。

无锡将发展眼光聚焦跨国公司、研发设计、金融服务等高含金量的产业。无锡服务外包产业逐步呈现出离岸服务发展好、在岸市场逐步释放的特色化发展方式。现如今，世界 500 强企业都建立了各种各样的服务共享中心，服务共享也从无人问津变成了产业发展的“快速通道”。抢抓机遇，着重部署跨国公司共享服务布局成为下一步发展的重心。无锡市服务外包产业不仅发展基础好，而且制造企业不断向产业链两端延伸，充分利用制造企业跨国公司的投资基础，合理部署采购、物流、分销等功能性总部。发展的同时也应看到规模较小的中小型企业争取不到大订单已成为阻碍产业发展的短板，帮助中小型企业整合重组、形成拳头企业及核心产品并抢抓市场，是服务外包产业的下一步走向。

3.2　江苏省服务外包产业 SWOT 分析

服务外包兴起于制造外包之后，是指企业将其自身非专业的业务外包出去，借助外部专业的优秀团队来代为完成其业务，从而使企业能够专注自身的核心业务，降低成本，提高业务效率、企业核心竞争力和复杂市场环境应变能力的一种新的管理模式。

随着经济全球化的日益深入，服务外包产业在全球范围内迎来了发展的大好机遇，世界各国也越来越重视服务外包产业对经济发展的贡献。我国服务外包产业起步较晚，基础薄弱，一直到2006年我国才开始重视服务外包产业的发展，但随着资源环境的约束和人口红利的减少，服务外包产业必将以其独特的优势成为新时期经济发展的重点，也是调整产业结构、转变经济发展方式的重要组成部分。近十年来，我国的服务外包产业进入了发展的快速期，从东部沿海逐渐向中部和西部拓展，服务外包合同额和执行额都逐年大幅攀升，服务外包企业数量和从业人数也在飞速增长，为经济发展注入了一股新鲜血液。在“一带一路”战略的推动下，仅2015年一年与其相关的服务外包合同金额就高达178.3亿美元，同比增长42.6％，过去五年的年均增长率达到了40％～60％，我国的服务外包产业取得了非常可观的成绩，我国也正在努力发展成服务外包大国。

长三角地区位于我国东部沿海，拥有得天独厚的地理区位优势，并且经济发达，人才众多，有着良好的产业集群效益，是中国经济发展最具活力和潜力的地区之一，其服务外包产业的发展水平一直领先于全国其他地区。目前仅有少量文献研究相关省市和服务外包示范城市的服务外包产业竞争力，季成对长三角地区服务外包产业的协同发展展开了讨论[30]，指出应加强服务外包产业的交流与合作，促进协同发展。肖琛等分析了长三角服务外包产业的空间格局演变[31]，发现长三角服务外包产业正由外包示范城市向非示范城市发展。梁锡坤和朱铮铮结合长三角地区服务外包产业的发展现状[32]，对该地区的发展优势和面临的问题进行了分析，并给出了相应的策略。张春香在《基于钻石模型的区域文化旅游产业竞争力评价研究》一文中，用钻石模型将区域文化旅游产业竞争力分为四大板块，再从各板块中细分评价指标，构建评价体系，对河南、陕西和湖北3省份的文化旅游产业竞争力进行了评价分析[33]。有学者在指标筛选中应用了灰色关联度分析，张和平、解晓龙的《基于灰色关联度的组合优化模型研究》科学有效地对评价指标赋权[34]。朱鹤、刘家明从社会、经济、环境、资源等角度选取与旅游业竞争力相关的20个指标，采用时序全局主成分分析法，对中国东部地区12个省份旅游业竞争力进行评价，发现东部地区旅游业发展差异较大，但地区间有缩小的趋势[35]。全局主成分分析法应用广泛，周毓萍、夏洋将其引入中国稀土行业投资价值评价，选取16家行业上市公司的年报数据，分析稀土行业投资价值，得到了最具投资价值的稀土行业公司名单[36]。钻石模型对于产业竞争力分析是科学有效的，翁朝霞、袁亮运用钻石模型对扬州的互联网产业竞争力进行了评价，找到了影响扬州互联网产业发展的关键因素，并给出了相关建议[37]。谢荣见、梁樑、李小东用模糊层次分析法对长三角地区服务外包产业竞争力进行了研究，构造判断矩阵，确定指标因子权重，通过二级指标的模糊综合评价及实证分析得出长三角地区服务外包产业的发展现状[38]。苏娜基于因子分析和聚类分析法，借助于环境、人力、成本3个方面的10个指标，对长三角地区的11个服务外包城市承接服务外包业务的竞争力水平展开分析，发现苏州、无锡、南京、杭州为服务外包快速发展城市[39]。

服务外包产业在国外发展起步较早，已形成自身的优势和特色。近几年，我国服务外包产业在各地得到了快速发展，很多学者对影响各地服务外包发展的因素进行了相关研究。李容柔等[40]利用波特钻石模型对浙江承接离岸服务外包现状进行了分析，并定量测算了影响离岸服务外包国际竞争力的关键性因素。杜鹤楠[41]从要素市场、经济环境、文化制度环境、相关辅助行业等对天津服务外包影响因素进行了定性分析，并总结出天津市服务外包的发展优势和劣势，进而提出了相关对策和建议。范文忠[42]采用SWOT分析方法对上海市浦东新区的金融服务外包发展所处的商业环境和基础设施进行了综合分析。李文洁[43]从贸易分类、贸易区发展格局和总体规模3方面对青岛地区服务外包产业发展现状进行了分析，重点介绍了青岛市服务外包ITO发展趋势。管华平[44]针对广东省服务外包发展过程中存在的服务外包企业规模小、高端人才相对缺乏和产业未来发展信息很难把握等问题，提出了有针对性的建议。杨国歌等[45]通过对安徽省服务外包发展特点和发展趋势进行分析，发现了安徽服务外包存在的不足，给出了合理建议。刘清清[46]以软件外包行业为例，分析了大连承接软件外包业务的优劣势，通过与班加罗尔对美软件外包业务的对比，为大连软件外包发展提出了对策。

目前国内外专家学者对于服务外包产业的研究取得了一定的成果，但对长三角地区服务外包产业区域竞争力的研究还比较欠缺，因此本书以长三角地区的服务外包产业为研究对象，重点分析江苏、浙江、上海三省服务外包产业的竞争力，找出当前产业发展中的困难和瓶颈，为未来江苏省服务外包产业的发展提供相关建议。

结合我国各地的发展现状并借鉴国外成功经验，在研究江苏省服务外包企业发展现状的基础上，站在全球视角，从优势、劣势、机会和威胁 4 个方面，对江苏省服务外包行业进行 SWOT 分析，如表 3-1 所示。

表 3-1　江苏省服务外包发展因素汇总

优势(S)	**劣势(W)**
社会环境稳定	缺乏高端人才
经济发展迅速	企业承接能力薄弱
政府政策扶持	缺乏国际知名品牌
教育发达，基础建设完善	自主研发能力较弱
服务外包基地城市集中	缺乏平台式服务
劳动力成本低、市场规模大	知识产权保护环境不理想
机会(O)	**威胁(T)**
政府对服务外包行业的支持	来自印度的巨大威胁
印度等国的经验	法律体系不健全，无法与国际接轨
日韩市场	跨国公司抢夺高端人才

3.2.1 优势分析

(1) 社会环境稳定。任何经济发展的最基本前提都离不开社会环境的稳定。一个稳定的发展时期,对刚起步的服务外包行业来说特别重要。江苏位于中国的长三角地带,是中国重要的沿海经济省份。经济发展迅速,治安和稳定程度在全国首屈一指,南京、镇江等城市多次被评为"全国治安十佳城市"。全省扎实推进社会稳定风险评估工作,从源头防范、化解潜在的矛盾和不稳定因素。

(2) 经济发展迅速。据省统计局数据显示,2017 年前三季度,全省消费生产总值达到 62 604.5 亿元,同比增长 7.2%,高出全国 0.3 个百分点;其中,社会消费品零售总额同比增长 10%,固定资产投资同比增长 7.5%;高新技术产业同比增长 14.5%,战略新兴产业同比增长 13.4%;制造业通过转型升级,工业机器人产量增长 74.8%,服务器产量增长 69%,3D 打印设备产量增长 67.9%;互联网、软件、金融等服务业总量占 GDP 的 50.5%,同比增长 8.1%;第二产业增加值 18 416. 1 亿元,增长 12. 5%;全省城镇新增就业 111.4 万人,同比增长 4.3%,扶持城乡劳动者成功创业 19.9 万人,同比增长 19.9%,经济结构进一步优化升级。江苏省的经济发展在全国居于前列,属于经济发展强省之一,全省经济增长势头强劲,既有助于加强国内外投资的信心,又可以促进服务外包的全面发展[47]。

(3) 政府政策扶持。为进一步推动江苏省商务工作发展,省政府制定出台《江苏省促进国际服务外包产业加快发展的若干政策措施》。近期,省财政厅下达 2017 年商务发展专项第五批资金 78 147 万元,主要用于服务外包、技术出口、对外投资经济项目及引导国际服务外包产业发展,累计 640 个项目,对全省服务外包企业培育、市场开拓、产业提升等多个方面予以资金支持。近几年各个基地城市推出了一系列更加细致的服务外包相关政策。比如南京市政府相继出台了《南京市鼓励境内外大型企业设立总部或地区总部的暂行规定》《市政府关于促进南京服务外包发展的若干意见》《南京市进一步推进软件产业发展若干政策》《关于加快动漫产业发展若干意见的通知》《市政府关于进一步加快软件产业发展的意见》《南京软件园优惠政策》等若干决议。整个政府政策扶持环境相当优越，苏州、无锡等地出台不同侧重点的政策鼓励企业的落户。以上的举措对国内外知名企业落户江苏，有重大的促进作用[48]。

(4) 教育发达，基础建设完善。江苏省属于我国基础教育建设发展最快的省份之一，科研教育水平居全国前列。江苏的科研能力与科技力量，位居全国第三，仅次于北京、上海。拥有科研活动人员 32.3 万人，院士 88 人；对外科技交流频繁，已与超过 40 个国家和地区建立了合作关系，与国外近 300 所大、中学校建立了交流与合作关系；正在努力推广、实施高等教育大众化和构建有代表性的历史文化名城。江苏省纵横交错的公路铁路打通了江苏的工业发展的大动脉。全省高速公路总里程截至 2016 年达到了 4 541 公里，密度位居全国第一。铁路客输量全省年均增速达 12%，2015 年总量达到 1.63 亿人次。民航客运量年均增速高达 12.4%，2015 年达到 3 100 万人次；其中有 5 家机场的运输量过百万，航空口岸数量居全国第一；全省的机场连通了客流量前 50 的国内机场；9 个运输机场布局全面落地，通用机场增加至 8 个，全省干线航道达标里程超过 2 550 公里，基本形成"两纵四横"的干线航道网。和便捷的交通相比，全省信息高速公路建设更具成效，为服务外包产业提供充足的互联网接入服务，与全球联通[49]。

(5) 服务外包基地城市高度集中。与邻边地区相比，江苏省是服务外包基地最密集的省份，这一经济优势有利于发挥区域协同发展的效应，促进整体实力的提升。截至目前，全省服务外包基地遍布 12 个省辖市，有国家级服务外包基地城市 3 个，6 家省级服务外包示范城市，省级服务外包示范区 34 家。江苏省服务外包在空间的集聚为技术、信息、人才、政策以及相关产业要素等资源共享带来了诸多的便利。而正是通过共享资源开拓了销路、降低了成本、打通国内外市场、树立起长三角整体服务外包品牌效应，有效地带动服务外包业务全面发展。

(6)劳动力成本低。欧美及日韩等国家的企业把其非核心业务外包给我国的最直接原因就是工资成本差异十分显著。据了解,中国服务外包行业新手的月薪仅相当于美国的十分之一,不超过300美元。麦肯锡全球服务外包研究报告指出,我国是世界上劳动力成本廉价的发展中国家之一。跨国公司通过服务外包不仅利用我国的人力资源优势,还可以降低生产成本,扩大企业运营效益,增加利润。作为教育大省和全国人才培养基地,我省每年毕业生人数都很庞大。据统计,如表3-2所示,2018年高校毕业生人数为56.2万人,比2017年增加0.6万人,江苏省教育厅统计数据显示,2011—2020年江苏省高校毕业生人数保持增长态势。

表3-2　江苏省高校毕业生人数统计

年份	2011	2012	2013	2014	2015	2016	2017	2018	2019	2020
毕业人数(万人)	52.9	52.6	53.2	54.1	55.2	54.8	55.6	56.2	56.2	58.4
增长人数(万人)	−0.3	−0.3	0.6	0.9	1.1	−0.4	0.8	0.6	0	2.2

数据来源:江苏省教育厅官网

3.2.2　劣势分析

(1)缺乏复合型高端人才。各个行业的发展都需要专业的人才,服务外包产业也不例外。目前,普通劳动型人才虽然数量众多,但受过高等教育的人才数量与企业需求存在很大的差距。专业技能欠缺,缺少实践工作经验的全日制大学生无法胜任服务外包行业的要求,难以达到企业的用人标准。对于知识密集型产业来说,培训机构培养出的服务外包专业人才与行业所期望的复合型人才之间仍然存在很大的差距,表现为英语语言交流能力较弱、综合职业能力不高等。复合型高端人才的短缺,直接阻碍了服务外包行业的发展。

(2)企业承接能力薄弱。发包商选择承包商看重接包企业的规模和实力。但江苏的外包企业国际知名度偏低、接单能力弱、整体实力还不够,很难承接到大宗的服务外包合同。总体而言,省内服务外包企业大多没有形成规模,实力偏弱,竞争力不强,在国际市场上的缺乏影响力,承接大宗服务外包订单的能力还需培养。目前江苏外包企业已经开始重视服务质量和资格认证,通过政府的扶持和企业自身的发展,希望能够获取国际 CLV/CMM 标准认证的企业数量越来越多。

(3) 国际知名度较低。只有树立自己的品牌,才能将全省服务外包做强做大。市场上的品牌效应可以带动全省服务外包行业的快速发展。树立企业的国际品牌需要企业拥有很强的资源整合能力,在创立初期也需要政府的大力扶持和企业自身的积极推广。品牌能给企业带来巨大的经济收益和社会效益,所以品牌效应受到了全球各国企业的重视。一个知名品牌的建立需要消耗很久的时间,但一旦品牌建立成功,其收益是其他方式无法比拟的。印度就拥有像 TCS、Infosys 等得到了国际认可的知名公司。

(4) 自主研发能力偏弱。增强企业的自主研发能力是带动产业发展的当务之急,十九大报告指出我国企业的自主研发能力有待提高。目前全省承接的服务外包附加值、收益更高的 BPO 和 KPO 业务稀少,大多数都属于 ITO 范畴。由于不具备承接的能力,面对很多订单,企业只能望洋兴叹。服务外包产业依托信息产业,因此迫切需要提升整体的科技主导能力。

(5) 服务平台短缺。国际 BPO 服务商们为适应当前的市场形势正在慢慢摆脱传统的 BPO 模式,极力推广平台式 BPO 服务。这种由第三方服务商接管的服务平台,随着新型 BPO 平台服务业务流程效率的提升,必定成为服务外包行业发展的趋势。BPO 是一种战略转型服务,不只是单纯的节约成本量、进行盈利的工具。发包商和接包商为适应业务转型的需要,参与方式也在发生转变,形成了紧密的伙伴型合作关系。全省服务外包行业想大力承接 BPO 业务,就必须发展以适应当前的潮流,不断扩展平台式 BPO 业务。从普通的承接商和发包商,转变成与跨国公司紧密合作的伙伴,提升企业整体的竞争力。

(6) 知识产权保护环境不尽理想。服务外包属于知识密集型行业,知识产权保护环境是国际发包商考虑的重要因素之一。近年来全省知识产权保护的法律法规已经在逐步健全,但部分细节还不是特别完善,导致企业对服务外包产业知识产权保护方面重视不够。尤其很多刚进入该行业的企业对于知识产权保护方面的意识比较薄弱,侵权行为屡见不鲜。面对这样一个知识产权保障存在隐患的局面,国际发包商颇有忧虑。发包企业对我省服务外包的安全顾虑,在很大程度上阻碍了服务外包的发展。

3.2.3 机会分析

(1) 政府扶持力度大。近年来,中央和地方政府积极出台相关优惠政策支持服务外包产业,促进了我国服务外包产业的大力发展。为服务外包产业发展制定了如减免税收、财政资金、劳动工时、人才培训、公共服务平台建设、电信服务、金融支持、知识产权保护和数据安全等相关政策。

(2) 前沿国家的经验。经过二十年的发展,印度、爱尔兰等国的服务外包承接已经走在了世界的前沿,并且形成了自己的一套体系。近十年来,江苏省在不断推广服务外包产业,促使其"走出去"与国际接轨,先后与美国、英国、法国、日本、韩国、印度、澳大利亚、新西兰等众多国外的知名服务外包企业合作,进行专场洽谈对接,其中包括国际发包企业100家。在国内已与遍布30多个城市的400多家服务外包接包企业对接。江苏省正不断增强与国内外同行的交流,从中不断汲取发展经验[50]。

(3) 广阔的日本、韩国市场。欧美国家发展较快,但是可开发的市场剩余空间不大,而且难度和阻力相当的大。江苏服务外包企业把目光锁定在日韩市场。这两个国家的IT市场规模正逐渐扩大,其总和大于亚太地区的其他各国的总和。无锡就抓住了这样一个机遇,70%以上的外包是面向日本的,通过扩展亚洲服务外包业务表现出强劲的发展势头。

3.2.4 威胁分析

（1）来自服务外包强国的威胁。据统计，全球80%以上的世界500强企业与印度建立了服务外包业务合作关系。全球80%以上服务外包的发包方来自欧盟和美国，而印度承接了全球市场份额的50%以上，几乎将欧盟和美国服务外包行业垄断。无论是规模还是经济效益，印度目前无疑是服务外包最成功的国家。要和一个占据全世界一半份额以上并且经验十足的服务外包承接大国竞争，确实压力很大。想把江苏自己的品牌打出去，树立如同印度班加罗尔科技园一样的国际品牌，需要把发展服务业特别是高附加值的服务外包业当成经济可持续增长点，不断进行产业结构优化升级，以此来克服来自印度的巨大压力。

（2）相关法律体系不健全，无法与国际直接接轨。一个国家在某一领域法律法规的完善和健全是需要时间和过程的，改革开放30年以来我国的法律在不断地进步修改，但是仍然存在法律还未触及到的领域。国外对我国的法律规则信任度不高，即使加入WTO之后，许多发包商仍然觉得我国的法律规则不够透明，以致于误解我国法律体系，这样很不利于促进服务外包国际业务的发展。随着我国加大知识产权立法执法工作的力度，情况已有所好转，但是跨国企业对于中国法律的透明度仍然不满意，打击了跨国公司对中国市场的投资信心。

（3）跨国公司抢夺高端复合型人才。人才是引领一个企业进步的指挥棒，高端人才受各种类型的企业追捧。目前我国发展服务外包最大的瓶颈是高端复合人才的匮乏，而不是资金短缺。我国每年有数以百万计的高等院校毕业生，但仍然缺少领军式的人才，如何培养有助于行业繁荣发展的人才是一个难题，如何留住人才更困扰着江苏各大服务外包企业。服务外包行业属于新兴行业，兴起的时间较短，还未形成稳定的人才库。每一个企业对人才的渴求都十分迫切，互相间抢夺高端人才现象十分严重。如何把人才留在江苏，留在自己的企业里，这是政府和企业经营者需要认真考虑的问题。

3.3　基于钻石模型分析江苏省服务外包产业区域竞争力

钻石模型是由迈克尔·波特提出的，它的作用就是用来评价一个国家或者区域的竞争力[51]。迈克尔·波特认为如果不同公司生产的产品或服务之间相互竞争，那么这些公司的集合就构成了一个行业。他指出，一个国家或者区域竞争力具有六个基本的影响因素。它们分别是：生产要素，需求条件，相关和支持产业，企业战略、结构和竞争，政府和机会。图 3-1 显示了钻石模型中的 6 个因素以及它们之间的关系。

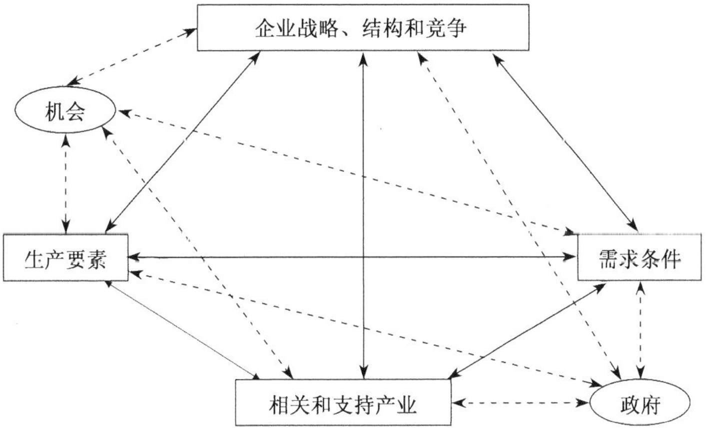

图 3-1　钻石模型

从现有的关于钻石模型应用的文献上来看，其理论主要被用在两个层面上：首先是国家层面上的竞争力研究。杨秀云等针对我国的创意产业，利用钻石模型构建了相关评价指标体系，并且利用指数法，将我国与其他 7 个国家的创意产业进行对比[52]。方慧等人改进了钻石模型，并将改进后的钻石模型称为动态钻石模型，然后利用这种模型对我国的文化贸易进行了竞争力分析，发现我国的文化贸易竞争力与其他国家相比相对较弱，并据此提出相关的建议[53]。程新章发现随着中国开放程度越来越高，中国的农业簇群相对比较落后，特别是簇群中具有很多的中小企业，如果不能做到与时俱进，那么必然会面临淘汰，因此他利用钻石模型，分析了中国农业簇群的竞争力，发现劣势所在并以此提出相关建议[54]。其次是区域层面上的竞争力研究。王晰等人从潜力、实力、业绩3个角度，运用钻石模型对湖南省农业竞争力进行了分析，认为湖南省应该从产业结构、需求档次和潜力等方面切入，以此来提高湖南省农业的竞争力[55]。包建华等人对安徽省茶产业利用钻石模型，从四要素方面对安徽省茶产业竞争力进行了分析，并对安徽省茶产业后期的发展提出了思路和建议[56]。黄祖辉等人利用双钻石模型，从国内和国外2个层面，对浙江农产品的竞争力进行了分析。发现与其他省相比，在生产要素方面，浙江的土地少、成本高。但是在需求要素方面，产品价格高且需求量大。在技术支持方面，浙江省的农业科技水平较高。在战略和结构方面，浙江省的农业相关企业少，且绝大多数是中小型企业。在政府方面，对于农业的倾斜度不够，投入相比其他产业较少[57]。

3.3.1 钻石模型理论

1. 生产要素

生产要素包括劳动力资源、自然资源、知识、资本和基础设施等。在对一些发达国家和组织进行了一系列研究后，波特发现创造要素的能力对形成竞争优势至关重要。他将因素分为两组，分别是基本因素和先进因素。

基本因素包括地理位置、自然资源和气候等，而先进因素包括现代基础设施、高级人才、高科技研究机构等。基本因素是先进因素的基础。竞争优势不仅取决于要素资源的数量，而且更多取决于是否可以实现适当的开发。

随着贸易结构的不断变化，基本因素对国际竞争力的影响越来越小，而先进因素逐渐成为提升产业竞争力的先决条件。作为稀缺资源，先进因素需要大量的投资。

2. 需求条件

波特认为，一个国家或者地区的需求是动力，它是提高国家或者地区竞争力的根本因素。市场需求对产业竞争力的影响主要体现在 3 个方面：需求的构成、需求的规模和形式以及国家需求向国际需求的转变。需求由分解结构和买方参与者组成，规模越来越大，形式越来越多，成熟度越来越高，从国家需求向国际需求过渡是指向国际市场出口产品或服务。

3. 相关和支持产业

波特认为，一个国家或者地区产业的竞争力将受到相关支柱产业及配套产业的影响。支柱产业是指为这个行业提供输入的主要产业，配套产业主要进行协调，并与这个行业共享一些活动及其上游产业。这些共享的活动包括技术开发、产品营销和售后服务。

4. 企业战略、结构和竞争

波特认为，目标、经营战略、组织形式和竞争模式对各种产业的竞争力有决定性的影响。国家环境的差异会形成不同的管理模式和组织形式。国家或地区竞争力的激烈程度也会影响创新的驱动力。企业应充分适应国家或地区环境并促进自我强化，以增强国际竞争力。他对此提出自己的两个看法：第一，每个国家或地区都有着自己特有的管理模式，也正是这些模式形成了一个产业在该国或地区的竞争优势或者阻碍条件。第二，他认为竞争和优势之间存在着必然的关系。这是因为，一个产业通过竞争能够意识到自己的不足，当看到别人的优势时会本能地学习和改良，因此会使自己的优势不断地提升。

5. 政府

扩大的钻石模型是一个动态的模型，政府在其中发挥着非常重要的作用。波特认为,政府的作用和上述因素的作用彼此交互。政府的干预可能会产生积极和消极两方面作用。事实上,政府应该减少干预,将更多的空间留给市场机制。因此,政府只有找准自己的位置,才能保证对某一领域的干预是有效的。

政府对一个国家或地区某产业的影响主要体现在对生产要素、需求条件、配套产业及企业战略、结构和竞争这 4 个要素的影响上。首先是对生产要素的影响,主要是体现在政府对相关技术或者人才的投入。其次是对于需求的影响,主要体现在政府的采购。接着是对配套产业的影响,这主要体现在政府对这些企业的支持度。最后是政府对企业战略、结构和竞争的影响,这主要体现在政府的政策环境与国际地位。

6. 机会

波特认为,一些意外事件和机会也能在产业的竞争力方面发挥作用。企业可以抓住机遇,适应多变的环境可能会迅速获得国际竞争优势。敏感的改变和善于捕捉机会对产业的发展至关重要。他指出机遇是不可控、无法预知的,机会与政府一样,同样对生产要素、需求条件、配套产业及企业战略、结构和竞争这 4 个要素产生着影响。他认为,对于一个国家或地区的产业而言,能够产生机会的情况大概分为以下几种:先进的发明、需求的变动、传统技术的落后、政府的政策改革、生产成本的提高、金融危机的出现、战争。机会其实是双向的,它往往在新的竞争者获得优势的同时,使原有的竞争者优势丧失,只有能满足新需求的厂商才能有发展“机遇”。

3.3.2 江苏省服务外包产业竞争力分析

迈克尔·波特认为,一个国家或地区产业的竞争力,指的是一个国家或地区相关产品销售和提供特定行业服务所反映出的竞争能力。一般来说,关于产业竞争力的研究包括两个层面:第一层意味着行业竞争力的综合度量和客观描述。第二层对影响产业竞争力的因素和指标进行研究,所有这些因素和指标都对不同路径和不同程度的竞争力产生影响,因此应对这些因素和指标进行研究。因此本部分应用迈克尔·波特的钻石模型，通过与上海市进行对比，研究江苏省服务外包行业的区域竞争力。

1. 江苏省因素条件

江苏省明显的优势体现在基本因素中，但是在先进的因素方面，江苏省具有结构性矛盾。

基本因素体现在江苏省具有明显的地理优势，因为江苏辖江临海，扼淮控湖，与其他内陆省份相比具有先天的优势。丰富的专业人才是江苏省服务外包产业发展的先进的因素。2017年江苏省毕业大学生人数达到了55.6万，在计算机和软件专业毕业生人数在全国的IT人才队伍中名列前茅。截至2016年12月，全国有超过9 713家服务外包公司，员工总数为123.4万，其中高校毕业生占81.3%。与主要服务需求相比，江苏省人才成本很低，所以江苏省在薪金成本方面具有优势。

江苏省作为教育大省拥有坚实的人才基础，但是服务外包人才却相对较少，这主要是因为江苏省在服务外包人才培养方面，没有形成一套完整的培养体系，而上海在这方面做得很好。早在2013年，上海为了培养更多的服务外包适合性人才，以及完善人才的培养体系，特别制定了《上海服务外包人才培训基地认定管理办法》。截至目前，上海共有服务外包人才实训基地41家、培训基地39家。上海不仅在培养服务外包人才方面具有优势，更是凭借其独特的地理区位及经济优势，吸引了大量国内外高端人才。

因此省教育部门和业务部门应从以下几个方面来解决人才瓶颈：

(1) 建立服务外包人才培养体系；

(2) 调整专业结构，以适应服务外包产业需要；

(3) 采取灵活的措施，培养服务外包人才；

(4) 加强大学生实践训练；

(5) 深化高校与服务外包企业之间的合作；

(6) 建立服务外包课程网络平台；

(7) 安排服务外包人才的就业问题；

(8) 加强对服务外包人才培养的金融支持。

2. 江苏省需求条件

金融危机给全球经济带来严峻挑战,但越来越多的跨国公司和金融机构将非核心业务外包给其他国家和地区,通过降低成本不断提高核心竞争力。据相关学者 Gartner 统计,60%的西方企业开始计划将 IT 和流程相关业务进行外包。95%的全球财富 100 强公司制定外包计划。随着服务外包水平的提高,范围越来越广,服务外包市场日益扩大,麦肯锡预测 2020 年将实现 1.5 万亿美元的贸易,其中 80%来自政府外包、媒体行业外包、中小企业外包。江苏省内服务外包市场近年来激增,内部需求较大,成为了江苏省服务外包企业发展的坚实后盾,为江苏省服务外包的快速发展提供了充足的养分。但是与上海相比,在服务外包的需求条件方面江苏仍然比较欠缺。这主要是因为,上海是全球知名的国际化都市,汇聚了来自全国各地的公司和企业,这就为上海创造了一系列的服务外包需求,并提供了大量的外包项目客户资源。截至 2017 年底,上海的外资研发中心数量已达到 426 家,跨国公司地区总部 634 家。上海的外资研发中心以占内地总数四分之一的规模,居全国首位。

3. 江苏省相关及配套产业

作为江苏省的战略新兴产业,服务外包产业并非孤立发展,而是以交通运输业、制造业、通信业和服务业为依托,产业关联度较高。衡量服务外包商业环境的一个重要指标是软件、通讯、网络等基础设施的建设水平。经过多年的发展,江苏省基础设施完善、通讯网络便捷、通讯设施完善、网络覆盖全、能源供应充足稳定,这为服务外包提供了必要条件。交通运输业是基础和主导产业,对促进全省经济发展起着重要作用。《商业周刊》指出,到 2020 年,江苏省计划制定的对铁路网络建设的金融投资累积达 70 亿美元,仅此一项,就超过了国内绝大部分省份。离岸服务外包的发展离不开信息通信技术的发展。电子信息制造业为信息化发展提供了重要支撑,同时也为业务流程外包提供了可靠的平台。服务外包是建立在精细的内部分工基础之上的，服务业的重大发展是以服务外包活动的大规模发展为前提的。但是，必须认识到，与全球发达地区相比，江苏省现代服务业发展水平还存在差距，创新能力依然薄弱。

上海服务外包在相关及配套产业的优势主要体现在通讯基础环境和电子信息业这两个方面。作为服务外包发展的必要条件，通讯基础设施在上海得到了很大的发展。有 10 条国际海底光缆在上海崇明岛登录，这些光缆包含了全国七成的国际通讯容量。另外，电子信息业发达，为商务流程外包等提供了可靠平台，当前上海电子信息业发展总量和外向度在全国居于首位。

4. 江苏省服务外包企业战略、结构与竞争

江苏省在承接国际服务外包方面具有非常明显的优势，表现在国内需求、离岸外包需求以及强大的制造基地和产业集群这几方面。目前，江苏省服务外包产业已形成苏州、无锡、南京、连云港、徐州、镇江 6 大城市群，外包业务结构日趋多样化。江苏省服务外包企业的业务范围逐渐扩大，几乎覆盖了 ITO 和 BPO 的所有细分市场。江苏省大力建设软件和信息服务外包产业基地。2016 年，第二届中国国际服务外包合作大会选择了 10 家国内知名服务外包企业作为服务外包行业的龙头企业，分别是 ISoftStone、博彦科技、大连华信电脑、东软、青软、浪潮、创维软件、中软、中讯电脑等，其中三分之一在江苏。江苏省内的服务外包龙头企业逐渐兴起，但省内还没有一家规模足够大的企业，整个行业仍处于高度分散状态。

5. 江苏省政府

钻石结构是一个动态系统，不仅内部因素可以相互影响，而且政府政策也会对这些因素产生影响，适当的政策扶持可以为资金和人才以及市场拓展提供强有力的支持。2008 年，江苏省商务部牵头出台了“千人计划”，推动服务外包产业发展。2009 年，江苏省深入贯彻落实《国务院关于加快发展服务业的若干意见》，提出了建立多个服务外包基地，有序开展国际服务外包转移的指导方针。2010 年江苏省政府将服务外包产业定位为江苏省

八大战略新兴产业之一，出台了更多的政策推动服务外包产业发展。2015年，江苏省办公厅发布了《江苏省人民政府关于促进服务外包产业加快发展的实施意见》，该文件回应了商务部与其他有关部门关于促进服务外包发展的政策措施。江苏省政府根据财政部、税务总局、商务部、科技部以及国家发展和改革委员会联合发布的《关于技术先进型服务企业有关税收政策问题的通知》又出台了一系列政策为江苏省服务外包产业的快速发展创造了有利条件。

6. 江苏省机遇

随着经济全球化深入发展和国际形势变化，服务外包业务开发、人才引进和市场份额扩大带来更多机遇。首先，国际服务外包在全球发展迅速，已成为全球产业结构调整和转型升级的重点。日本和美国是最大的转让方，分别占全球份额的20%和19.4%。其次，西方企业基于不能把所有鸡蛋放在一个篮子里的态度，将其外包业务部分转移到中国。过去，西方企业的主要外包目的地以印度和马来西亚为主，现在中国也成为了这些西方企业的选择项，在这样的大背景下，江苏省作为我国的服务外包大省也因此拥有很大的机遇。再次，金融危机可能是加快江苏省服务外包产业国际化的一个契机。在全球金融危机的影响下，越来越多的跨国公司和金融机构开始将更多的业务外包给成本较低的国家和地区，以提高劳动生产率，这为江苏省承接国际服务外包业务提供了难得的机会。同时，许多企业削减研发预算，希望通过与中国共同进行产品研究开拓新的国际和中国市场。这也有助于提升江苏省企业与海外公司的合作关系，也为江苏省在价值链中进行高端业务提供了机会。最后，有助于开拓出新的商业模式。新业务的发展包括政府公共服务、医疗保健和能源等诸多方面。主要的服务业雇主开始从全球500强企业扩展到中小企业。据麦肯锡预测，到2020年，中小企业技术和商业服务的潜在市场将达到2 500亿美元。

3.4　江苏、浙江、上海服务外包竞争力比较分析

钻石模型理论为分析服务外包产业竞争力提供了理论基础，在此基础上，考虑综合性、完备性等原则，结合现有国内外服务外包的研究成果和文献，整理和汇总了服务外包产业竞争力评价指标，如表 3-3 所示。

表 3-3　服务外包产业区域竞争力评价指标

	一级指标	二级指标	备　注
服务外包产业区域竞争力	要素条件	服务外包产业从业人数	X_1
		服务外包企业资产	X_2
		港口数量	X_3
	需求条件	离岸服务外包合同执行额	X_4
		第三产业比重	X_5
		外资利用额	X_6
	相关和支持产业	普通高校人数	X_7
		货运总量	X_8
		互联网用户数	X_9
		人均 GDP	X_{10}
	企业战略结构	服务外包企业数量	X_{11}
		服务外包企业营业利润	X_{12}
	政府	服务外包产业的财政拨款	X_{13}
	机遇	服务外包示范城市数	X_{14}
		国际服务外包合同签约金额	X_{15}

3.4.1 基于灰色关联度的服务业竞争力指标筛选

1. 改进灰色关联模型

灰色关联度分析是一种判断给定系统中各影响因素与给定因素关联程度的方法,该方法的主要思想是:通过专家经验对各指标进行打分,从而确定各个因素之间的关联度。各指标的最终权重越大,则证明其关联度越高,在整个评价体系中就越重要。详细的灰色关联度分析方法求解步骤如下。

步骤 1 邀请 m 个专家,对 n 个指标进行打分,即进行权重赋值,得到一个指标权重矩阵 D,可表示为

$$D=\begin{bmatrix} d_{11} & d_{12} & \cdots & d_{1m} \\ d_{21} & d_{22} & \cdots & d_{2m} \\ \vdots & \vdots & \vdots & \vdots \\ d_{n1} & d_{n2} & \cdots & d_{nm} \end{bmatrix} \tag{3-1}$$

其中,d_{nm} 为第 m 个专家对第 n 个指标的经验评定值。

步骤 2 从矩阵 D 中每列挑选最大打分值,成为参考权重向量 D_0,可表示为

$$D_0=(d_{01},\ d_{02},\ \cdots,\ d_{0m}) \tag{3-2}$$

其中,d_{0m} 为第 m 个专家确定的权重。

步骤 3 求各个指标向量,即 D 的每一行 D_i 与 D_0 之间的距离,即

$$D_{0i}=\sum_{k=1}^{m}(d_{0k}-d_{ik})^2 \tag{3-3}$$

其中,D_{0i} 表示指标向量 D_i 与参考权重向量 D_0 之间的距离,d_{ik} 表示第 k 个专家对第 i 个指标赋的权值。

步骤 4 求各指标权值,并归一化,即

$$\omega_i=1/(1+D_{0i}) \tag{3-4}$$

$$\bar{\omega}_i = \omega_i \Big/ \sum_{i=1}^{n} \omega_i \tag{3-5}$$

其中，ω_i 为第 i 个指标与所有专家最大评定值关联度，$\bar{\omega}_i$ 为归一化后的第 i 个指标权重。

2. 服务外包产业竞争力指标选取

邀请专家根据自身经验值对表 3-3 所示的 15 个指标进行打分，相关数据如表 3-4 所示。

表 3-4　服务外包产业竞争力指标赋权

	X_1	X_2	X_3	X_4	X_5	X_6	X_7	X_8	X_9	X_{10}	X_{11}	X_{12}	X_{13}	X_{14}	X_{15}
F1	0.21	0.07	0.02	0.34	0.02	0.04	0.02	0.03	0.01	0.02	0.11	0.04	0.02	0.03	0.02
F2	0.18	0.08	0.01	0.30	0.03	0.03	0.01	0.02	0.02	0.03	0.20	0.05	0.01	0.02	0.01
F3	0.24	0.04	0.02	0.33	0.02	0.03	0.01	0.03	0.03	0.02	0.15	0.04	0.01	0.02	0.01

根据式(3-3)至式(3-5)和表 3-4 所示的经验矩阵 D，从中挑选最大的权重值组成参考向量 D_0，即

$$D_0 = (0.34,\ 0.30,\ 0.33)$$

同时，相应的各指标权重值计算结果如表 3-5 所示。

表 3-5　指标权重值

距离	数值	ω	数值	$\bar{\omega}$	数值
D_{01}	0.039 4	ω_1	0.962 1	$\bar{\omega}_1$	0.077 9
D_{02}	0.205 4	ω_2	0.829 4	$\bar{\omega}_2$	0.067 2
D_{03}	0.282 6	ω_3	0.779 7	$\bar{\omega}_3$	0.063 1
D_{04}	0	ω_4	1	$\bar{\omega}_4$	0.081 0
D_{05}	0.271 4	ω_5	0.786 5	$\bar{\omega}_5$	0.063 7
D_{06}	0.252 9	ω_6	0.798 1	$\bar{\omega}_6$	0.064 6

（续表）

距离	数值	ω	数值	$\bar{\omega}$	数值
D_{07}	0.288 9	ω_7	0.775 9	$\bar{\omega}_7$	0.062 8
D_{08}	0.264 5	ω_8	0.790 8	$\bar{\omega}_8$	0.064 0
D_{09}	0.277 3	ω_9	0.782 9	$\bar{\omega}_9$	0.063 4
D_{010}	0.271 4	ω_{10}	0.765 4	$\bar{\omega}_{10}$	0.063 7
D_{011}	0.095 3	ω_{11}	0.913 0	$\bar{\omega}_{11}$	0.073 9
D_{012}	0.236 6	ω_{12}	0.808 7	$\bar{\omega}_{12}$	0.065 5
D_{013}	0.288 9	ω_{13}	0.775 9	$\bar{\omega}_{13}$	0.062 8
D_{014}	0.270 6	ω_{14}	0.787 0	$\bar{\omega}_{14}$	0.063 7
D_{015}	0.288 9	ω_{15}	0.775 9	$\bar{\omega}_{15}$	0.062 8

由表 3-5 可知，与服务外包水平关联度较高的指标有：离岸服务外包合同执行额，服务外包产业从业人数，服务外包企业数量，服务外包企业资产。

3.4.2 基于全局主成分分析法的竞争力评价

3.4.2.1 全局主成分分析法

在数据分析中考虑到动态时序的变化，选用全局主成分分析法来分析长三角地区服务外包产业的竞争力和演变趋势。全局主成分分析法（GPCA）是在主成分分析原理基础上，将各年份时序性立体数据通过全局主成分变换到统一的全局主超平面上，使各年份的主成分具有相同的构成，再将主超平面上的数据进行变换组合，根据不同时间进行排序，进而反映出分析对象的动态特性。模型构建原理如下。

1. 建立时序立体数据表

若统计 n 个地区，使用相同的 p 个经济指标用 X_1，X_2，…，X_p 来描述，那么在 t 年度就有一张数据表：$X_t=(X_{ij})_{n\times p}$，其中 n 为样本点个数，p 为变量个数。每年一张表，T 年共有 T 张数据表，这就是时序立体数据表。然后，将 T 张数据表从上到下排在一起构成一个 $T_{n\times p}$ 的大矩阵，将这个矩阵定义为全局数据表，记为公式(3-6)。

$$X=(X^1,\ X^2,\ \cdots,\ X^t)'_{Tn\times p}=(X_{ij})_{Tn\times p} \tag{3-6}$$

式中，$T_{n\times p}$ 为标准化后的指标值。矩阵中的每一行为一个样品，共有 T_n 个样品。形象地看，全局数据表是将时序立体数据表按时间纵向展开，然后就可以对全局数据表实施经典主成分分析。

2. 数据标准化

将数据进行统一变换来消除量纲的影响。

$$X'_{ij}=\frac{X_{ij}-\bar{X}_j}{\sigma_j} \tag{3-7}$$

式中，X_{ij} 为指标值；$\overline{X}_j$ 为该项指标的平均值；σ_j 为该项指标的标准差。

3. 计算协方差矩阵

定义全局数据表的重心：

$$g=(\bar{X}_1,\ \bar{X}_2,\ \cdots,\ \bar{X}_p)=\sum_{t=1}^{T}\sum_{i=1}^{n}q_i^t e_i^t \tag{3-8}$$

式中，q_i^t 是 t 时刻样本点 e_i 的权重，且满足：

$$\sum_{t=1}^{T}\sum_{i=1}^{n}q_i^t=1,\quad \sum_{i=1}^{n}q_i^t=\frac{1}{T}$$

显然，若样本点 e_i 的权重不随时间改变，则全局重心等于各表重心的平均。定义全局变量为：

$$X_j=(X_{1j}^1,\ \cdots,\ X_{nj}^1,\ \cdots,\ X_{1j}^2,\ \cdots,\ X_{nj}^2,\ \cdots,\ X_{1j}^T,\ \cdots,\ X_{nj}^T)$$

则全局方差为：

$$s_j^2=\mathrm{Var}(X_j)=\sum_{t=1}^{T}\sum_{i=1}^{n}q_i^t\ (x_{ij}^t-\bar{X}_j)^2 \tag{3-9}$$

全局协方差为：

$$s_{jk}=\mathrm{cov}(X_j, X_k)=\sum_{t=1}^{T}\sum_{i=1}^{n}q_i^t(x_{ij}^t-\bar{X}_j)(x_{ij}^t-\bar{X}_k) \tag{3-10}$$

由此得全局协方差矩阵：

$$V=(S_{jk})_{p\times p}=\sum_{t=1}^{T}\sum_{i=1}^{n}q_i^t(e_i^t-g)(e_i^t-g)' \tag{3-11}$$

4. 求协方差矩阵的特征向量

求协方差矩阵 V 的前 m 个特征值 $\lambda_1\geqslant\lambda_2\geqslant\lambda_3$，…，$\geqslant\lambda_m$，及对应的特征向量 U_1，U_2，…，U_m，它们是标准正交，因此也将 U_1，U_2，…，U_m 称为全局主轴。

5. 计算主成分及方差贡献率

由于 X 是中心化的，则第 h 个主成分为 $F_h=\mu'_hX$；求得主成分 F_1，F_2，…，F_p 的方差贡献率及累计方差贡献率：

$$a_k=\frac{\lambda_i}{\sum_{i=1}^{p}\lambda_i},\quad a_1+a_2+\cdots+a_n=\frac{\sum_{i=1}^{m}\lambda_i}{\sum_{i=1}^{p}\lambda_i} \tag{3-12}$$

选出前 m 个最大的特征值对应的主成分 F_1，F_2，…，F_m，使累计方差贡献率接近 85%。

6. 求因子载荷矩阵

求出 X_i 与 F_i 的相关系数 r_{ij}，得到因子载荷矩阵 $A=(r_{ij})$，r_{ij} 表示第 i 个变量 X_i 在第 j 个共因子 F_j 上的负荷，由此可解释主成分 F_j 主要包含了哪些变量的信息。

7. 求指标的主成分系数

指标的主成分系数由主成分分析结果的因子载荷矩阵中第 i 列数值除以对应第 i 个特征根的开方求得。

8. 求指标权重

$$指标权重=\sum_{i=1}^{p}\frac{a_{mi}\alpha_i}{p}$$

式中，a_{mi} 为第 i 个主成分中第 m 个基础指标的系数。

9. 计算综合得分

$$F=\sum_{i=1}^{m}\frac{\lambda_i}{q}f_i \tag{3-13}$$

式中，λ_i 是第 i 个主成分的特征根；f_i 是未经标准化的第 i 个主成分得分；q 是各主成分的特征根之和。

3.4.2.2　江苏、浙江、上海服务外包竞争力评价

通过中国服务外包网、上海市服务外包网、江苏省服务外包网、浙江省服务外包网、《上海市统计年鉴》、《江苏省统计年鉴》、《浙江省统计年鉴》等多途径多角度开展数据采集工作，收集江苏、浙江、上海 2013—2017 年服务外包产业相关数据，来综合评价长三角三省市服务外包产业的竞争力。但在分析之前，需要对构建的指标和数据进行检验，看指标之间是否具有相关性，如果不具有，则无法采用全局主成分分析法进行分析。

检验得出，KMO 值为 0.856，大于 0.8，说明构建的指标之间具有相关性，含有较多的共同因素，Bartlett's 球形度检验值为 0.000，小于 1%的显著性水平，说明各指标相互独立，检验通过，表明指标和数据适用于全局主成分分析，如表 3-6 所示。

表 3-6　KMO 和 Bartlett 检验

KMO 检验		0.856
Bartlett's 球形度检验	近似卡方	2 250.086
	自由度	95
	显著性	0.000

通过检验之后，利用主成分分析法、按照特征值大于 1 的标准抽取 3 个全

局主成分。建立全局主成分载荷矩阵，并采用最大方差法进行旋转，计算得出各全局主成分的特征值、贡献率和累计贡献率，如表3-7所示。

表3-7 全局主成分特征值和方差贡献率

主成分	特征值	贡献率	累计贡献率
F_1	6.37	51.45%	51.45%
F_2	2.83	25.31%	76.76%
F_3	1.21	11.03%	87.79%

从表3-7中可以看到，F_1、F_2、F_3三个全局主成分的累计方差贡献率达到了87.79%，接近90%，这就说明这三个主成分数值的变化几乎可以代替原来9个指标的数值变化，足够反映服务外包产业的区域竞争力。

通过计算各指标在三个主成分中的因子载荷发现：

(1) 离岸服务外包合同执行额(0.956)、服务外包产业从业人数(0.925)、服务外包企业数量(0.902)、服务外包企业资产(0.834)、服务外包企业营业利润(0.743)、普通高校人数(0.731)、服务外包示范城市数(0.722)这7个指标在第一全局主成分中具有较大载荷，能够代表服务外包产业的生产要素、需求结构、人力资源和市场规模，可以归结为产业实力因子。

(2) 在第二全局主成分中，服务外包产业的财政拨款(0.856)、货运总量(0.845)、互联网用户数(0.807)、外资利用额(0.782)、第三产业比重(0.754)这5个指标具有较大的载荷，说明政府和相关支持产业是促进服务外包产业发展的重要因素，可以归结为产业动力因子。

(3) 而在第三全局主成分中的国际服务外包合同签约金额(0.864)、人均GDP(0.765)、港口数量(0.752)可以归结为产业潜力因子。

将各全局主成分的方差贡献率占总方差贡献率的比重作为权重，加权计算得到服务外包产业竞争力的综合得分，用F值来表示，F值越高，则服务外包产业竞争力越强，反之则越弱。F_1、F_2、F_3分别代表了产业实力因子、产业动力因子和产业潜力因子的得分

计算步骤：$F = 0.5145 F_1 + 0.2531 F_2 + 0.1103 F_3$　　(3-14)

$$F_k = \sum_{i=1}^{9} \lambda_{ki} \times Y_i \qquad (3\text{-}15)$$

式中，F_k 为第 k 个主成分的值；λ_{ki} 为第 i 个指标在第 k 个主成分上的因子载荷，Y_i 为第 i 个指标标准化后的值。计算得到 2013—2017 年江苏、浙江、上海服务外包产业综合得分及排名，如表 3-8 所示。

表 3-8　2013—2017 年江苏、浙江、上海服务外包产业综合得分及排名

	2013 年		2014 年		2015 年		2016 年		2017 年	
	得分	排名	得分	排名	得分	排名	得分	排名	得分	排名
江苏	0.847	1	0.956	1	1.155	1	1.346	1	1.612	1
浙江	0.753	3	0.879	3	0.996	3	1.215	3	1.456	3
上海	0.837	2	0.941	2	1.026	2	1.301	2	1.579	2

根据表 3-8 中计算的江苏、浙江、上海 2013—2017 年服务外包产业综合得分和排名可以看出，在综合得分上，三省的服务外包产业综合得分从时间层面上均呈现递增走势，这也充分体现了长三角地区服务外包产业良好的发展态势，而对比江苏、浙江和上海的排名可以发现，江苏省服务外包产业的综合得分一直领先于浙江和上海，在日益激烈的产业竞争中，江苏省服务外包产业显然已经成为了整个长三角地区的领头羊，仅江苏省就有南京、苏州和无锡 3 个国家级服务外包示范城市，因此综合来看，江苏省服务外包产业在长三角地区更具竞争力。

3.4.3　长三角地区服务外包产业特点及发展建议

3.4.3.1　长三角地区服务外包产业特点

1. 内外竞争加剧

长三角地区的服务外包产业虽然企业数量多、从业人数大，但是同质化程度较高，主要集中于动漫、软件、金融、医药等产业，内部竞争愈发激烈，缺乏创新性和差异性。与此同时，随着印度等国服务外包产业，尤其是软件外包邻域的快速发展，势必给国内的外包企业带来巨大的压力。另外，相比国内，印度在人力成本上占有绝对的优势，据相关数据显示，印度的服务外包产业将为世界跨国公司节约至少50%的成本，这是印度外包产业得到世界跨国大公司青睐的重要原因。内外竞争的不断加剧将给长三角地区的服务外包产业带来不小的挑战。

2. 服务外包企业融资难

据统计，长三角地区90%以上的服务外包企业都是新兴中小型企业，而在中小型企业中，由于其信誉度较弱，一般来说难以得到银行和投资机构的信任，即使能够获得融资，资金量也是非常有限的，因此融资难、融资贵已是服务外包产业中普遍存在的现象，这也是制约外包企业进一步发展和技术创新的重要因素。

3. 缺乏服务外包的高端人才

产业的发展离不开企业，而企业的发展在于人才。归根结底，企业间的竞争就是人才的竞争，长三角地区虽然高校众多、人才密集，但是高端专业人才的培养明显滞后于产业的发展，无法满足当前的人才需求。

4. 人工智能对服务外包产业的冲击

随着AI人工智能的不断进步，未来服务外包产业中的很多传统业务将被智能机器人所取代，这也是产业转型升级的必然趋势。在服务外包产业里，发展节奏快，企业的创新力是至关重要的，只有及时转型才能在激烈的市场竞争中抢占一片天地。

3.4.3.2　长三角地区服务外包产业发展建议

作为全球服务外包市场的新兴力量，中国的服务外包产业正在迅猛发展，在未来的五到十年里，中国服务外包产业将以年均30%的增长率快速发展，而长三角地区的服务外包产业又是全国的排头兵，起着推动、带头作用，因此抓好长三角地区服务外包产业的发展，对于整个中国的服务外包产业来说都是至关重要的。鉴于长三角地区当前的发展现状及挑战，本书将从人才、融资、产业环境等方面给出相关建议。

1. 加强专业人才培养，引进高端服务外包人才

人才是外包产业中最关键的因素，这一点与其他传统资源型产业不同，在服务外包产业中，人才代表着企业最核心的竞争力。然而随着外包产业的迅猛发展，长三角 3 省市都不同程度受到了专业人才短缺问题的困扰，尤其是缺乏高端复合型人才。因此，高校要大力加强对外包人才的培养，建立和完善服务外包专业技能培训，另外，服务外包重在实践，要加大对服务外包实践基地的建设投入，努力实现高校培养和企业应用的无缝对接。与此同时，政府应出台相应的扶持政策，为人才搭建更好的发展平台，与国际接轨，在防止人才流失的基础上努力吸引国际优秀人才，建立国际服务外包人才网络。

2. 保障资金，形成产业规模，打造品牌企业

长三角地区的服务外包企业大多数都是中小企业，规模小并且较为分散，缺乏影响力大的龙头企业，因此难以承包大的订单。要想扩大生产形成产业规模就必须要有资金的支持，然而融资的问题一直困扰着中小企业，因此政府应出台相应的财政扶持政策，减轻中小企业的压力，也可以成立专项资金促进中小企业的发展。像无锡市成立了 15 亿的专项资金，苏州和杭州每年都会投入上亿元的专项资金保障中小外包企业的融资，银行和金融机构也应大力支持企业的贷款，促进服务外包产业形成产业规模，改变当前这种各自为营的现状，努力打造出具有国际竞争力的品牌企业，提高知名度。

3. 加强基础设施建设，优化产业结构

服务外包产业对基础设施的完善程度有着非常高的要求，例如地理条件、物流运输、信息网络、劳动力等，这些都直接与成本挂钩。成本的高低将直接决定产业的发展优势，专家指出在长三角地区，南京、上海、杭州等城市

服务外包企业的成本较高，而苏州和常州在成本上有着明显优势，因此政府可以整合企业资源，打造服务外包产业示范园区，完善产业环境的配套建设，以降低企业的成本。同时，优化产业结构，企业一定要有创新力，不断开辟新的市场，以避免内部同质化竞争。

第4章

基于DEA与BP神经网络的江苏省服务外包投入产出效率评价

服务外包是区域发展的加速器和平衡器，对于调整区域外贸结构、优化贸易发展方式、加快经济发展转型升级、推动供给侧结构性改革具有重要意义。其发展效率体现了区域经济发展的现代化程度和开放水平。

随着服务外包产业的逐渐发展，世界各国对服务外包产业也更加重视，服务外包也因此成为相关学者研究的一个热点问题，在对服务外包投入产出效率的研究中，国外 Bunyaratavej 等人通过数据包络分析的方法，针对接包国服务外包吸引力进行了研究[58]。Huo 和 Xia 则通过分析中国、印度、爱尔兰等 20 个国家的服务外包投入产出数据，得出对于服务外包效率具有重要影响的因素[59]。何有世和刘旭则在传统数据包络分析模型的基础上，首先通过因子分析计算投入和产出变量因子得分，再使用 DEA 方法计算相对效率[60]。

在国内对服务外包投入产出效率的研究中，一些学者通过服务外包投入产出表对效率进行了分析[61]。但大部分学者还是通过数据包络分析的方法对服务外包投入产出效率进行研究，毛才盛运用 DEA 方法，实证分析了国内 18 个典型服务外包城市的创新效率，并对服务外包产业集群创新效率的影响因素和作用机理进行剖析[62]。赵征和赵雪菊通过运用基于松弛变量的数据包络分析模型对北京、上海等 20 个服务外包示范城市的接包效率进行了分析研究[63]。此外，许多学者将 DEA 方法与其他方法相结合对服务外包投入产出效率进行研究，田剑运用 SE-DEA 方法对江苏省 13 个城市离岸服务外包效率进行评价，然后运用 Tobit 模型分析了影响服务外包效率的因素，并对这些因素的作用机理进行了说明[64]。李宏舟和杨敏则利用三阶段 DEA 模型和 DEA-Window 模型对“十一五”期间 17 个重点省市服务外包产业的承接效率进行了分析[65]。李宏舟、杨敏首先运用超效率 DEA 计算出我国的服务外包示范城市的投入产出效率，然后利用 Tobit 回归模型对效率的影响因素进行分析[66]。王旭超等运用 AHP、TOPSIS 以及 DEA 等方法，从综合竞争力及产业效率的角度对全国 18 个地区的 IT 服务外包产业竞争力水平进行评价和比较[67]。姚星等利用数据包络分析的非参数 Malmquist 生产率指数法对我国四种服务外包的全要素生产率进行分析，并利用计量回归模型分别分析了影响因素对 4 种服务外包的不同作用[68]。田剑和刘琴利用超效率 DEA 模型对江苏省 10 个城市承接离岸服务外包的投入产出效率进行实证分析，研究了各城市之间的效率差异化[69]。陈正儒、吴俊和刘厚俊依据相关经济理论对江苏省服务外包政策及其效果进行分析[70]。欧阳智、苏秦利用委托代理模型，对多接包方服务外包的策略选择进行了研究，结果显示对发包方来说选择竞争力水平足够大的接包方才是最优的策略选择[71]。

纵观目前的研究文献，对服务外包产业效率的研究主要采用单一的数据包络分析法，而数据包络分析具有一定的局限性，它只能用得到的效率来进行评价，而不能进一步仿真、预测。本章将数据包络分析和 BP 神经网络模型相结合，建立了一个综合评价模型。该综合评价模型，先利用数据包络分析计算出江苏省服务外包的效率，并以此进行评价分析，然后利用得到的效率，借助 BP 神经网络进行训练，进而做出预测。

4.1　模型选取与构建

4.1.1　数据包络模型（DEA）

数据包络分析（Data Envelopment Aanlysis，DEA）是由美国学者 Charnes 等人于 1978 年提出的一种用于同类型评价对象间相对比较的非参数技术效率分析方法，与其他效率评价的方法相比，DEA 在分析多投入、多产出方面具有自己独特的优势[72]。它与模糊综合评判法、判别分析法等综合评价方法相比具有明显的特点：利用有效决策单元来定义生产可能集的前沿面，并使用输出变量与输入变量的加权和之比来度量相应决策单元的效率，不需要考虑投入与产出之间是否存在一定的特殊函数关系；不需要预先估计任何参数或权重，投入与产出变量的权重通过求解相应的 DEA 模型而获得，结果比较客观，可以在很大程度上避免主观因素对于效率评价的影响；同时在计算小样本的多投入、产出问题上也很实用。

具体到本书，服务外包产业是一个多投入、多产出的经济活动，各个指标的权重也无法直观获取，并且由于我国服务外包起步较晚，数据获得也相当有限，所以利用数据包络分析法来求解服务外包产业的投入产出效率是恰到好处的。数据包络分析法最常用的模型是规模收益不变的 CCR 模型，和在 CCR 模型的基础上增加凸性假设而得到的规模报酬可变 BCC 模型。CCR 模型在计算投入产出效益时假设规模收益是不变的，此时被评价的 DMU 均处于最优的生产规模阶段，因此由 CCR 模型得出的技术效率值包含了规模效率的成分，所以由 CCR 所得到的投入产出效率也叫综合效率。BCC 模型的计算过程是基于规模报酬可变，得到的技术效率排除了规模的影响，因此称为“纯技术效率”。将 CCR 模型得到的综合效率比上 BCC 模型得到的纯技术效率，就得到了规模效率，三者的计算关系如下所示。

$$\text{规模效率}=\frac{\text{综合效率}}{\text{技术效率}}$$

因此本书在计算时将同时采用这两种模型，首先利用 CCR 模型得到综合效率，由于该效率既包含技术效率又包含规模效率，所以能够更加切合实际地反映江苏省服务外包的投入产出效率，接着利用 BCC 模型得到的纯技术效率与综合效率相比来得到规模效率，从而判断江苏省每年的投入产出效率是否处于规模最优状态。具体模型如下。

将 2007—2016 年服务外包产业作为待评价的对象，其中将每一年看作是一个决策单元 DMU，假设每个 DMU 对应着 m 项服务外包投入和 n 项服务外包产出。分别设向量 X_K 和 Y_K 为投入和产出的向量，其中

$$X_K=(X_{K1},\ X_{K2},\ X_{K3},\ X_{K4},\ \cdots,\ X_{KI})$$
$$Y_K=(Y_{K1},\ Y_{K2},\ Y_{K3},\ Y_{K4},\ \cdots,\ Y_{KI})$$

i 和 j 分别表示投入和产出指标的数量。CCR 模型的计算模型为：

模型一：

$$\max \frac{\sum_{j=1}^{n} U_j Y_{kj}}{\sum_{i=1}^{m} V_i X_{ki}}$$

$$\text{s.t} \begin{cases} \sum_{j=1}^{n} U_j Y_{kj} - \sum_{i=1}^{m} V_i X_{ki} \leqslant 0 \\ U_j \geqslant 0;\ V_i \geqslant 0 \end{cases}$$

$\Rightarrow$

模型二：

$$\min\left[\theta - \varepsilon\left(\sum_{i=1}^{m} S^- + \sum_{j=1}^{n} S^+\right)\right]$$

$$\text{s.t} \begin{cases} \sum_{k=1}^{t} X_{ki}\lambda_k + S_i^- = \theta X_{ki} \\ \sum_{k=1}^{t} Y_{kj}\lambda_k - S_j^+ = Y_{kj} \\ \sum_{k=1}^{t} \lambda_k = 1,\ k = 1,\ 2,\ \cdots,\ t \\ \lambda_k \geqslant 0,\ S^+ \geqslant 0,\ S^- \geqslant 0 \end{cases}$$

其中，模型一是 CCR 模型的原始规划式，为了方便计算，相关学者将其转化为了模型二[54]。两个模型中 t 表示决策单元（DMU）的数量，本书将每一年作为一个 DMU。每个 DMU 对应着 m 项服务外包投入和 n 项服务外包产出。θ 表示服务外包每年的效率值，该效率值是投入相对于产出的利用率，如果 $\theta=1$，说明该年是技术有效的 DMU；如果 $\theta<1$，说明相对于技术有效的年份来说，该年份的投入没有得到充分的利用，存在技术的损失。X_{ki} 表示第 k 个年份第 i 个服务外包资源投入量，Y_{ki} 表示第 k 个年份第 j 个服务外包资源产出量。λ_k 表示 DMU 的线性组合系数，ε 表示非阿基米德的无穷小，S_i^- 表示服务外包投入的松弛变量，S_i^+ 表示服务外包产出的松弛变量，分别用来表示投入的冗余和产出的不足。此时计算出来的技术效率值，并非真正的技术效率值，它包含规模效率的成分，将其称为综合效率值。

在上述的 CCR 模型中加入条件 $\sum_{k=1} \lambda_k = 1$，即可得到规模收益可变的 BCC 模型，具体的模型公式如式（4-1）所示：

$$\min\left[\theta - \varepsilon\left(\sum_{i=1}^{m} S^- + \sum_{j=1}^{n} S^+\right)\right]$$

$$\text{BCC}\quad \text{s.t}\quad \begin{cases} \sum_{k=1}^{t} X_{ki}\lambda_k + S_i^- = \theta X_{ki} \\ \sum_{k=1}^{t} Y_{kj}\lambda_k - S_j^+ = Y_{kj} \\ \sum_{k=1}^{t} \lambda_k = 1,\ k = 1,\ 2,\ \cdots,\ t \\ \lambda_k \geqslant 0,\ S^+ \geqslant 0,\ S^- \geqslant 0 \end{cases} \tag{4-1}$$

其中，当 $\sum_{k=1}^{t}\lambda_k = 1$ 时，其作用就是使投影点的生产规模与被评价 DMU 的生产规模处于同一水平，此时的规模收益是不变的，也就是说在目前现有的规模下，收益值已经达到了最大；当 $\sum_{k=1}^{t}\lambda_k > 1$ 时，此时的规模收益是递减的，此时如果增加规模，其相对收益不增加反而减少，并且 $\sum_{k=1}^{t}\lambda_k$ 的值越大，效益递减的速率就越大；当 $\sum_{k=1}^{t}\lambda_k < 1$ 时，此时的规模收益是递增的，此时如果增加规模，其相对收益也会随之增加，并且 $\sum_{k=1}^{t}\lambda_k$ 的值越大，效益增加的速率就越大。此时计算得出的效率值是纯技术效率，不包含规模效率的成分。

4.1.2 BP 神经网络的基本原理

BP(Back Propagation)神经网络是 1986 年由 Rumelhart 和 McClelland 为首的科学家小组提出，是一种按误差逆传播算法训练的多层前馈网络，是目前应用最广泛的神经网络模型之一[73]。BP 神经网络能学习和存贮大量的输入-输出模式映射关系，而无需事前揭示描述这种映射关系的数学方程。它的学习规则是使用最速下降法，通过反向传播来不断调整网络的权值和阈值，使网络的误差平方和最小。在神经网络中，每一个神经元节点可以看作是一个基本的信息处理单位，正是这些神经元之间的相互连接，才构成了一个完整的神经网络，图 4-1 是最基本的神经元模型介绍。

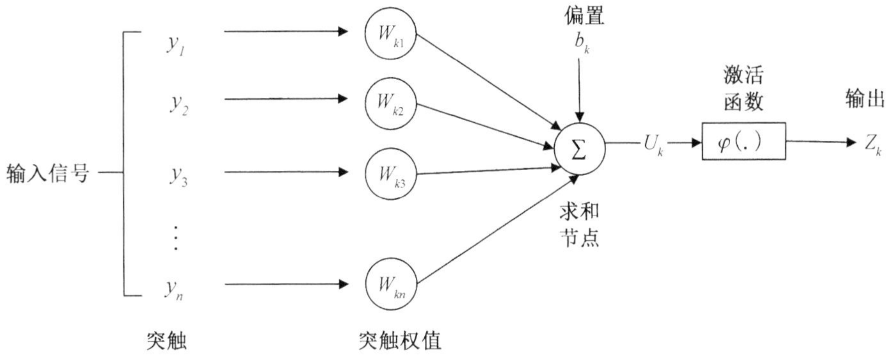

图 4-1　神经元模型

其中，每一个输入信号（y_1，y_2，y_3，…，y_n）代表神经网络中的一个突触，并且每一个突触都具有自己的特征，当突触连接到一个神经元 k 时，会被该神经元赋予一定的权值，在图 4-1 中用 W_{kn} 进行表示，W_{kn} 是突触 n 的输入信号 y_n，连接神经元 k 之后，被乘以 k 的神经元权值所得到的。并且该权值具有一定的范围，当权值是正数时代表了该输入信号具有正向的刺激作用，当权值是负数时代表了该输入信号具有负向的抑制作用。图 4 1 中的求和节点表示加法器，它是来对所有突触的权值进行求和的。$\varphi(.)$表示激活函数，它主要是用来压缩输入信号的取值范围，在本书中由于输入信号都是正向的刺激作用，所以将输入函数值压缩到了区间[0，1]之间。B_k 表示了外部的一个偏置，它具有正负两面性。当它的取值为正时，就会相应的增加激活函数的输出；反之，当它的取值为负时，就会相应的减少激活函数的输出。

在本书中，采用 BP 神经网络的多层前馈网络模型来进行仿真计算，其拓扑结构包括输入层、隐层和输出层。输入层中的每一个源节点代表一个输入量，在本书中这些输入量就是江苏省服务外包的投入和产出值，并且这些输入量也组成了隐藏层每个神经元的输入信号，紧接着隐藏层再输出信号，这些信号同时作为输出层的输入信号。本书的输出信号就是江苏省服务外包的投入产出效率值。具体的多层反馈网络模型如图 4-2 所示。

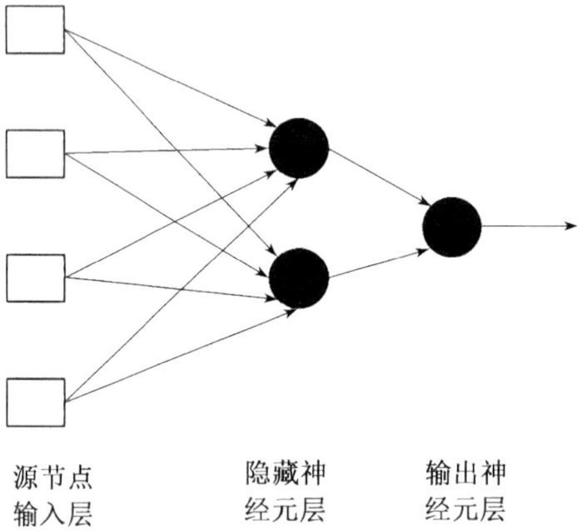

图 4-2　多层反馈网络模型

4.1.3　DEA-BP 神经网络综合评价模型

用单一的数据包络分析来进行评价，具有一定的局限性，它只能用得到的效率来进行评价，而不能进一步仿真、预测。而 BP 神经网络具有对样本数据进行学习、仿真，然后将数据代入利用训练好的模型进行预测的特性。所以考虑到数据包络分析的局限性和 BP 神经网络的特性，将它们结合在一起，利用 BP 神经网络的特性来弥补数据包络的局限性，建立一个既能进行效率评价，又能仿真、预测的 DEA-BP 神经网络综合评价模型。

首先将收集的江苏省服务外包投入、产出数据输入 DEA 模型中，计算得出服务外包效率值和其他相关数据，利用这些结果一方面对江苏省服务外包的发展状况做出分析；另一方面可以得出需要进行调整的方向，对决策者所做出的决策有一定的参考价值。然后将投入、产出作为输入神经元，将效率值作为输出神经元，放入 BP 神经网络模型中进行训练，最后形成稳定的 BP 神经网络模型，以此可以进行评价和预测。如图 4-3 所示。

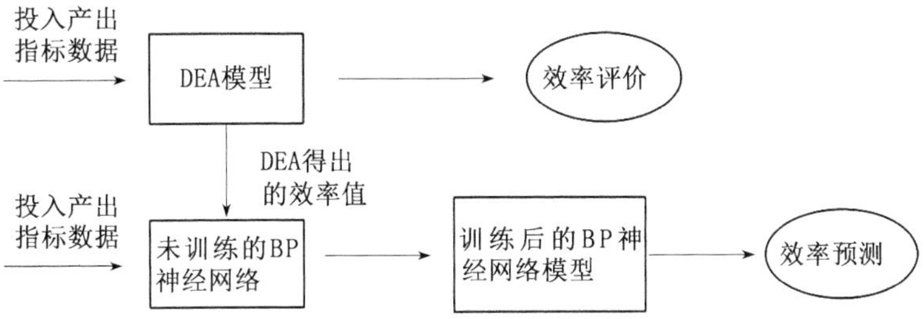

图 4-3　DEA-BP 神经网络综合评价模型

4.2　投入产出指标选取

4.2.1　指标选取的原则

在进行投入产出的效率计算时，投入产出的指标选择直接决定了结果的严谨性和科学性，对于结论的准确与否产生着巨大的影响。因此，为了得到一个较为准确的结果，本书在进行指标选取时遵循了以下原则。

(1) 客观性原则。要想从一个客观的角度来计算投入产出效率，那么就要从客观的选取指标开始。在对投入产出指标进行选取时，要尽可能选取能够用数据直观表达的指标，这就在一定程度上避免了一些主观因素对结果的影响。

(2) 可获得性原则。由于江苏省服务外包起步较晚，并且与其相关的数据统计不够完善，所以在进行指标选取时一定要注意数据的可获得性，只有准确客观的数据才能保证结果的准确。

(3) 目标导向原则。本书在对江苏服务外包效率进行评价时，不仅得到其发展的趋势，更重要的是通过效率的评价结果，得到江苏省服务外包的发展现状，并且发现其存在的问题，以此来为江苏省服务外包的发展提出相关的策略建议。

（4）系统性原则。在选取投入产出指标时，两种指标之间要具有一定的对应关系，即投入指标是产出的直接原因，产出指标要能够准确地反映出投入的结果。并且这些被选取的指标不仅要能够直接反映出效率的结果，还要能够从侧面反映出江苏省服务外包产业发展的现状。

（5）综合性原则。由于服务外包产业设计领域较广，所以可以表示其投入产出的指标有很多，这些指标可以说是由多种因素构成的，具有很强的综合性。如果指标选取的不够完善，或者说不具有代表性，那么得到的效率值就不具有说服性。因此，本书力求能够从一个综合、全面的角度来进行指标的选取，所选取的指标要具有一定的代表性。

4.2.2 评价指标的选择

DEA 主要用于评价多投入、多产出的效率，投入产出的指标选取在很大程度上决定了所得效率的有效性，它既是进行 DEA 运算的第一步，也是相对比较重要的一步。本书选取 2007—2016 年江苏省服务外包作为研究对象，将各年度视为单独的决策单元（DMU），综合服务外包效率投入产出的现有状况、前人研究的成果以及上述的指标选取原则及数据的可获得性，选取投入指标分为服务外包企业数（个）、服务外包从业人员数（万人），选取产出指标分为服务外包合同额（亿美元）、服务外包执行额（亿美元）。该投入产出指标的选取完全符合 Dyson 等人提出的决策单元数应当大于投入与产出指标数的乘积这一规则。

在进行服务外包投入产出效率计算时，投入产出指标的选择直接决定了结果的严谨性和科学性，对于结论的准确与否也有巨大影响。因此本书在进行投入产出指标选取时，首先通过阅读文献，汇总了部分国内学者进行相关研究时选取的指标，具体指标见表 4-1。

表 4-1　投入产出指标汇总

文献作者	研究方法	投入指标	产出指标
何有世等人	SEDEA-Tobit 模型	软件外包从业人数、劳动力成本及软件企业个数	软件外包额
赵征和赵雪菊	基于松弛变量的 DEA 模型、SBM 模型	全市专利授权数、通过国际资质认证的外包企业数量、高等院校数量、服务外包新增从业人数等 13 项指标	服务外包实际执行金额
嵇留洋等人	DRF-DEA 模型	资本竞争力指数、科学竞争力指数、从业人员数量、注册企业数量等十余项指标	软件外包额
毛才盛	DEA 模型	服务外包企业数、技术人员及管理人员平均年工资、专业技术人才数	接包合同执行额、入驻世界 500 强企业个数、6 项国际认证数
田剑	SE-DEA 模型	服务外包企业数、服务外包从业人员、专利申请授权量、省级国际服务外包示范区	离岸外包执行额和实际外商直接投资
李宏舟和杨敏	三阶段 DEA 模型	从业人数、固定资产投资额	软件服务出口额、系统集成和支持服务收入

由表 4-1 可以看出，在投入指标的选择上，不同研究选取的指标均不相同，在投入指标中服务外包从业人数这一指标出现的频率较高，而对于产出指标，各学者的选择虽然各有不同，但大多都涉及了某一具体的相关金额指标。之后，通过访问江苏省商务厅官网以及南京、苏州、无锡等市商务局官网，阅读相关通知和文件，发现在衡量服务外包行业发展状况时，政府部门大多采用了服务外包合同额、执行额，服务外包离岸合同额、执行额等指标。其次在我国经济转型升级的背景下，服务外包行业呈现出数字化、智能化、高端化的趋势，因此在选取投入产出指标时考虑加入企业 R & D 经费支出和有效发明专利数这两项指标，但由于缺乏对于服务外包企业 R & D 经费支出和有效发明专利数的统计，相关数据难以获得。

最后根据相关指标的合理性和数据的可获得性，本书选取服务外包企业数(个)、服务外包从业人员数(万人)作为投入指标,选取服务外包合同额(亿美元)、服务外包执行额(亿美元)作为产出指标,如表 4-2。其中,服务外包企业数是指向客户提供服务外包业务的企业的数量,服务外包从业人员数是指从事外包业务的专业人员的数量,服务外包合同额是指企业在向客户提供服务外包业务时签订合同时所定的金额,服务外包执行额是指合同在执行过程中实际所花费的金额。

江苏省 2007—2016 年服务外包投入产出情况如表 4-3 所示。

表 4-2 江苏省服务外包投入产出指标

投入指标	服务外包企业数
	服务外包从业人员数
产出指标	服务外包合同额
	服务外包执行额

表 4-3 江苏省 2007—2016 年服务外包投入产出情况

年份 \ 指标	服务外包企业数/个	服务外包从业人员数/万人	服务外包合同额/亿美元	服务外包执行额/亿美元
2007	600	7.9	13.88	5.69
2008	1 450	18.0	25.67	18.61
2009	2 600	30.7	66.46	55.20
2010	3 778	48.5	87.36	72.00
2011	5 800	64.0	153.00	127.00
2012	6 524	84.3	208.00	167.80
2013	7 434	96.2	295.90	239.55
2014	8 167	104.6	372.80	311.30
2015	8 980	114.0	445.90	376.80
2016	9 713	123.4	516.80	442.10

注:所选取的指标数据,都来自于江苏省商务厅网、江苏省服务外包网等官方相关网站,对于缺失的数据采用相邻 2 个数据点的平均值进行代替。

4.3　结果与分析

4.3.1　效率的演化发展

根据数据包络分析的 BCC 模型，利用软件 MAXDEA6.13，计算得到 2007—2016 年江苏省服务外包综合效率的演化发展值，如表 4-4 所示。首先从总体的综合效率演化走势来看，除了 2008 年和 2010 年的综合效率相比前一年是降低的以外，其余各年份综合效率呈现一个上升趋势，说明从 2007 年江苏省提出发展服务外包以来，一直朝着综合效率有效的方向发展，反映出江苏省这几年在服务外包中所开创的模式和相关政策的有效性。其次从各年份之间的综合效率波动幅度来看，可以将效率演化分为三个不同的阶段：动荡期（2007—2010 年）、高速期（2011—2013 年）、平稳期（2014—2016 年）。动荡期效率值出现一定幅度的起伏波动，呈现出一种不稳定态势，这与全球经济危机的爆发有一定的关系。高速期效率值以较高的速率快速增长，这与全球经济的复苏，以及我国深化经济体制改革，推进经济结构战略性调整，全面提高开放型经济水平的发展政策有关。平稳期效率值增速放缓、增长幅度不大，这是由于我国经济发展进入新常态，经济由中高速增长转为中低速增长，经济更加注重质量和效益。如图 4-4 所示。

表 4-4　江苏省服务外包综合效率评价结果

年份	综合效率	排名	技术效率	规模报酬
2007	0.435	9	0.435	递增
2008	0.340	10	0.541	递增
2009	0.517	7	0.756	递增
2010	0.435	8	0.827	递增

（续表）

年份	综合效率	排名	技术效率	规模报酬
2011	0.571	6	0.913	递增
2012	0.600	5	0.949	递增
2013	0.748	4	0.974	递增
2014	0.857	3	0.986	递增
2015	0.934	2	0.994	递增
2016	1.000	1	1.000	不变

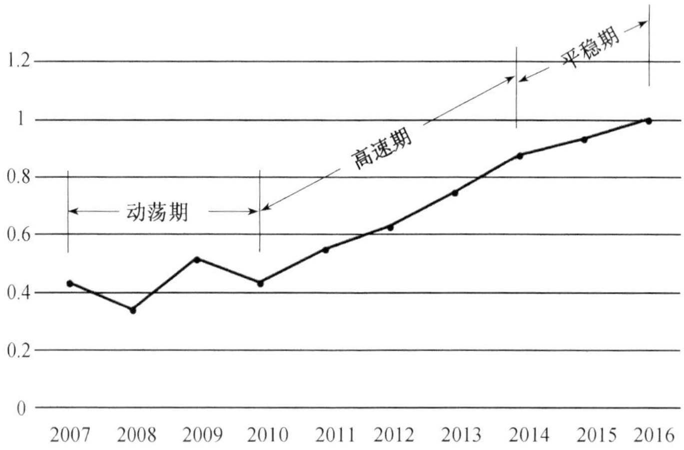

图 4-4　效率演化趋势图

4.3.2　BP 神经网络仿真和预测

根据上文对 DEA-BP 综合评价模型的介绍可知，接下来就是将 DEA 模型中的 4 个投入产出指标作为输入神经元，计算得出的效率值作为输出神经元，利用 MATLAB 软件中的神经网络工具箱进行仿真训练。其中将 2007—2015 年的数据作为样本，然后利用训练好的神经网络对 2016 年的效率进行预测。具体的模型训练参数如下表 4-5。

表 4-5　BP 神经网络评价模型训练参数

<table>
<tr><td colspan="2">输入层神经元数</td><td colspan="2">隐含层神经元数</td><td>输出层神经元数</td></tr>
<tr><td colspan="2">4 个</td><td colspan="2">9 个</td><td>1 个</td></tr>
<tr><td>训练函数</td><td>性能函数</td><td>输入层函数</td><td>隐含层传递函数</td><td>输出层传递函数</td></tr>
<tr><td>Trainlm</td><td>MSE</td><td>Loging</td><td>Loging</td><td>Purelin</td></tr>
<tr><td colspan="2">最大训练步数</td><td colspan="2">训练目标的最小误差</td><td>学习速率</td></tr>
<tr><td colspan="2">1 000</td><td colspan="2">0.000 000 1</td><td>0.05</td></tr>
</table>

表 4-6　BP 网络训练仿真及评价预测结果

年份	实际效率值	预测效率值	绝对误差	相对误差
2016	1.000 0	0.988 9	0.011 1	1.11%

表 4-6 为将 2016 年的样本输入神经元代入训练好的神经网络后，所得到的预测值与实际值的对比。从对比数据可以看出，预测值与实际值的绝对误差较小，说明训练好的神经网络模型的仿真能力和预测能力相对比较精确，同时该结论也说明了上文所计算得出的效率值的正确有效的。在后面的研究中，可以进一步对 2017 年的数据进行预测，若得到的结果相比前一年较小，说明该年的江苏省服务外包相比上一年发展得差；若所得结果大于前一年的效率值，这说明江苏省服务外包持续向有效的方向发展。

从表 4-4 可以看出，2007—2015 年的规模报酬一直处于递增状态，说明江苏省服务外包仍有很大的发展空间，增加一定比例的投入时，产出会增加更高比例。即便 2016 年规模报酬不变，增加投入时产出也会同比例增加。所以增加服务外包投入，既可以提高江苏省的经济效益，又可以增加就业。增加服务外包的投入可以从以下两个方面入手。

(1) 提高服务外包企业的融资能力，确保企业具有良好的运行状况。由于大部分的服务外包业务都是采取先垫付后清算的交付模式，因此资金需求显得极为重要。特别是一些中小型企业，如果没有固定可靠的资金来源，企业就可能面临着倒闭。在解决服务外包企业融资问题上，政府要鼓励银行、担保机构向服务外包企业融资倾斜，支持由政府出资的担保机构优先支持服务外包企业；同时，推动银行进行信贷模式创新，开发符合服务外包产业特点的信贷产品增强融资能力。

（2）培育人力资源优势，提高服务外包从业人员工作水平。人力资源是服务外包企业最重要的资本，在人力资源方面，我国既有优势，也存在劣势。在成本优势逐渐减弱的今天，迫切需要将人力资源作为我国服务外包产业参与国际竞争的一项优势来进行培育，提升一般性人才向服务外包专业人才转变的能力。地方政府、高等院校、企业、培训机构、行业协会应当共同合作，将彼此的资源进行整合，这样就有利于为服务产业培养更多的实用型人才。

从表 4-4 还可以看出，2007—2015 年的综合效率小于 1，为相对无效单元，2016 年的综合效率为 1，为相对有效单元。这说明，相对于投入来说，江苏省服务外包产业的产出并没有达到理想值。因此，为了使服务外包产业更好地发展下去，就需江苏省在服务外包投入增长的比例之上，更大地扩大自己的产出。对于本书所选取的投入产出指标来说，服务外包要想扩大产出就要增加每年的合同额和合同执行额。鉴于此，本书拟提出一些建议，具体实施措施如下。

（1）调整产业结构，增加在岸合同额。我国在“十二五”规划纲要中提出，要优化产业结构、淘汰落后产能、提高资源利用率等。这些要求与服务外包的重组价值链、优化资源配置、降低成本并增强了企业核心竞争力的特点相吻合。所以切实执行国家提出的调整产业结构的要求，有助于服务外包的发展，与此同时在岸合同额也会获得相应的增加。

（2）把握经济全球化，增加离岸合同额。江苏省服务外包合同额中，有将近一半的合同额来自离岸外包。现在经济全球化趋势越来越明显，企业在寻求合作伙伴的时候，不仅仅只考虑国内或者周边的几个国家，而是在全球搜寻，考虑跟谁合作自己的成本最小、收益最大。所以要充分利用经济全球化带来的这种机遇和条件，积极参与国际经济合作与竞争，向世界展现与我们合作的优势;深化改革,完善市场经济体制,健全市场经济法律法规,营造出一个良好的合作环境。在不断完善和提高自己的同时,也增加自己在国际市场的竞争力,从而吸引更多的外商将江苏作为服务外包的接包方。

现有的通过数据模型对江苏省服务外包的研究,仅仅是单一的利用数据包络分析来探究效率,这种方法具有一定的局限性,它只能用得到的效率来进行评价,而不能进一步仿真、预测。本章将数据包络分析与 BP 神经网络相结合,构建了一个相对客观、准确又便捷的评价分析模型。然后利用江苏省 2007—2016 年的服务外包投入产出数据进行了实例研究,验证了该模型具有较高的精确度和预测能力。研究结果表明江苏省这几年在服务外包中所开创的模式和相关政策是有效的,但是仍有很大的发展空间。

4.4　江苏省典型城市服务外包投入产出效率分析

在江苏省 13 市中,南京、无锡、苏州 3 市服务外包发展较好,年服务外包合同额均已达到 100 亿美元以上,与江苏省其他城市拉开了较大差距。在其余城市中,南通、徐州、镇江等市服务外包较好,其中,南通市在十年中服务外包企业数量已超过 1 000 家,从业人数增长了约 20 倍,服务外包执行额增长超过 70 倍,2017 年全市服务外包执行额达 27 亿美元,同比增长 54.24%,产业规模位列全省第四。而徐州市则发展势头强劲,2016 年,其服务外包合同额和执行额分别为 4.56 亿美元、3.77 亿美元,同比增长 9 倍以上,并成功获批江苏省服务外包示范城市。而常州、扬州等其余 7 市,目前服务外包发展水平则相对较低,如常州 2017 年全市服务外包合同额和执行额分别为 6.5 亿美元、5.6 亿美元。扬州在 2017 年其服务外包执行额则刚突破 1 亿美元,而连云港、宿迁等市其商务局官网则都未公开其服务外包的相关数据,应均在 1 亿美元以下。

由于历史原因和自然地理因素的影响，江苏省服务外包的发展具有很强的梯度特征，各市之间服务外包发展规模相差较大，因此根据2017年各市的服务外包合同额可将13个城市划分为3个梯队，其中服务外包合同额超过100亿美元的为第一梯队，分别为南京、无锡、苏州，服务外包合同额在20亿至100亿美元的为第二梯队，分别为南通、镇江、徐州，服务外包合同额在20亿以下的则为第三梯队，为常州、扬州、泰州、连云港、宿迁、淮安、盐城7市。

处于第一梯队的城市，应把握现有优势，充分利用现有的人力资源、地域优势和产业优势等，充分把握国际服务外包发展的机遇，继续大力发展服务外包产业，通过区域布局带动苏南乃至全省服务外包产业的发展，保持第一梯队城市的带动作用。

处于第二梯队的城市，在积极拓展新业务的同时还需积极承担第一梯队城市的分包业务，通过与第一梯队城市的相互协作，增强其资金和人才引入，在学习第一梯队经验的同时也充分挖掘自身潜力，将自身的潜在优势转化成竞争优势。

处于第三梯队的城市，则可以从本地实际发展状况出发，优先发展本地区最具发展潜力、发展优势的外包产业，如常州检验检测认证产业园是国内第一家同时申报国家检验检测高技术服务业集聚区和国家检验检测公共服务平台示范区的检验检测主题园区，同时也是江苏省内最集聚的检验检测认证高技术服务业特色基地，有这样的集聚优势就可以大力发展其检测外包产业。此外，部分城市可以充分利用其沿海优势，积极引进国外资金和技术，大力发展服务外包。

作为第一批中国服务外包示范城市，南京、苏州、无锡服务外包行业发展较好，在2017年国家级服务外包示范城市综合评价中分列全国第一、四、五名，且这3个城市处于江苏省服务外包发展中的第一梯队，因此本书选取这3个城市作为江苏省服务外包发展中的典型城市进行分析。

江苏省服务外包行业自2007年开始发展以来，在一系列政策的支持下，迎来了快速发展，根据上文分析，江苏省服务外包在 2007 年至 2010 年处于发展动荡期，各市发展差距较大，而从 2010 年开始，则演变为高速发展。与此同时，2010 年江苏省政府将服务外包产业定位为江苏省八大战略新兴产业之一，因此本书首先选取 2010 年 3 市服务外包作为研究对象，在 2010 年至 2014 年期间，江苏省服务外包处于发展高速期，2014 年之后则转变为平稳期，因此选取作为转变年份的 2014 年的 3 市服务外包作为研究对象则更具代表性，此外，为了反映当前 3 市服务外包行业的发展状态，依据数据可获得性的原则，本书还选取了 2017 年 3 市服务外包作为研究对象。

在江苏省典型城市服务外包投入产出效率分析上，本书选取南京、苏州、无锡 3 市 2010 年、2014 年、2017 年的服务外包作为研究对象，将每市每年视为独立的决策单元(DMU)，以分析江苏省典型城市服务外包发展情况，具体投入产出情况见表 4-7。

表 4-7　南京、苏州、无锡三市服务外包投入产出情况

城市	年份	服务外包企业数/个	服务外包从业人员数/万人	服务外包合同额/亿美元	服务外包执行额/亿美元
南京	2010	762	14.9	31.3	27.0
	2014	1 833	30.9	125.0	114.8
	2017	2 266	45.3	177.8	163.7
苏州	2010	1 150	12.0	22.7	16.2
	2014	2 658	26.0	103.9	76.8
	2017	3 391	31.6	117.1	84.0
无锡	2010	800	9.0	31.8	25.1
	2014	1 448	16.5	116.5	94.2
	2017	1 712	18.8	145.0	120.8

数据来源：各市商务局、统计局等官方相关网站。

通过软件 MaxDEA7.8 中的乘数模型进行计算，对计算结果进行整理，得到各决策单元的效率值，具体结果见表 4-8。

表 4-8 三市 DEA 分析指标

决策单元	综合效率	技术效率	规模效率	规模报酬
南京 2010	0.498	1.000	0.498	递增
南京 2014	0.874	0.901	0.970	递增
南京 2017	1.000	1.000	1.000	不变
苏州 2010	0.245	0.750	0.327	递增
苏州 2014	0.518	0.586	0.884	递增
苏州 2017	0.480	0.519	0.927	递增
无锡 2010	0.469	1.000	0.469	递增
无锡 2014	0.950	1.000	0.950	递增
无锡 2017	1.000	1.000	1.000	不变

首先从综合效率来看，南京市和无锡市在 2017 年其综合效率等于 1，为相对有效单元，其余决策单元的综合效率则小于 1，为相对无效单元，表明其他决策单元在产出上未达到最优值。

从各市的综合效率演化趋势可以看出，随着年份的增长，各市服务外包的综合效率基本上呈增长状态，3 市的平均综合效率由 2010 年的 0.404 上升到 2014 年的 0.781，最后提高到 2017 年的 0.827，表明各市服务外包发展情况较好，在朝着综合效率相对有效的方向发展。

此外，可以看出南京市和无锡市综合效率演化趋势较为接近，发展较好，而苏州市的综合效率则较低，甚至出现了 2017 年的综合效率值低于 2014 年的情况，这主要是因为苏州市服务外包产业注重转型升级、优化产业结构，逐渐降低 ITO 和 BPO 在其服务外包服务中所占的比重，因此其服务外包合同额和服务外包执行额增长较慢，导致其 2017 年的服务外包合同额和执行额相对于 2014 年出现了减少的现象，但在 2017 年，苏州市代表高端服务外包的离岸执行知识流程外包（KPO）占全市离岸执行额的 70.9%，占比分别高于全省、全国 30.6 个百分点和 32.8 个百分点，表现出其服务外包产业强劲的实力。

从规模效率来看,各市服务外包的规模效率均成递增状态,3市的平均规模效率由2010年的0.431上升到2014年的0.935,然后上升到2017年的0.976,涨幅较大,且在2010年至2017年这段时间内,3市技术效率并没有大幅度增加,因此3市综合效率的增长主要依赖于规模效率的增长。而且在2017年之前,3市规模报酬均为递增状态,表明各市服务外包仍具有很大的发展空间,在增加一定比例的投入时,产出则会有更大的增加。

第 5 章

基于 Pearson 与灰色关联熵的江苏省服务外包效率演化发展的影响因素分析

在上一章对江苏省服务外包的效率演化研究中，文章发现了江苏省自从开展服务外包业务以来，出现了 3 个不同的时期：动荡期、高速期和稳定期，并且从中发现了江苏省服务外包发展所存在的问题。那么，究竟是什么原因导致了这样现象的产生，这些现象又与什么因素有关，本章节的主要内容就是对江苏省服务外包效率演化的影响因素进行研究，并从中发现服务外包产业的发展现状。

对于区域性服务外包的影响因素，近年来相关学者也做了大量的研究。张颖等人针对安徽省的服务外包，利用主观因素的方法选取了 5 个影响因素，然后利用回归模型研究了这些影响因素对于安徽省服务外包的影响，并提出相关的政策建议[74]。王广发等人，首先研究了广东省服务外包的发展动因，并将其分为：内部动因、外部动因和机会动因 3 个方面。然后从动因中分析了影响广东省服务外包发展的 6 个因素[75]。高茜等人对合肥市承接离岸服务外包的影响因素进行了研究，文章从市场规模、服务业比重、工资成本、基础设施、人力资本、外商直接投资等 6 个方面进行实证分析[76]。吕延芳等人以 Leamer 等人提出的贸易模型为理论基础，利用主观因素分析法创建了服务外包的影响因素体系模型，接着运用面板数据实证分析了世界主要服务贸易出口国的影响因素，并发现了影响服务外包的主要因素[77]。

从目前的现有文献来看，对于区域性服务外包影响因素的研究，主要还是采取主观因素的方法，这种方法很大程度上依赖于研究学者的主观看法和先前的经验。他们仅仅从某几个绝对相关的方面进行指标选取，并且所选取的指标大部分都是一级指标，而没有进行二级指标的细分。这种主观经验的影响因素选择法，在很大程度上会夸大一些因素对服务外包的影响，同时也会埋没某些因素对于服务外包的影响，从而导致结果不够准确，所得出的结论可能与现实不符。

鉴于此，本章节在对江苏省服务外包投入产出效率的影响因素进行研究时，为了消除主观因素在服务外包指标选取时所存在的问题，以期从一个更加全面的视角来研究各种因素对效率演化的影响。因此，首先从宏观经济、IT 基础设施、市场开放程度、人才与科技水平、私营经济发展 5 个一级指标中选取与江苏省服务外包效率演化发展具有相关性的 14 个二级经济指标，然后采用 Pearson 相关分析法，从这 14 个指标中选取 11 个最为相关的经济指标作为研究对象，紧接着利用灰色关联熵分析法度量了这 11 个二级经济指标的影响因子，以及与上一章节得到的江苏省服务外包投入产出综合效率之间的灰色关联度，最后根据这些关联度来分析影响江苏省服务外包效率演化发展的主要影响因子及阻碍因素，并从中发现江苏省服务外包发展的现状和存在的问题，进而为江苏省服务外包产业的发展策略及政策的制定，提供一定的参考依据。

5.1 方法与指标的选取

5.1.1 Pearson 相关系数分析法

Pearson 相关系数分析法是用来度量两个评价指数的数据集合，根据其是否在一条直线上，来说明二者之间的线性关系，并判断二者的相关性[78]。由于服务外包产业所涉及领域较广，影响因素多种多样，因此可以将影响因素看作是一个复杂的系统。在进行影响因素灰色关联分析之前，应该对影响因素进行一个初步的筛选。而 Pearson 相关系数分析法又是一种定量分析法，它在指标筛选时能够很大程度地避免主观因素的影响，从而使结果更加符合实际，如式(5-1)所示。

$$r=\frac{\sum_{j=1}^{m}(a_{ij}-\bar{a}_i)(b_{0j}-\bar{b})}{\sqrt{\sum_{j=1}^{m}(a_{ij}-\bar{a}_i)^2}\sqrt{\sum_{j=1}^{m}(b_{0j}-\bar{b})^2}} \tag{5-1}$$

式中，b_{0j} 表示江苏省服务外包的第 j 年的投入产出效率值，a_{ij} 表示服务外包效率影响因素 i 的第 j 年的指标值。$\bar{a_i}$ 表示服务外包效率影响因素 i 在所选年份内的平均值，$\bar{b}$ 表示投入产出效率的平均值。r 表示服务外包投入产出效率与影响因素之间的 Pearson 相关系数。其中 r 的取值范围是（－1，1），r 的值越接近－1，说明二者的关系越是呈负相关，反之，r 的值越接近 1，说明二者的关系越是呈正相关，r 的值越接近 0，说明二者越不相关。

5.1.2 灰色关联熵法

灰色关联度分析（Grey Relational Analysis，GRA）是我国学者邓聚龙教授于 1982 年提出的一种多因素统计方法，该方法的基本思想就是根据对比相应因素序列曲线之间的相似程度，来判断其关系是否紧密[79]。序列的集合形状越接近，相应序列之间的关联度就越大，关系就越紧密；反之关联度越小，关系越松散。它与传统的方差分析、多元回归分析等数理统计方法相比具有自己独特的优势：按照位移差反映序列间发展过程或量级的相近性，不需要呈现典型的分布规律；对于样本的容量没有特殊的要求，计算量比较小，其结果与定性分析结果会比较吻合。具体到本书，服务外包投入产出效率影响因素组成的系统是一个灰色的系统，这些因素指标对于效率的影响具有不确定性和复杂性，并且由于江苏省服务外包发展起步较晚，数据的获取具有一定的局限性，因此与灰色系统理论具有较好的契合度。

传统的灰色关联分析采用逐点计算关联测度值平均值的方法，并且计算关联度时对各样本采用平权处理，从而不仅湮没了关联因数的个性化信息，还存在局部关联倾向和个性信息损失这两大明显的缺点。为了弥补传统灰色关联分析的不足，张岐山等人提出灰色关联熵分析法，利用熵权作为每个因素的权重，从而充分利用个性信息、实现整体性接近[80]。本书即采用这种基于熵权法改进后的灰色关联分析法来计算服务外包各影响因子与投入产出效率之间的灰色关联度。具体步骤如下。

设服务外包效率为参考数据序列 X_0，效率的可能影响因素为比较数据序列 X_i，其中：

$$X_0=(X_0(1),\ X_0(2),\ X_0(3),\ \cdots,\ X_0(n))$$
$$X_i=(X_i(1),\ X_i(2),\ X_i(3),\ \cdots,\ X_i(n))$$

1. 无量纲化处理

由于因素指标之间的量纲单位不尽相同，为了保证数据的客观和准确性，需要对各指标进行归一化处理，求各序列的初值像：

$$X_i'=\frac{X_i(k)}{x_i(1)}=(x_i'(1),\ x_i'(2),\ \cdots,\ x_i'(n)),\ i=1,\ 2,\ 3,\ \cdots,\ m$$

其中 $x_i(1)$ 为初始值。

2. 计算绝对值序列

将无量纲化处理后的参考数据序列 X_0' 与比较数据序列 X_i' 进行差值运算，得到对应分量之差的绝对值序列，并求出最大值与最小值。

$$M=\max_i \max_k \Delta_i(k),\ m=\mathop{\mathrm{mix}}_i \mathop{\mathrm{mix}}_k \Delta_i(k)$$

3. 计算关联系数

$$\gamma_{0i}(k)=\frac{m+\theta M}{\Delta_i(k)+\theta M},\ \theta\in(0,\ 1),\ k=1,\ 2,\ \cdots,\ n;\ i=1,\ 2,\ \cdots,\ m \tag{5-2}$$

式中，γ_{0i} 代表参考数据序列与第 i 个比较数据序列在某一时刻的紧密程度。

4. 计算信息熵及权重

$$H_i=-\frac{1}{\ln n}\left[\sum_{k=1}^{n}X_i'(k)\ln X_i'(k)\right],\ k=1,\ 2,\ \cdots,\ n;\ i=1,\ 2,\ \cdots,\ m$$

$$\omega_i=\frac{1-H_i}{\sum_{i=1}^{m}(1-H_i)},\ i=1,\ 2,\ \cdots,\ m \tag{5-3}$$

在信息论中，熵表示的是不确定性的量度，如果指标的信息熵 H_i 越小，该指标提供的信息量越大，在综合评价中所起作用理当越大，权重 $\bar{\omega}_i$ 就应该越高。

5. 计算关联度

$$\eta_{0i}=\sum_{k=1}^{n}\omega_i\gamma_{0i}(k),\ i=1,\ 2,\ \cdots,\ m \tag{5-4}$$

关联度 η_{0i} 越大说明参考序列与比较序列的相关性越大，反之则越小。

5.1.3 效率演化发展的影响因素指标选取

近年来，国内外相关学者在探究服务外包发展的影响因素方面做了很多具有价值的研究。本书在参考以往学者研究观点的基础之上，结合目前江苏省服务外包发展的实际情况，以期能够从一个更加全面的角度对江苏省服务外包影响因素指标进行选取[81-84]。依据以上分析思路，采用专家意见法并兼顾数据的获得性，选取了影响江苏省服务外包发展的 14 个重要指标，分为宏观经济发展、IT 基础设施、市场开放程度、人才与科技水平、私营经济发展 5 个一级指标，以及 4 个二级指标，每个指标的名称及含义如表5-1 所示。表中所有指标的数据均来自于《江苏省历年统计年鉴》，面板数据的时间跨度与上文中投入产出指标保持一致，同样为 2007—2016 年。由于篇幅有限，每个指标每年的数据不在此一一列出，文章仅陈列出每个数据的变动幅度，如表 5-2 所示。

表 5-1 效率演化发展的影响因素指标

一级指标	二级指标	指标含义
宏观经济发展	GDP	全省生产总值(亿元)
	第三产业占比	第三产业生产总值占全省生产总值的比例(%)
	消费水平	城镇常住居民人均可支配收入(元)
	第三产业总产出	第三产业当年的生产总值(亿元)

（续表）

一级指标	二级指标	指标含义
IT 基础设施	互联网普及率	互联网用户数占常住人口总数的比例(%)
	网民数	全省的网民总数(万人)
市场开放程度	进出口占比	进出口总额占全省生产总值的比例(%)
	经济自由度	全球权威的经济自由度评价指标之一
	进出口总额	全省当年的进出口总额(亿美元)
人才与科技水平	人才储备	高等教育毕业生人数(万人)
	科技进步贡献率	科技进步对经济增长的贡献份额(%)
	R & D 投入强度	R & D 经费内支出占全省生产总值的比例(%)
私营经济发展	私营经济投入占比	私营企业经济中固定资产投入占总投入的比例(%)
	私营企业贷款额	私营企业的总贷款额(亿元)

表 5-2　各影响因素值的变动幅度

变量	指标说明	2007	2016	变动幅度
*T*1	GDP(亿元)	26 018.48	76 086.17	2.92
*T*2	第三产业占比(%)	37.40	50.11	1.35
*T*3	消费水平(元)	10 715	32 070	2.99
*T*4	第三产业总产出(亿元)	9 730.91	38 192.32	3.92
*T*5	互联网普及率(%)	23.3	56.6	2.43
*T*6	网民数(万人)	1 700	4 580	2.69
*T*7	进出口占比(%)	13	21	1.62
*T*8	经济自由度	54	56.4	1.04
*T*9	进出口总额(亿美元)	9 731	38 458	1.46
*T*10	人才储备(万人)	35.5	54.8	1.54
*T*11	科技进步贡献率(%)	48.2	61.0	1.26

（续表）

变量	指标说明	2007	2016	变动幅度
$T12$	R & D投入强度(%)	1.7	2.61	1.54
$T13$	私营经济投入占比(%)	33.63	47.43	1.41
$T14$	私营企业贷款额(亿元)	22 092.1	78 866.3	3.57

注：表中数据均来自《江苏省历年统计年鉴》，及相关官方网站，具体数据请详见附表一。

5.2 结果与分析

5.2.1 Pearson 相关系数结果

通过式(5-1)计算得到影响因素与投入产出效率之间的 Pearson 相关系数值如表 5-3 所示。本书中假设当 $r<0.7$ 时，说明该因素与投入产出效率之间的亲密度不大。因此，从结果中得知，第三产业总产出、经济自由度、进出口占比这 3 个指标的 r 值小于 0.7，所以在下面的关联度分析时排除这 3 个因素，而选择剩下的 11 个与投入产出效率的亲密度相对较大的影响因子来进行分析。

表 5-3 Pearson 相关系数值

	$T1$	$T2$	$T3$	$T4$	$T5$	$T6$	$T7$
相关系数值	0.95	0.96	0.93	0.67	0.86	0.86	0.16
	$T8$	$T9$	$T10$	$T11$	$T12$	$T13$	$T14$
相关系数值	−0.32	0.97	0.71	0.92	0.93	0.98	0.94

5.2.2　熵权结果

根据式(5-3)对熵权的计算公式，得到每个因子的熵权如表 5-4 所示。首先，从熵权值的整体取值范围来看，其值均匀地分布在 0.019～0.237 之间，并没有出现某个因素的熵权值非常大或者某个因素的熵权值非常小的现象，因此该熵权的计算结果相对来说比较符合实际情况。从结果得知，熵权值的大小排在前三名的依次是：进出口总额、GDP 以及消费水平。说明这 3 个指标在江苏省服务外包的投入产出效率演化过程中发挥着重要的作用。私营经济投入占比的熵权值最小。

表 5-4　熵权值

	$T1$	$T2$	$T3$	$T5$	$T6$	$T9$	$T10$	$T11$	$T12$	$T13$	$T14$
H_i	0.977	0.987	0.977	0.985	0.983	0.963	0.996	0.993	0.996 4	0.997	0.989
ω_i	0.148	0.083	0.145	0.097	0.107	0.237	0.023	0.047	0.026	0.019	0.069

5.2.3　灰色关联度

在本书中，熵权灰色关联度衡量了江苏省服务外包综合效率（参考序列）与效率影响因素指标（对比序列）之间的灰色关联信息，本书采用软件 Grey Modeling_V3.0 进行灰色关联度求解，具体结果如表 5-5 所示。从灰色关联的数值来看，可以将指标分为 3 个梯队。熵权灰色关联度最高的是进出口总额，关联度为 1.425；消费水平排名第二，关联度为 1.289；GDP 排名第三，关联度为 1.078，以上是第一梯队所包含的因素。说明在 2007—2016 年期间，以上因素与江苏省服务外包效率演化的发展趋势最为贴近，它们也是影响效率的主要因素。第二梯队的关联度处在 0.6～1 之间，所包含的影响因素有第三产业占比、互联网普及率及网民数。说明这些因素对于江苏省服务外包效率演化趋势具有显著的影响。第三梯队的关联度处在 0.1～0.5 之间，包含人才储备、科技进步贡献率、R & D 投入强度、私营经济投入占比及私营企业贷款额 5 个因素，说它与服务外包效率演化曲线斜率迥异。梯队具体分布情况如表 5-6 所示。

通过以上分析可以归纳总结出 3 种江苏省服务外包发展的现状：①江苏省服务外包发展目前主要属于政府驱动型。从表 5-5 中可以得知，宏观经济发展中的所有二级指标的灰色关联度都大于私营经济发展中的所有二级指标，这表明政府在江苏省服务外包发展中的占据主导地位。②拉动内需与促进开放对于江苏省服务外包的发展同等重要。从表 5-6 可以得知，消费水平与进出口占比同属于第一梯队，说明二者对江苏省服务外包效率的演化所起到的作用同样重要。③企业融资及服务外包人才培养是制约江苏省服务外包发展的隐形因素。从表 5-6 可知，私营企业贷款额、人才储备与综合效率的灰色关联度较小，从另一个角度说明，目前江苏省对于服务外包企业的融资规划和人才培养，不足以满足服务外包的发展现状。

表 5-5　熵权灰色关联度值

宏观经济发展		IT 基础设施		市场开放程度		人才与科技水平		私营经济发展	
$T1$	1.078	$T5$	0.734	$T9$	1.425	$T10$	0.191	$T13$	0.151
$T2$	0.658	$T6$	0.724			$T11$	0.374	$T14$	0.429
$T3$	1.298					$T12$	0.223		

表 5-6　熵权灰色关联度值的梯度分布

梯度	第一梯度	第二梯度	第三梯度
关联度范围	>1	0.6～1	0.1～0.5
影响因素	进出口总额	第三产业占比	科技进步贡献率
	消费水平	互联网普及率	R & D 投入强度
	GDP	网民数	私营经济投入占比
			私营企业贷款额
			人才储备

5.3　结论与建议

本书选定 2007—2016 年江苏省服务外包产业相关影响因素的数据，首先从 5 个一级指标中选取 14 个与投入产出效率有关的二级指标，然后为了排除主观因素对于指标选取的影响，利用 Pearson 相关系数分析法测算了投入产出效率与 14 个二级指标间的紧密度，发现第三产业总产出、进出口占比及经济自由度这 3 个指标与效率的亲密度较小，因此在后面的因素分析中去除这 3 个指标，紧接着用剩下的 11 个影响江苏省服务外包效率演化发展的经济指标，运用灰色关联熵分析法测算了江苏省离岸服务外包效率与其影响因素之间的灰色关联度，发现进出口总额、消费水平和 GDP 是影响效率演化的主要因素，结合数据进一步探究了江苏省服务外包发展的现状。为促进江苏省服务外包产业的稳定、持续、均衡地增长，针对投入产出效率的演化趋势以及发展现状，本书拟提出以下三个建议。

1. 政府驱动转为市场驱动

在对投入产出效率的影响因素进行分析时发现，宏观经济发展中的所有指标的关联度相对于私营经济发展来说较大，说明目前江苏省服务外包产业主要由政府驱动。这是由于江苏省服务外包起步较晚，政府的扶持能够给服务外包产业带来必要的经济基础和发展条件。因此，政府驱动能够使服务外包产业平稳、快速发展。但是随着市场的不断完善和成熟，如果服务外包企业长期依赖于政府的扶持，那么这种政府驱动的发展模式最大的副作用就是，导致整个产业像娇滴滴的孩子一样，缺乏创新精神和奋斗精神，最终导致整个产业缺乏一批能带领江苏省服务外包产业发展的具有实力的外包企业。因此，江苏省的服务外包产业要逐渐由政府驱动转为市场驱动，让企业的外包经验积累构成服务外包产业最重要的竞争力来源，让企业间的公平竞争化作它们发展的动力，这样才能够使服务外包产业具有永动力。

2. 拉动内需与促进开放并重

从上文得知，消费水平和进出口占比与投入产出效率的熵权灰色关联度大小相近，说明二者在对江苏省服务外包产业发展的效率演化方面所产生的影响同样重要。因此，为了提升江苏省服务外包产业的发展，可以通过营造开放的市场环境，引进资金以带动江苏省服务贸易企业的快速发展，吸引更多的跨国公司向其进行服务外包。在承接外包的同时还可以通过知识外溢向发达国家跨国公司学习，使相关企业迅速成长。拉动内需可以提高江苏省服务外包的在岸合同额，更重要的是一旦全球经济出现如 2008 年那样的危机，庞大的内需会成为江苏省服务外包的坚强后盾，对整个江苏省服务外包产业起到一定的稳定作用。

3. 提高服务外包企业的融资和人才培养能力

影响因素的分析结果显示，服务外包企业融资是制约江苏省服务外包发展的隐形因素，这与江苏省服务外包产业的组成结构有关。根据官方数据显示，江苏省的服务外包企业有 90%以上的是中小企业，中小企业的融资难、融资贵问题已经成为影响中国经济这艘巨轮行稳致远的一个全局性、宏观性的问题。融资既是中小企业存在和发展的立足点，也是企业扩大再生产的根本保证。中小企业的融资困难可以归因于两点：第一是中小企业相比大企业来说其资质信誉较弱，银行等其他金融机构担心他们的还款能力；第二就是中小企业自身的财产价值较少，即便是有金融机构愿意向其进行融资，但是融资的金额较少，满足不了对资金的需求。在解决服务外包企业融资问题上，政府要鼓励银行、担保机构向服务外包企业进行倾斜，支持由政府出资的担保机构优先支持服务外包企业；同时，推动银行进行信贷模式创新，开发符合服务外包产业特点的信贷产品，以帮助服务外包企业解决融资难的问题。

江苏省作为我国的教育大省，人才数量并不少。但是学习服务外包知识的人才较少，不能够满足目前的发展需求。为此江苏省应该建立科学合理的服务外包人才培养体系、加强产学研合作、建立服务外包实践基地，这样就有利于为服务产业培养更多的实用性人才。

本书采用DEA和BP神经网络的方法，首先选取投入产出指标，之后对江苏省服务外包投入产出效率进行了横向和纵向分析，根据各市服务外包合同额的不同对各市进行划分，最后运用BP神经网络的方法对江苏省服务外包的综合效率进行预测，构建了一个相对客观、既可以评价又能够进行预测的分析模型。

通过研究发现，江苏省服务外包始终朝着综合效率相对有效的方向发展，表明江苏省近些年来其服务外包模式和政策是有效的，而从规模效率来看，江苏省的规模效率和规模报酬呈递增状态，即随着一定比例投入的增加，产出会以更高的比例增加，具体到江苏省内的服务外包典型城市，也具有相同的发展规律，也表明了研究的可靠性。

研究表明近些年来江苏省服务外包发展良好，但仍有提高的空间。为了使江苏省服务外包产业更好地朝着高质量、高水平方向发展，可以从以下3个方面着手。

第一，培育人力资源优势，提高服务外包从业人员工作水平。如今，我国人力成本优势逐渐降低，为保持我国服务外包在国际竞争中的优势，迫切需要提升将一般性人才向服务外包专业化人才转变的能力，对此，地方政府、高等院校、企业、培训机构、行业协会应当共同合作，将彼此的资源进行整合，为服务外包产业培养更多的实用型人才。第二，实现第一梯队城市服务外包产业的创新发展。南京、苏州、无锡作为第一批中国服务外包示范城市，这3市服务外包水平较高，且近些年来其服务外包发展已趋向稳定，像这3市，要优化产业结构、淘汰落后产能、提高资源利用率，以降低成本并增强企业核心竞争力，提高服务外包企业的技术创新能力和国际化水平。第三，加大对第二、三梯队的城市服务外包产业发展的支持力度。在第二梯队的城市中，镇江、南通作为新兴的中国服务外包示范城市，其服务外包产业规模虽不大，但处于高速发展期，第三梯队城市中的扬州、连云港、盐城等市目前服务外包产业发展规模则较小，因此像第二、三梯队中的城市，可优先发展其具有优势和潜力的服务外包产业，加大对这些城市服务外包行业的支持力度，扩大服务外包企业的规模，以促进江苏省服务外包产业的进一步发展。

第 6 章

江苏省服务外包产业发展的对策及建议

服务外包产业面临的最大挑战总共有两个：一个是转型，作为服务外包方，一定要跟上转型的节奏，否则容易被淘汰；另一个是智能机器人，随着技术的不断发展更新，一些重复、繁琐的工作可能会被机器取代。面临这些挑战，需要寻找新的创新出路，以更好地发展服务外包产业。针对服务外包行业面临的挑战以及江苏省服务外包产业存在的问题，为促进江苏省服务外包产业稳定、持续、均衡地增长，针对投入产出效率的演化趋势以及发展现状，从企业层面和政府层面为江苏省服务外包的健康发展提供对策和建议。

6.1 企业层面对策及建议

1. 围绕企业总体发展规划，进一步优化绩效目标

相关企业可按照省委省政府《关于促进服务外包产业加快发展的实施意见》等文件，围绕总体发展规划优化绩效目标，以实施“企业培育127工程”、优化全省服务外包载体布局、实施国际市场多元化战略、明确服务外包产业发展导向、实施服务外包人才培养工程等主要任务为抓手，为企业的长远发展有针对性地设计相应指标，合理划分权重，形成一份合理、引导效果明显的绩效目标框架。

2. 企业提高对服务外包的认识，把政府驱动转为市场驱动

企业应把服务外包行业作为当前发展的重要方向，加快企业服务外包业务健康发展。各类企业应积极转变增长方式，瞄准服务外包产业起步较晚、规模较小的行业。整体水平相对较低且发展中面临困难的中小型企业，需要制定好服务外包的相关发展策略，提高对服务外包的认识，克服发展初期的难题。

笔者在对投入产出效率的影响因素进行分析时发现，目前江苏省服务外包主要由政府驱动，这是由于江苏省服务外包起步较晚，政府驱动能够使

服务外包产业平稳、快速发展。但是随着市场的不断完善和成熟，这种政府驱动的发展模式最大的副作用就是，缺乏一批具有实力的外包企业来带领江苏省服务外包产业的发展。因此，江苏省的服务外包企业要逐渐将政府驱动转为市场驱动，使企业的外包经验积累成服务外包产业最重要的竞争力。

3. 依据政策支持，发展服务外包产业优势行业

在政府政策引导和支持下，发展地方特色。比如，如皋以如皋经开区作为核心区，以做强做优载体平台为着手，着力打造软件外包特色产业。其中，呼叫外包优势突出，现有顺丰华东综合服务中心客服员工 1 500 人，携程会员全方位旅行服务客服 1 200 人，先锋科技呼叫席 300 个。不仅如此，还大力发展软件企业和电商服务。中国服务外包三强企业—软通动力致力于打造公共服务平台 BIM 数据和中小企业通关商检公共服务平台、北大软通联合创新中心。全区电子商务产业园总建筑面积约 3.3 万平米，解决就业 4 000 余人，进驻商务型企业 65 家，包括申通快递、淘金信息等特色鲜明的电商企业，服务机构从人才培训到物流仓储等，提供全方位的服务流程。

4. 搭建企业交流平台

企业可以搭建服务平台和载体，比如，建立服务外包企业协会，着力发挥桥梁纽带和参谋助手两大作用，提升企业能力，提倡行业自律，建立外包可持续发展的牢固基础，促进资源集聚，致力打造国际知名服务外包产业集群并大力开拓国际市场，将企业的服务外包业务“走出去”。再比如，可以设立境外接包中心，推动企业服务外包积极参与国际市场开拓活动。还可以充分挖掘国内市场，促进全省服务外包企业与传统行业对接融合，提升企业服务传统行业的水平，为传统产业转型升级提供新动力。此外，还可以通过建立项目发包、接包、分包网络平台，采用“互联网＋”的模式促进服务外包产业和制造业创新融合发展，帮助企业通过网络平台将相关业务分发和交付，创造更大的市场需求，并借力物联网平台的推进，促进服务外包产业的蓬勃发展。

6.2 政府层面对策及建议

1. 加大人才培养和引进服务外包人才力度

服务外包行业的发展越来越国际化和多样化，但目前省内针对服务外包行业的人才培养政策和人才数量不容乐观，尤其缺高端复合型人才，根据服务外包行业的发展状况，拥有相关产业技术知识的人才在全省都会有施展才华的机会。

除了个人根据需求选择服务外包行业以外，为了鼓励开展相关的培训课程训练复合型服务外包人才，政府应该积极出台政策进行扶持。为了全面系统地学习服务外包以更好地服务该产业，政府还应该鼓励各大高校对有意从事服务外包行业的在校学生进行扎实的服务外包专业技能培训。除此之外，为扩大本省服务外包的对外影响力，应积极走出去，吸引更多全国各地的有志青年从事服务外包行业。

2. 政府出台相关的支持策略，扩大服务外包的影响力

服务外包产业规模发展迅速，与政府扶持和全国的推广密不可分，要促使产业结构继续改进升级，支撑服务外包产业在全国服务行业的地位。服务外包产业追求市场满意、高端技术、高价值体系、高服务质量，这些是其发展的必然趋势。

政府大力的财政扶持、贯彻落实服务外包优惠政策，更有益于促进全省服务外包产业健康快速地发展。比如，对服务外包企业减免企业所得税，改善财政资金政策结构和资金使用效率，促进全省相关企业开展国际服务外包业务研究、公共服务等。为了促进服务外包出口额的不断增长，并把全省的基础服务外包发展为全球化的标杆业务，需指引基础服务外包行业在正确的道路上稳步前进地发展。除此之外，江苏省政府还应该制定相关政策吸引国外优质的服务外包企业并鼓励境内外科研人员和留学人员创办服务外包

企业。

3. 完善资金管理制度，进一步利用“互联网+”和大数据提升资金管理水平，进一步修改、完善资金管理办法。一是优化申报审核流程，提高信息化水平，简化申报资料，明确补助资金使用用途和会计处理。督促各市相关部门及时拨付专项补助资金，减少资金沉淀，提高资金使用效率。二是充分利用“互联网+”和大数据管理平台，提升审核手段。构建服务外包产业大数据管理平台，申报、审核、监管、跟踪数据化。政府应降低服务外包企业认证门槛并对企业名称认定登记给出相应的财政补贴。在登记和审批服务外包的企业时，提供一定的便利和支持。

4. 加强产业研究，进一步优化补助结构

加强服务外包产业研究，有针对性地确定政策扶持方向。一是关注产业新发展和新特征，将云服务、电商外包和大数据外包等新领域纳入产业体系及政策支持范畴中。优先扶持对产业转型升级带动作用大，具有一定规模、技术先进、创新能力强、市场潜力大的本土服务外包企业，引导外包业务向价值链中高端延伸。二是进一步推进服务外包人才工程，加大对中高端人才培训的支持力度。积极探索中外合作、校企合作、人才引进等人才培养方式。三是进一步开展服务外包业务对接和宣传推广活动，发挥各级商业协会和驻外代表的作用，鼓励企业“走出去”。

5. 进一步创新补助模式，推动区域差异特色发展

进一步创新省级资金投入模式，深入研究专项引导资金的权责性质，改革免费奖励模式，探索财政专项资金的股权、债权使用模式。针对区域发展差距较大的现状，鼓励各地区实行差异化、特色化发展，城市之间联合建立开发区、公共平台和人才培养基地，推进成立相关产业联盟，市县社会资源共享。如建立以南京、苏州、常州、无锡为主体的信息技术外包产业和动漫外包产业联盟；建立以南京、苏州、无锡、泰州为主体的生物医药外包产业联盟；建立以镇江、泰州、南通为主体的船舶设计产业联盟；建立以南京、苏州、南通为主体的金融服务外包产业联盟等。

6. 拉动内需与促进开放并重

拉动内需与促进开放在江苏省服务外包效率的演化方面所产生的影响同等重要。为了吸引更多的资金带动全省服务外包行业的迅速发展，需要营造开放的市场环境，以吸引更多的跨国公司购买外包服务。在承接外包的同时还可以通过知识外溢向发达国家跨国公司学习，使相关企业迅速成长。拉动内需可以提高江苏省服务外包的在岸合同额，更重要的是一旦全球经济出现危机，庞大的内需会成为江苏省服务外包的坚强后盾，对于整个服务外包产业起到一定的稳定作用。

7. 提高服务外包企业的融资能力

影响因素分析结果显示，服务外包企业融资是制约江苏省服务外包发展的隐形因素，这与江苏省服务外包产业的组成结构有关。官方数据显示，江苏省的服务外包企业有90%以上是中小企业，政府应鼓励银行和担保机构倾向服务外包企业，解决服务外包企业的相关融资问题；同时，为了增加企业的融资能力，政府应推动银行创新信贷模式，根据服务外包行业特点开发特定的信贷产品。

附　表

一级指标	二级指标	2007	2008	2009	2010	2011
宏观经济发展	GDP(亿元)	26 018.48	30 981.98	34 457.30	41 425.48	49 110.27
	第三产业占比(%)	37.40	38.37	39.55	41.35	42.44
	消费水平(元)	10 715	11 977.55	13 153	14 357	16 782
IT基础设施	互联网普及率(%)	23.3	27.3	36	42.8	46.8
	网民数(万人)	1 700	2 200	2 800	3 306	3 685
市场开放程度	进出口总额(亿美元)	9 730.91	11 888.53	13 629.07	17 131.45	20 842.21
人才与科技水平	人才储备(万人)	35.5	42.7	45.9	53.2	52.9
	科技进步贡献率(%)	48.2	50.6	52.3	54	55.2
	R & D投入强度(%)	1.7	1.8	2	2.1	2.2
私营经济发展	私营经济投入占比(%)	33.63	34.98	36.27	36.31	36.85
	私营企业贷款额(亿元)	22 092.1	26 160.7	35 296.7	42 121.0	47 868.3

一级指标	二级指标	2012	2013	2014	2015	2016
宏观经济发展	GDP(亿元)	54 058.22	59 753.37	65 088.32	70 116.38	76 086.17
	第三产业占比(%)	43.50	45.52	47.01	48.61	50.11
	消费水平(元)	18 825	20 371	21 476	22 966	32 070
IT基础设施	互联网普及率(%)	50	51.7	53.8	55.5	56.6
	网民数(万人)	3 952	4 095	4 274	4 413	4 580
市场开放程度	进出口总额(亿美元)	23 517.98	27 197.43	30 599.49	34 085.88	38 458.45
人才与科技水平	人才储备(万人)	52.6	53.2	54.1	55.2	56.4
	科技进步贡献率(%)	56.5	57.5	59	60	61
	R & D投入强度(%)	2.3	2.42	2.5	2.55	2.61
私营经济发展	私营经济投入占比(%)	38.08	41.56	43.76	46.30	47.43
	私营企业贷款额(亿元)	53 112.0	54 412.3	61 836.5	69 572.7	78 866.3

参 考 文 献

[1] 江苏省商务厅. http://czt.jiangsu.gov.cn/.

[2] KLEPPER R. A model of the evolution of IS outsourcing relationships [C]// Thirteenth International Conference on Information Systems. University of Minnesota, 1992:262.

[3] AMT 专家组. IT 外包初阶[G].企业资源管理研究中心,2003.

[4] CHEON M J, GROVER V, TENG J T C. Theoretical perspectives on the outsourcing of information systems[J]. Journal of Information Technology, 1995, 10(4):209-219.

[5] HANCOX M. Information technology outsourcing: conceptualizing practice in the public and private sector[C]// Hawaii International Conference on System Sciences. IEEE Computer Society, 1999:7067.

[6] ADOLPH S, KRUCHTEN P, HALL W. Reconciling perspectives: A grounded theory of how people manage the process of software development[J]. Journal of Systems and Software, 2012, 85(6): 1269-1286.

[7] AKOMODE O J, LEES B, IRGENS C. Constructing customised models and providing information to support IT outsourcing decisions [J]. Logistics Information Management, 1998, 11(2):114-127.

[8] SHIEH J I, WU H H, HUANG K K. A DEMATEL method in identifying key success factors of hospital service quality [J]. Knowledge-Based Systems, 2010, 23(3):277-282.

[9] PARK J Y, IM K S, KIM J S. The role of IT human capability in the knowledge transfer process in IT outsourcing context[J]. Information

& Management, 2011, 48(1):53-61.

[10] 李莹.企业信息技术外包决策影响因素研究[D].天津:河北工业大学,2008.

[11] 彭杰,梁志杰.基于 PROMETHEE-2TUPLE 群决策的信息外包商选择[J].西部论坛,2010,20(3):100-105.

[12] 张园林,匡兴华,刘鹏.IT 外包研究现状述评[J].中国管理信息化,2008,11(4):75-80.

[13] 杨波.IT 服务外包:基于客户和供应商的双重视角[M].北京:电子工业出版社,2009.

[14] 杨海蔚,董安邦.企业信息技术外包浅析[J].情报科学,2002,20(7):772-774.

[15] 林菡密.企业信息技术外包的阻力和风险探讨[J].科技信息,2008(28):513-514.

[16] 吴锋,李怀祖.知识管理对信息技术和信息系统外包成功性的影响[J].科研管理,2004,25(2):82-87.

[17] PRAHALAD C K. The Core Competence of the Corporation[M]// Strategic Learning in a Knowledge Economy. Berlin: Springer, 2000.

[18] 薛莲.服务外包:制度环境与生产率效应研究[D].杭州:浙江大学,2014.

[19] 武力超.服务外包研究综述[J].西安电子科技大学学报(社会科学版),2009,19(5):1-11.

[20] 吴国新,高长春.服务外包理论演进研究综述[J].国际商务研究,2008,29(2):31-37.

[21] 魏璐璐.规模经济形成的进入障碍具体表现方面[J].现代国企研究,2018(4):105.

[22] 李京普.知识产权的数字壁垒及中国应对[J].电子知识产权,2018(2):61-69.

[23] 周娇.承接服务外包与区域产业结构升级的路径研究[D].沈阳:辽宁大

学，2010.

[24] 程颖慧，段铸.承接服务外包与产业结构升级的互动研究——以河北省服务外包发展为例[J].黑龙江科技信息，2014(32)：290-291.

[25] 何骏.我国发展服务外包的动因、优势和建议[J].当代经济管理，2006，28(6)：34-35，39.

[26] 李海明.基于交易成本理论的公共服务外包动因研究——来自医疗保险的实证经验[J].财贸研究，2015，26(3)：104-111.

[27] 薛莲.服务外包：制度环境与生产率效应研究[D].杭州：浙江大学，2014.

[28] 中国江苏服务外包网.http://www.jssourcing.org.cn/.

[29] 中国服务外包网.http://chinasourcing.mofcom.gov.cn/.

[30] 季成.长三角服务外包产业的区域协同发展研究[J].科技与经济，2016，29(4)：96-100.

[31] 肖琛，刘可文，沈晓栋.长江三角洲地区服务外包产业空间格局演变[J].经济地理，2015，35(11)：125-132.

[32] 梁锡坤，朱铮铮.长三角地区发展服务外包的优势与策略分析[J].杭州师范大学学报(社会科学版)，2011，33(3)：101-105.

[33] 张春香.基于钻石模型的区域文化旅游产业竞争力评价研究[J].管理学报，2018，15(12)：1781-1788.

[34] 张和平，解晓龙.基于灰色关联度的组合优化模型研究[J].统计与决策，2019，35(9)：19-23.

[35] 朱鹤，刘家明.中国东部地区旅游业竞争力研究——基于时序全局主成分分析法[J].地域研究与开发，2015，34(5)：100-104.

[36] 周毓萍，夏洋.基于时序全局主成分分析法的中国稀土行业投资价值评价[J].武汉理工大学学报(社会科学版)，2018，31(4)：57-62.

[37] 翁朝霞，袁亮.基于钻石模型的扬州互联网产业竞争力分析[J].江苏商论，2018(11)：16-19.

[38] 谢荣见，梁樑，李小东.基于模糊层次分析法的长三角服务外包产业竞争

淮河流域重点平原洼地治理

世界银行项目的管理与实践

刘玉年　胡银生 / 主编

河海大学出版社
HOHAI UNIVERSITY PRESS

内容提要

世界银行贷款淮河流域重点平原洼地治理项目是国务院确定的进一步治理淮河 38 项工程之一，也是首次利用世界银行贷款开展治淮建设的工程。

本书通过回顾世行贷款在淮河流域重点平原洼地治理项目的管理与实践，系统地反映了世界银行贷款项目管理的基本知识、实践经验和操作技巧，以利于相关管理者熟悉并掌握世界银行贷款项目管理程序和工作重点，并为建设者熟悉世界银行操作规则、掌握世界银行工作流程、提升建设管理水平提供帮助。

图书在版编目(CIP)数据

淮河流域重点平原洼地治理世界银行项目的管理与实践 / 刘玉年，胡银生主编. -- 南京 ：河海大学出版社，2018.6

ISBN 978-7-5630-5528-9

Ⅰ. ①淮… Ⅱ. ①刘… ②胡… Ⅲ. ①淮河流域—洼地—治理—研究 Ⅳ. ①P931.2

中国版本图书馆 CIP 数据核字(2018)第 112452 号

书　　名　淮河流域重点平原洼地治理世界银行项目的管理与实践
书　　号　ISBN 978-7-5630-5528-9
责任编辑　张心怡
封面设计　徐娟娟
出　　版　河海大学出版社
地　　址　南京市西康路 1 号(邮编:210098)
网　　址　http://www.hhup.com
电　　话　(025)83737852(总编室)　(025)83722833(营销部)
经　　销　江苏省新华发行集团有限公司
排　　版　南京布克文化发展有限公司
印　　刷　虎彩印艺股份有限公司
开　　本　700 毫米×1000 毫米　1/16
印　　张　9.5
字　　数　183 千字
版　　次　2018 年 6 月第 1 版　2018 年 6 月第 1 次印刷
定　　价　58.00 元

《淮河流域重点平原洼地治理世界银行项目的管理与实践》

编 委 会

主 编 刘玉年 胡银生

编 写 王海涛 刘 斌 彭得胜 张永生

序

Preface

世界银行贷款淮河流域重点平原洼地治理项目是国务院确定的进一步治理淮河38项工程之一，也是首次利用世界银行贷款开展治淮建设的工程。项目主管部门和工程参建单位通过与世界银行的通力合作，较好地把世界银行在工程建设、招标采购、资金管理、安全保障政策等方面的先进理念运用于本工程建设管理全过程。该工程管理规范、效益显著，被世界银行评定为“满意”项目，其中，由水利部淮河水利委员会、江苏省及安徽省负责建设的项目被评定为“非常满意”项目。

淮河流域平原洼地范围广、面积大，涝灾发生频率高。世行贷款项目是淮河流域重点平原洼地治理工程的先导项目，涉及流域的江苏、安徽、河南和山东四省以及流域管理机构——水利部淮河水利委员会。治理范围涵盖20片平原洼地，面积为9 634 km^2。本项目采用工程措施与非工程措施相结合的模式，工程措施主要包括平原洼地防洪除涝治理工程的疏浚河道、加固堤防和新建、重建、扩建、维修加固涵闸、排涝泵站等建筑物，非工程措施主要为建立淮河流域洪涝灾情评估及减灾决策支持系统。该项目执行期为2011—2016年，总工期6年，于2017年4月通过世界银行组织的完工验收。

世界银行作为一个国际开发援助机构，贷款条件相对优惠。与国内基建程序相比，世界银行贷款项目在环境、移民、采购、提款报账等方面有着一整套规章制度和保障措施需要遵循。本书通过回顾世行贷款在淮河流域重点平原洼地治理项目的管理与实践，系统地反映了世界银行贷款项目管理的基本知识、实践经验和操作技巧，以利于相关管理者熟悉并掌握世界银行贷款项目管理程序和工作重点，并为建设者熟悉世界银行操作规则、掌握世界银行工作流程、提升建设管理水平提供帮助。

本书在编撰过程中得到了北京海立信信息咨询有限公司及淮委和淮河流域四省项目管理办公室的大力支持，在此一并表示衷心感谢。

刘玉年

2018年4月28日

目录
Contents

1 项目概述

世界银行贷款淮河流域重点平原洼地治理工程项目评估报告(PAD)显示总投资为407 848万元,初步设计批复项目计划总投资为414 410万元,中期计划调整报告(MTR)显示投资为417 667万元,其中利用世界银行贷款20 000万美元。项目区域涉及淮河流域的江苏、安徽、河南和山东4省的19个地(市)56个项目县(市、区)165个乡镇681个村。本项目采用工程措施与非工程措施相结合,其中工程措施主要包括平原洼地防洪除涝治理工程的疏浚河道、加固堤防和新建、重建、扩建、维修加固涵闸、排涝泵站等建筑物,非工程措施主要为建立淮河流域洪涝灾情评估及减灾决策支持系统。该项目执行期为2011—2016年,总工期6年。

1.1 项目背景

1.1.1 项目区简介

淮河流域位于我国东部,地跨河南、安徽、江苏和山东4省,流域总面积27万km^2,其中平原面积约占流域总面积的2/3,粮食产量约占全国的1/6,经济作物约占全国的1/4,现有总人口1.78亿。由于流域内大小河流防洪标准低,排水设施差,过去因洪致涝已成为这些地区影响程度最深和影响面最广的自然灾害。发生于2003年的淮河流域性大洪水,给流域内城市和广大农村带来了巨大灾难,成千上万民众由于洪水和房屋倒塌而无家可归,直接损失达45亿美元。1998、2003年发生长江、淮河流域性特大洪水之后,中国政府高度重视长江、淮河流域防洪除涝工程建设,开始进一步加强淮河和主要支流的防洪和排涝系统建设,修复或新建防洪工程,改善流域内河和平原洼地的排水设施。

淮河流域平原洼地的地势低洼,汛期受淮河和骨干排水河道高水位顶托,自排概率很低,每次大水之后,退水时间长,内涝严重,区域内广大农民群众的生产、生活条件十分困难,急需兴建一批投资少、见效快的骨干排涝工程。本项目就是通过对淮河流域重点平原洼地进行防洪除涝治理工程建设,并辅以非工程措施,以利于进一步提高淮河流域平原洼地的防洪除涝能力,减轻洪涝灾害给当地广大人民群众所造成的灾害损失,同时加快农村贫困地区的脱贫致富步伐,并改善生态环境。

世界银行贷款淮河流域重点平原洼地治理工程项目涉及河南、安徽、江苏和山东4省共20片平原洼地。主要综合治理范围为:河南省豫东、豫东南地区的沿淮、淮河主要支流小洪河、贾鲁河及颍河下游3片平原洼地;安徽省八里河、焦岗湖、正南洼、西淝河下游、架河、高塘湖、北淝河下游、高邮湖、澥河、沱河、天河等11片平原洼地;江苏省里下河东南片(泰东河、泰州市治理工程)、里运河渠北(淮安市治理工程)、废黄河(徐州市治理工程)等3片平原洼地;山东省南四湖滨湖、沿运河、郯苍等3片平原洼地。综合治理总面积为9 634.23 km^2,其中,河南省2 813.43 km^2,

安徽省 3 361 km^2，江苏省 1 689.9 km^2，山东省 1 769.9 km^2。

1.1.2 淮河流域特点

淮河流域地处于我国南北气候过渡带，地理位置特殊，气候条件复杂，流域平原广阔，地势低平，洼地易涝面积广，人水争地矛盾突出。再加上历史上黄河长期夺淮，使淮河失去了独立的入海通道，造成水系紊乱，环境恶化，加重了水旱灾害。以上这些因素决定了淮河流域是一个水旱灾害频繁发生的地区，其防洪治涝和抗旱灌溉任务重。

淮河流域多年平均降水量为 875 mm，其中淮河水系 911 mm，沂沭泗河水系 788 mm。淮河流域洪水都由暴雨产生，产生暴雨的天气系统，在 6、7 月份，主要是切变和低涡，降雨历时可持续一两个月，降雨范围广，有时可笼罩全流域；8、9 月份常因台风影响而出现台风暴雨，其特点是降雨范围小、历时短，但强度大。本流域大暴雨的另一特点是，暴雨区移动方向常与河道水流方向一致。该地区汛期容易发生集中性暴雨。一般的情况是第一次暴雨后，土壤中水分已经饱和，到第二次、第三次暴雨时，地面积水剧增，加上河道水位猛涨，排水不及时，就易造成严重的内涝灾害。

1.1.3 防洪除涝问题

淮河流域平原面积广，干支流中下游河道比降平缓，尾闾不畅，地面高程大部分在干支流洪水位之下，防洪工程与保护区相连，干流和支流洪水、洪水和面上涝水相互影响，经常出现因洪致涝、洪涝并发的局面。全流域现约有 666 万 hm^2 耕地在低洼易涝区，重点平原洼地自排机会小，现状排水能力严重不足，排水标准明显偏低，大部分地区不足 3 年一遇。1991 年、2003 年和 2007 年淮河流域涝灾或因洪致涝的损失，约占全部灾害损失的 2/3 以上，且每次大水后退水时间长，严重影响当地群众的生产生活。

1.2 世界银行参与的必要性

世界银行目前在中国参与了若干农业、水利建设项目和水资源管理相关项目，不仅支持工程措施，也支持非工程措施。在与水利部的长期合作中，世界银行为项目实施所在地的重点河流流域管理委员会和省级水利管理机构提供项目管理支持，为水资源管理的参与途径提供先进技术支持，在这些项目中得到的重要经验教训，已纳入本项目的规划设计中。世界银行将使用已有的丰富经验，特别是在非工程措施开发方面的成功经验，通过引入国际、国内专家技术援助、新的技术、建设方法、环境措施、移民保障政策等措施，全面指导世界银行贷款项目的实施与管理。在本项目的筹备和设计阶段，世界银行项目团队给予可持续发展问题以足够的关注，其中包括管理机构的改革，工程运行和维护计划的加强等。最重要的是，世界银行通过这一项目增加的价值,将帮助改善和加强中国政府于2003年淮河流域灾害性洪水之后实施的加速应急计划(AEP),进一步提高淮河流域内平原洼地小支流上的中小型水利工程及配套影响工程的整体效益。

因此,世界银行参与本项目的前期准备和项目实施管理的检查指导和技术援助是非常必要的,可以发挥其很好的作用。

1.3 项目准备的主要时间节点

世界银行贷款淮河流域重点平原洼地治理工程项目自2005年10月开始着手前期准备工作,已先后经历了项目认定、项目准备、项目评估、项目谈判和签订法律协定等5个阶段。2010年11月3日,中国政府和世界银行签订了本项目《贷款协定》和《项目协定》。2011年1月25日项目正式生效,正式进入全面实施阶段。到2016年12月31日,本项目全面完成并进行检查验收。本项目的关键时间节点参见表1-1。

表1-1 世界银行贷款淮河流域重点平原洼地治理工程项目关键时间表

项目阶段	日期 (月/日/年)	项目阶段	日期 (月/日/年)
评估	10/20/2008	生效	01/25/2011
谈判	05/17/2010	中期调整	07/26/2016
签订法律协定	11/03/2010	关账日	12/31/2016

1.4 项目发展目标和关键指标

(1) 项目的发展总体目标:向河南、安徽、江苏、山东4省淮河流域贫困农村地区提供更好、更可靠的防洪除涝措施,提高耕地生产率,减少财产损失。

(2) 项目的具体目标:实现项目发展目标将通过提供改进的防洪排水工程,加强洪水管理制度安排,减少以农村为主地区的洪涝灾害严重程度和影响。使用以下指标衡量项目开发目标:(i) 农村和城市免受洪涝灾害侵袭的面积;(ii) 受保护而免遭洪涝灾害的居民数量;(iii) 受保护区域免受洪涝灾害减少的经济损失;(iv) 农民因防洪除涝而增加的人均农业收入;(v) 因航道改善增加的通航效益。

1.5 项目组成与建设内容

1.5.1 防洪除涝治理工程

根据世界银行贷款项目评估报告(PAD)和项目实施计划报告(PIP),本项目防洪除涝治理主体工程建设内容如表1-2所示。

表 1-2　世界银行贷款淮河流域重点平原洼地治理工程项目主体工程内容表

序号及名称	单位	工程数量				
		河南	安徽	江苏	山东	合计
Ⅰ. 河道工程						
1. 新建堤防	km	—	3.35	67.86	12.20	83.41
2. 加固堤防	km	41.06	189.18	23.00	80.64	333.88
3. 城镇防洪墙	km	—	—	5.73	—	5.73
4. 护岸	km	1.20	—	—	2.36	3.56
5. 护坡	km	—	—	141.24	—	141.24
Ⅱ. 河道疏浚、开挖	km	340.79	336.94	212.47	90.34	980.54
Ⅲ. 建筑物工程						
1. 防洪排涝涵闸	座	148	105	145	29	427
(1) 新、重建	座	121	85	145	27	378
(2) 加固	座	27	20	0	2	49
2. 排涝站	座	20	33	90	40	183
(1) 新、重建	座	20	25	88	15	148
(2) 加固扩建	座	—	7	2	25	34
(3) 移动泵站	处	—	1	—	—	1
3. 桥梁	座	45	73	73	6	197
(1) 新、改建	座	40	70	73	6	189
(2) 加固	座	5	3	—	—	8

1.5.1.1　堤防工程

根据规划，本项目将加固堤防总长度 333.88 km，新建堤防 83.41 km，护岸 3.56 km，城镇防洪墙 5.73 km，护坡 141.24 km。具体情况如下。

(1) 河南省堤防工程

对小洪河下游支流河道老堤进行加高培厚，为减少筑堤工程量及拆迁量，堤线总体上仍按原堤线走向，但在局部堤段，结合险工险段处理进行了调整，规划加固堤防 41.06 km。贾鲁河及颍河下游洼地芦义沟护岸工程 1.2 km。

(2) 安徽省堤防工程

安徽省境内堤防工程涉及焦岗湖、正南洼、高塘湖、北淝河和天河等 5 片平原洼地，共 17 处圩堤，加固堤防总长度 189.18 km，焦岗湖平原洼地的杨湖圩堤在起始端延长新建 1.1 km 堤防，枣林圩退建筑新堤长 2.07 km。

(3) 江苏省堤防工程

江苏省圩堤加固工程主要位于里下河东南片平原洼地泰州市现代农业综合开

发示范区内，开发区内现有圩堤 29.03 km，需加固 23 km，其中西圩需加固圩堤 7.39 km，东圩需加固圩堤 15.61 km。泰东河工程沿线两岸均为圩区，由于河道的开挖破坏了现有圩堤，需拆除重建圩堤总长 67.86 km(布置排泥场地段除外)。

对泰东河、泰州市部分河道、里运河及废黄河沿线抗冲刷能力较差的河段进行防护，总长 183.64 km。其中，泰东河护坡长 80.53 km；泰州市护砌总长度 17 km；里运河两岸防护长 31.79 km；废黄河两侧护砌长度 50.4 km。

(4) 山东省堤防工程

山东省规划加固或新建堤防涉及南四湖滨湖、沿运河及郯苍等 3 片平原洼地。加固堤防总长度 80.64 km；新建堤防 12.2 km；沿运河平原洼地越河护岸工程 2.362 km。

1.5.1.2 河道疏浚开挖工程

本项目河道整治工程包括河道疏浚和开挖。疏浚和开挖河道总长度 980.52 km，其中，河南省 340.79 km，安徽省 336.92 km，江苏省 212.47 km，山东省 90.34 km。

(1) 河南省河道整治工程

河南省重点平原洼地治理工程共疏浚河道 340.79 km，其中疏浚骨干排水河道 314.8 km，疏浚面上支沟 25.99 km。

(2) 安徽省河道整治工程

安徽省重点平原洼地治理工程涉及的河道疏浚工程有：澥河、沱河、西淝河的苏沟、济河、港河等河道，以及八里湖、焦岗湖、西淝河下段、架河、北淝河下游、高邮湖、高塘湖等的一些排涝干沟和撇洪沟。安徽省重点平原洼地治理工程共疏浚开挖河道 336.94 km。

(3) 江苏省河道整治工程

江苏省重点平原洼地治理工程共疏浚开挖河道 212.47 km，其中疏浚干河 146.69 km，包括泰东河干河 40.14 km，泰州市 5 条骨干河道及 18 条内部生产河道 81.35 km，废黄河李庄闸至程头橡胶坝中泓拓浚 25.2 km；另外泰东河拓浚泰东河支河 15.9 km，拓浚或新开连接河道 49.88 km。

(4) 山东省河道整治工程

山东省重点平原洼地治理工程共疏浚开挖河道 90.34 km，其中，南四湖滨湖平原洼地 44.20 km，湖东及沿运河平原洼地 17.242 km，郯苍平原洼地 28.90 km。

1.5.1.3 建筑物工程

本项目新建、改建和除险加固的建筑物数量较多，且空间跨度大，涉及河南、安徽、江苏、山东 4 省项目区。建筑物设计采用典型设计，具体工程布置结合典型设计进行。新建桥梁根据需要，布置在适合位置，以满足交通及田间农业生产的需要。具体情况如下。

（1）涵闸

本项目共需除险加固病险涵闸 49 座，其中，河南省 27 座，安徽省 20 座，山东省 2 座。新、重建涵闸分开敞式、胸墙式和涵洞式三种结构类型。按要求，选取典型涵闸进行典型设计，并进行过流能力计算、安全稳定计算和消能防冲计算，依此确定工程各部位尺寸。新建、重建涵闸 378 座，其中，河南省 121 座，安徽省 85 座，江苏省 145 座，山东省 27 座。

（2）泵站

本项目共需除险加固扩建病险排涝泵站 34 座，其中，安徽省 7 座，江苏省 2 座，山东省 25 座。共需新建、重建排涝泵站 148 座，其中，河南省 20 座，安徽省 25 座，江苏省 88 座，山东省 15 座。

（3）桥梁

本项目共需除险加固桥梁 8 座，其中，河南省 5 座，安徽省 3 座。共需新建、重建桥梁 189 座，其中，河南省 40 座，安徽省 70 座，江苏省 73 座，山东省 6 座。

1.5.1.4 农民排灌协会示范区建设与推广

为加强公众参与平原洼地防洪除涝治理工程，有效进行工程运行和维护管理工作，在项目区建立和推广农民排灌协会（FDIA），实施排水和小型灌区改善工程。世界银行项目评估报告显示，本项目计划建立 4 个农民排灌协会（FDIA）示范区，分别为河南省平舆县徐庄闸流域农民排灌协会示范区、安徽省固镇县澥河洼地湖沟镇陈徐片农民排灌协会示范区、江苏省东台市草舍村农民排灌协会示范区、山东省鱼台县李桥灌区农民排灌协会示范区；推广农民排灌协会（FDIA）32 个，其中，河南、安徽、江苏、山东省项目区各 8 个协会。

1.5.2 洪水灾害评估和支持系统

本项目洪涝灾情评估及减灾决策支持系统包括：信息采集系统、灾情评估系统、淮河防洪除涝减灾实体模型、淮河流域洼地涝灾成因及对策研究等 4 项内容。

（1）信息采集系统

包括：淮河洪涝灾情巡测基地、沂沭泗河洪涝灾情巡测基地、河南信阳市洪涝灾情巡测基地、安徽阜阳市洪涝灾情巡测基地、江苏宿迁市洪涝灾情巡测基地、山东枣庄市洪涝灾情巡测基地等。

（2）灾情评估系统

包括：灾情评估中心和灾情评估模型。灾情评估中心建于安徽省合肥市滨湖新区，建设生产用房及房屋附属配套设施，生产设备和计算机局域网。灾情评估模型包括建设王家坝至正阳关洼地库容曲线、南四湖至骆马湖部分洼地库容曲线，近实时遥感数据系统接收地面站 1 套，水文预报、平原区预报、灾情评估、灾后评判分析和修正模型等。

(3) 淮河防洪除涝实体模型

建于安徽省合肥市三十岗乡，建设内容包括：模型试验大厅、试验控制楼、专家宿舍楼及模型试验配套设施和室外工程，试验仪器设备和计算机网络系统、办公设备，正阳关—涡河口段模型制作和模拟关键技术研究、洪水恒定流和非恒定流基本率定试验。

(4) 淮河流域洼地涝灾成因及对策研究

包括：淮河流域涝灾成因研究、涝灾治理对策研究。通过研究，分析淮河流域涝灾的成因，确定易涝地区的治理范围和治理标准，提出淮河流域涝灾治理的对策。

1.5.3 机构加强和能力建设

机构加强包括增强与项目有关的关键区域项目实施单位的能力，加强项目实施单位的组织建设和自身能力，提高项目区防洪除涝治理设施的运行和维护效率。

为加强机构能力建设，河南、安徽、江苏、山东4省及淮委世界银行项目管理办公室(以下简称“项目办”)根据项目建设需要，学习国内外先进的防洪除涝技术和科学的管理方法，组织国外技术培训和考察交流活动。运行维护能力建设包括工程管理单位管理设施的增配、大型工程运行维护研究等。为提高管理水平，改善基层管理单位的生产条件，在现有的管理机构内，在充分利用现有设施的前提下，对淮河流域重点平原洼地排涝工程管理设施适当进行增补。管理设施主要包括工程观测设施、交通设施、通信设施、其他管理设施以及管理单位生产、生活区建设等。另外，根据世界银行建议，还将开展工程运行维护的专项应用研究。

1.5.4 征地移民安置行动计划实施

本项目在江苏、安徽、河南、山东4省项目区计划永久征用土地15 888亩①，其中，农村集体土地15 652.59亩，国有土地168.79亩；临时占地43 854.3亩，其中，农村集体土地42 807.8亩，国有土地363.81亩。工程拆迁各类住宅房屋面积182 437.5 m^2，拆迁各类非住宅房屋面积58 960.2 m^2。

根据江苏、安徽、河南、山东4省项目区调查实物量、补偿标准和移民安置政策，经分析确定本项目征地移民工程补偿投资计划总费用为116 298万元。其中，江苏省60 579万元，安徽省43 098万元，河南省4 502万元，山东省4 932万元，淮委3 187.79万元。根据项目进度安排，4省和淮委项目区征地移民安置资金主要来源于中央水利建设资金和地方政府财政资金两部分。

1.5.5 项目管理

本项目这部分内容主要包括：① 项目勘测设计费用，包括工程可研报告、初步

① 亩：地积单位，10分等于1亩，100亩等于1顷。1市亩等于60平方丈，合666.7平方米。

设计、详细的招标施工图设计，以及施工监理等；② 项目管理，支持各级项目办及其咨询专家组的项目管理活动，以及项目办办公设施的购置；③ 为加强项目管理而建立和开发应用管理信息系统(MIS)；④ 开展整个项目的监测评价等。

1.6 主要受益方

本项目工程主要受益方包括：江苏、安徽、河南和山东4省世界银行贷款淮河流域重点平原洼地治理工程项目区范围内受影响生活、生产的广大居民，以及农民排灌协会(FDIA)，当地航运交通、农业、环保、城建、文物等有关部门。征地拆迁主要受益方：征地拆迁、移民安置涉及的项目县(市、区)、乡镇、行政村地方单位及拆迁户。世界银行贷款项目管理知识与技术方法主要受益方：水利部，淮委，江苏、安徽、河南、山东4省项目区相关市县水利、农业等部门，各级项目办的综合、计划、工程、移民、财务部门相关人员，以及项目设计、施工、监理、监测评价等有关单位。

1.7 项目特点

(1) 支持4省项目区防洪排涝工程基础设施配套建设

2003年的淮河流域性大洪水之后，中央和地方各级政府进一步加大了治淮水利骨干工程建设的投入力度，重点建设淮河流域沿河大中型防洪除涝水利工程基础设施，促使淮河干流、城市集镇防洪等抗灾能力得到较大提升，流域内人民群众生活、生产安全条件基本得到了保证。本项目防洪除涝工程的建设特点是，在整治淮河流域主干河道的同时，在流域内平原洼地面广量大的支河、生产河上配套生产桥、涵闸、排涝泵站的建设，以利于全面提高江苏、安徽、河南、山东4省重点平原洼地项目区防洪除涝工程的整体效益。

(2) 建立和推广农民排灌协会，加强和改善田间水利工程运行管理

在江苏、安徽、河南、山东4省项目区通过建立试点示范和大力推广农民排灌协会(FDIA)，将项目区小型农田水利工程所有权转交给农民排灌协会(FDIA)进行运行管理，让协会成员直接参与项目区低等级的农田灌排水利工程管理和运行维护工作，这是在小型农田水利工程管理制度的一个创新点。世界银行要求在项目中鼓励和积极推进成立农民排灌协会(FDIA)，并通过建立的农民排灌协会(FDIA)与项目区农户协商，修订现有协会范围内小型农田水利工程规划和布局，辅助完善田间水利配套工程，提高末端排水系统的效率，这将保证项目区防洪除涝系统的整体运行效益。并且项目区受益农户直接参与田间灌排水利工程的设计、建设、管理等工作，这种“自下而上”的农田水利工程建设与管理模式，进一步提高了农业生产率和减灾能力，建立了一种地方政府和广大农民群众均从防洪和排涝

工程受益的新范例。

(3) 建立流域洪涝灾情决策支持系统，提供淮河流域减灾评估和决策手段

在财政部、水利部的大力支持下，本项目在淮委和有关省、市建立洪水灾害评估和支持系统，在洪水季节帮助开展全流域防洪排涝工作评估决策，这是加强流域和区域防洪减灾系统中进行建设的非常重要的非工程措施之一。这种流域性防洪减灾系统建设，在我国七大流域中也是首次开发应用。该系统能大大提高中央和地方政府资助的淮河流域防洪除涝工程加速应急计划(AEP)和世界银行资助的基层中小型防洪除涝工程的效益。同时，可进一步提高流域管理机构在流域防洪除涝减灾工作中的重要地位和协调指导作用。其主要特点如下。

① 构建淮河流域重点平原洼地全方位实时监测系统。

本项目在淮河流域现有水文站网建设的基础上，在淮委和安徽、江苏、河南、山东 4 省，共新建了 6 个洪涝灾情水文巡测基地，设置了 116 处监测断面(新建 106 处)，其中水位断面 46 处、流量断面 70 处；利用卫星、航空及地面遥感获取地面作物和灾情信息。从而构建了一个覆盖淮河流域重点平原洼地项目区的水文和灾情全方位的实时监测系统。该监测系统通过湖洼代表水位的自动监测，洪涝巡测基地对水情、灾情的巡测和调查，实时掌握淮河流域湖洼地区的水情变化、淹没情况和涝灾损失情况，为淮河流域洪涝灾害的灾情评估提供重要的基础数据。

② 构建淮河干流原型观测、数学模型、实体模型有机结合的综合分析系统。

实体模型试验研究的优点是复杂边界处理相对容易，水力条件的连接更为直观、准确，但费用较高。该项目采用先进的模拟手段及最新自动化测控技术，建设了淮河干流正阳关至涡河口段防洪除涝减灾实体模型，该河段是淮河干流河势最为复杂的地区，而正阳关几乎控制了淮河水系所有的山区来水。通过实体模型对淮河的自然现象进行复演、模拟和试验，开展淮河防洪除涝、行蓄洪区调整、河槽整治、洪水调度及淮河与洪泽湖关系等方面的试验研究，以探索淮河自然规律，为淮河干流的进一步整治提供科学研究依据和治理分析手段。

③ 构建淮河流域重点平原洼地洪涝灾情评估系统。

在多数据源流域平原洼地全方位实时监测系统、淮河干流实体模型有机结合原型观测与数学模型的综合分析系统、淮河流域平原洼地涝灾成因机理的研究体系成果基础上，借助气象、水文预报、遥感定量分析、地理信息系统分析和数据库等技术手段，综合利用卫星、航空及地面等遥感资源，以及湖洼涝水的预测预报成果，构建淮河流域重点平原洼地洪涝灾情评估系统，从而快速实现重点湖洼地区的灾前、灾中与灾后的洪涝灾情评估分析。该洪涝灾情评估系统开发应用主要包括灾情动态遥感监测、遥感影像几何校正、洪水信息影像解译、洪水预报、灾情评估分

析、GIS查询及灾情制图等6个子系统。

(4) 加强机构能力建设，有效促进新理念、新知识和新技术应用推广

本项目由水利部承担总体项目组织实施和协调管理工作，并由淮河水利委员会和江苏、安徽、河南、山东4省水利部门具体负责项目实施与管理工作。世界银行在中央各个层面、项目实施单位各个层面的组织机构安排方面具有丰富的经验，将帮助各省、有关地(市)、项目县(市、区)组建相关领导、协调等机构，以利于顺利开展各项管理工作。并注重加强各级项目办和实施管理单位的组织建设和能力建设，支持开展国内和国际技术培训学习和考察交流活动，引进和应用新理念、新知识、新技术，举办不同层次的技术培训和交流研讨活动，进一步提高项目运作和管理效率。

(5) 注重工程建后运行和维护计划，使工程建成后得到有效管理

根据世界银行要求，在淮委和4省项目区建立和完善防洪除涝工程及灾情决策支持系统建成后的运行和维护计划，并作为本项目已建工程检查验收的一项重要内容，将其写入世界银行贷款项目相关法律文本。因此，搞好和落实项目区已建工程的运行和维护计划，是世界银行贷款项目高效和可持续发展的一个关键因素。在项目实施过程中，各省、有关地(市)项目办注重工程建设完工后的运行和维护工作，项目县(市、区)、乡镇政府和农民排灌协会(FDIA)进一步因地制宜地加强了已建工程的建后有效管理，并努力保证项目区防洪除涝工程完工后的运行和维护管理工作有足够资金，这些因素都被提前纳入到本项目的规划设计中。只有在项目中建成新的或现代化的水利固定资产，通过给水利工程运行和维护计划安排充足的资金，才能够保证项目区已建工程适当的维护工作得以有效实施，这样使得增加的流域和区域防洪除涝工程投资具有可持续性，建立起长效机制。

(6) 设立外部监测系统，全方位监测评价项目的实施成效

中央项目办(CPMO)在与4省世界银行项目办的协商下，全面负责整个项目的监测评价系统的框架设计，编制总项目的年度监测评价报告。各省世界银行项目办根据项目监测评价系统的综合设计，并结合本省项目区的具体情况，选择和安排项目监测评价咨询单位，进行项目区的现场监测与评估活动，并向中央项目办(CPMO)按期提供本省项目年度监测评价报告，以供编制总项目年度监测评价报告之用。另外，4省世界银行项目办还与外部移民独立监测评估机构、环境监测机构、移民监理机构签订监测合同，作为第三方独立咨询单位，对项目区征地移民、水库大坝安全、工程建设过程中征地移民安置、环境管理计划执行等世界银行安保政策落实情况，进行专项监测评价并提交监测报告。世界银行贷款项目的这种对安保政策措施的高度重视和严格管理做法，对国内水利工程建设项目管理具有很好的学习借鉴作用。

1.8 项目中期调整

1.8.1 项目中期调整的原因

世界银行贷款淮河流域重点平原洼地治理工程由于项目前期工作时间较长，在项目实施过程中遇到的一些问题直接影响到项目实施，尤其是部分子项目在实施过程中情况变化较大，不能按照原计划执行。经分析，影响项目实施的主要因素如下。

(1) 项目前期工作时间较长，在此期间，随着中国政府不断加大水利建设的投资力度，部分项目已列入其他投资渠道并建设完成，对于结余的子项目资金应予以调整其用途。

(2) 随着城乡基础设施建设的高速发展，部分项目原批复的建设用地已另作他用，部分项目初设批复的征地费用已征不到批复数量的建设用地。

(3) 随着项目区经济社会的快速发展，部分地区对防洪排涝的要求有了进一步提高；部分子项目在实施过程中，由于情况发生变化，需要对设计方案进行调整，以保证项目顺利实施和效益的更大发挥。

(4) 随着近几年国内物价水平波动，特别是材料和人工费的变动以及国家政策性的调整，造成部分项目批复概算不足，对项目实施产生一定的影响。

(5) 其他影响主要包括：小流域调整、地质条件变化、工程条件变化、技术进步、施工方案调整及局部设计变更、概算中有关费用未计列等。

基于以上原因，江苏、安徽、河南、山东 4 省及淮委世界银行项目办认为，进行项目中期计划调整工作是必要的，也是项目得以继续推进的重要条件。为此，经过世界银行的批准，本项目在 2013 年启动了中期计划调整工作。

1.8.2 中期调整的内容

本项目在中期计划调整过程中，淮委和江苏、安徽、河南、山东 4 省项目区在一些工程建设内容上进行了局部变化，主要反映在以下几个方面。

(1) 淮委项目办

1) 信息采集系统

原规划淮河洪涝灾情巡测基地生产用房及附属设施建设地点已另作他用，中期调整对该项目的建设地点、生产用房的地基基础工程进行设计变更，增加部分设施和设备。巡测基地的水位观测设施用地方式由无偿占用调整为长期租用，并增加信号电缆的保护钢管。

原规划沂沭泗河洪涝灾情巡测基地生产用房及附属设施建设用地在原址已无法购买，中期调整（以下可简称“中调”）对建设地点及征地面积进行适当调整。巡测基地的水位观测设施施工场地转移费、临建设施费严重不足，工程占地、施工临时用地、施工区树木及青苗补偿费用、地基处理费用原未计列，调整了相关费用。同时，自记水位台概算批复投资不足，进行了方案变更。

2）灾情评估系统

原规划淮河流域洪涝灾情评估中心建于合肥市滨湖新区云谷路与徽州大道交叉口，征地 20 亩，建设生产用房 2 808 m^2。中期调整将淮河流域灾情评估中心生产用房与淮委科研中心楼进行统筹规划建设，并作为淮河科研中心楼的辅楼，与淮河科研中心楼进行统一规划设计，统一征地 20 亩，统一建设。

3）淮河防洪除涝减灾实体模型

原规划试验控制楼为 4 层，专家宿舍楼为 3 层。中期计划调整将试验控制楼与专家宿舍楼合并建设，试验控制专家宿舍楼为 6 层钢筋混凝土框架结构，增加电梯一部。

（2）江苏省项目办

江苏省世界银行贷款项目中期计划调整时主要对泰东河、淮安市、泰州市项目区工程建设内容进行了适当调整。调减项目：河道 39.785 km，涵闸 29 座，排涝泵站 17 座，桥梁 12 座。调增项目：堤防新建 16.89 km，防汛道路 29.324 km，安全防护栏 24.23 km，支河疏浚 287.06 km，生产河疏浚 16.735 km，砼渠及圆管涵 2.5 km，护岸护坡 9.485 km，灌排泵站 20 座，涵闸 65 座，桥梁 13 座。

（3）安徽省项目办

安徽省世界银行贷款项目中期计划调整项目涉及焦岗湖、正南洼、西淝河下游、北淝河下游、澥河、沱河等 6 片平原洼地，主要建设内容进行了适当调整。调减项目：调减河道疏浚 3.8 km，大沟疏浚 13.43 km，泵站 2 座，涵闸 5 座，桥梁 5 座。调增项目：港河上段河道疏浚 5.1 km，排涝干沟疏浚 41.88 km，新建、重建排涝泵站 5 座，新建、重建涵闸 6 座，新建、扩建、重建桥梁 32 座。

（4）河南省项目办

河南省世界银行贷款项目中期计划调整时，主要建设工程内容进行了适当调整。调减项目：堤防加固 23.76 km，河道治理 20.075 km，涵闸 14 座，桥梁 6 座。调增项目：堤防加固 19.9 km，涵闸 3 座，小清河防洪闸 1 座，桥梁 14 座。原规划建设信阳洪涝灾情巡测基地，征地 5 亩，建设生产业务用房 819 m^2，中期调整将信阳洪涝灾情巡测基地与中小河流治理规划的巡测中心站合建，征地面积、建筑面积、位置保持不变。

（5）山东省项目办

山东省世界银行贷款项目中期计划调整主要对工程进一步优化、提升和完善。调增项目：桥梁 4 座，涵闸 1 座，泵站重建 3 座、加固 13 座，防汛路修筑 3.667 km，以及部分已完工的泵站排渠区内的田间沟渠清淤、衬砌等。

项目主要工程内容评估报告(PAD)与中期计划调整情况详见表1-3。

表1-3 项目主要工程内容中期调整变化情况表

项目内容	单位	项目评估(PAD)	中期调整(MTR)	差值
1. 堤防工程	km	430	386	−44
2. 河道疏浚工程	km	816	724	−92
3. 建筑物工程	个	695	880	185
a. 涵闸工程	个	367	442	75
b. 泵站工程	个	151	206	55
c. 桥梁工程	个	177	232	55

1.8.3 中调投资估算

根据项目内容变化情况，本项目中期计划调整后总投资为41 7667万元，其中，世界银行贷款总金额2亿美元保持不变，但世界银行贷款支付类别的额度和比例有所调整。具体调整额度详见下表1-4和表1-5。

表1-4 世界银行贷款淮河平原洼地治理工程项目投资对比情况表 单位：万元

项目单位	评估投资(PAD)	初设批复投资	中调投资(MTR)	中调和评估对比	中调和初设对比
淮委	19 267	21 724	21 724	2 457	0
河南省	32 316	32 327	32 012	−304	−315
安徽省	162 167	164 012	167 584	5 417	3 572
江苏省	166 579	168 776	168 776	2 197	0
山东省	27 521	27 571	27 571	50	0
合计	407 850	414 410	417 667	9 817	3 257

表1-5 世界银行贷款淮河平原洼地治理项目贷款额度及支付比例变化情况表

单位：千美元

种类	项目评估(PAD)		中期调整(MTR)	
	贷款额度	支付比例/%	贷款额度	支付比例/%
A. 河南省				
(1) 土建工程	11 891.30	54	13 382.50	76
(2) 货物	2 679.20	100	1 500.00	100
(3) 咨询服务和培训	392.00	100	80.00	100
B. 安徽省				
(1) 土建工程	61 617.70	68	62 317.60	80
(2) 货物	12 099.20	100	11 399.20	100

续表

种类	项目评估(PAD)		中期调整(MTR)	
	贷款额度	支付比例/%	贷款额度	支付比例/%
(3) 咨询服务和培训	1 095.70	100	1 095.70	100
C. 江苏省				
(1) 土建工程	88 100.00	81	87 467.20	100
(2) 货物	1 129.40	100	2 005.50	100
(3) 咨询服务和培训	545.60	100	302.30	100
D. 山东省				
(1) 土建工程	8 920.10	43	9 472.50	85
(2) 货物	1 498.00	100	1 500.00	100
(3) 咨询服务和培训	554.30	100	—	100
E. 淮委				
(1) 土建工程	6 961.00	91	8 030.90	91
(2) 货物	1 580.00	100	836.40	100
(3) 咨询服务和培训	436.50	100	110.20	100
先征费	500.00		500.00	
总计	200 000.00		200 000.00	

2 项目实施与管理情况

2.1 项目实施

2.1.1 项目投资计划完成情况

截至 2016 年 12 月底，世界银行贷款淮河流域重点平原洼地治理工程项目累计完成总投资 402 085 万元人民币，占项目评估投资计划 407 850 万元的 99%，占项目中期调整投资计划 41 7667 万元的 96%。

（1）防洪除涝治理工程累计完成投资 228 950 万元，占项目评估投资计划的 109%，占项目中期调整投资计划的 99%。

（2）洪涝灾情评估及决策支持系统累计完成投资 16 308 万元，占项目评估投资计划的 91%，占项目中期调整投资计划的 103%。

（3）机构能力建设加强项目累计完成投资 2 381 万元，占项目评估投资计划的 68%，占项目中期调整投资计划的 78%。

（4）征地移民安置行动计划实施累计完成投资 108 323 万元，占项目评估投资计划的 101%，占项目中期调整投资计划的 93%。

（5）项目管理累计完成投资 41 250 万元，占项目评估投资计划的 145%，占项目中期调整投资计划的 113%。

本项目实施计划和投资计划完成情况详见表 2-1 和表 2-2。

表 2-1 世界银行贷款淮河平原洼地治理工程项目按项目内容划分投资完成情况表

单位：万元

项目内容	评估值（PAD）	中调值（MTR）	实际完成（ICR）	完成占评估投资计划的百分比/%	完成占中调投资计划的百分比/%
A. 防洪除涝治理工程	209 948	231 325	228 950	109	99
B. 灾情评估及决策支持系统	17 899	15 787	16 308	91	103
C. 机构能力建设加强	3 517	3 044	2 381	68	78
D. 征地移民行动计划实施	107 006	116 299	108 323	101	93
E. 项目管理	28 511	36 449	41 250	145	113
实物和价格不可预见费	29 334	6 305	—	—	—
建设期利息	11 294	8 117	4 531	40	56
先征费	341	341	341	100	100
合计	407 850	417 667	402 085	99	96

表 2-2　淮委和 4 省项目区项目投资计划完成情况表　　单位:万元

项目单位	评估投资(PAD)	中调投资(MTR)	完成投资(ICR)	完成占评估投资计划的百分比/%	完成占中调投资计划的百分比/%
淮委	19 267	21 724	21 536	112	99
河南	32 316	32 012	29 578	92	92
安徽	162 167	167 584	156 365	96	93
江苏	166 579	168 776	168 023	101	99.6
山东	27 521	27 571	26 583	97	96
合计	407 850	417 667	402 085	99	96

本项目实际完成总投资金额占中期调整的投资估算金额的 96%,一是由于各项目办通过招标节余了部分建设资金,同时各省在中期调整中利用部分结余资金增加完善工程,所以实际完成工程量反而有增加;二是通过优化工程设计和加强工程项目管理等措施,进一步降低了工程成本,项目实际结算价多数低于中标合同价。机构能力建设加强完成投资占中期调整的投资估算金额的 78%,主要是原规划部分管理房已建成,调减了部分管理房及管理设施。

河南省、安徽省完成投资分别占中期调整的 92%和 93%,主要是由于减少了永久征地、房屋拆迁实物量,节约了部分资金;山东省完成投资占中期调整的 96%,主要是由于移民概算投资偏高,结余了少量资金。因此综合以上原因,总体完成投资虽然比中期调整计划少 4%,但属于正常范围。

2.1.2　分项目建设计划具体完成情况

(1) 防洪除涝治理

1) 项目区实施的防洪除涝工程

截止到 2016 年 12 月底,防洪除涝治理工程项目中堤防加固工程完成 444.62 km,占项目评估实物工程量的 107%;河道整治工程完成 1 023.51 km,占项目评估实物工程量的 104%;排涝泵站改建工程完成 252 座,占项目评估实物工程量的 135%;涵闸改建工程完成 487 座,占项目评估实物工程量的 114%;桥梁改建工程完成 250 座,占项目评估实物工程量的 127%。本项目实际完成防洪除涝工程总体数量超出了评估计划数,主要原因是招标结余了部分资金,增补完善了部分工程。

4 省项目区防洪除涝治理工程项目完成情况详见表 2-3～表 2-8。

表 2-3　堤防加固工程量完成情况表

省份	单位	评估值	中调值	实际完成	完成占评估值的百分比/%	完成占中调值的百分比/%
河南	km	41.06	37.2	37.10	90	100

续表

省份	单位	评估值	中调值	实际完成	完成占评估值的百分比/%	完成占中调值的百分比/%
安徽	km	192.53	192.53	192.99	100	100
江苏	km	90.86	90.86	116.17	128	128
山东	km	93.00	93.00	98.36	106	106
合计	km	417.45	413.49	444.62	107	108

表 2-4 河道工程完成情况表

省份	单位	评估值	中调值	实际完成	完成占评估值的百分比/%	完成占中调值的百分比/%
河南	km	340.79	304.71	320.26	94	105
安徽	km	336.94	366.71	373.24	111	102
江苏	km	212.47	212.47	223.86	105	105
山东	km	90.34	90.34	106.15	118	118
合计	km	980.54	974.23	1 023.51	104	105

表 2-5 排涝泵站工程完成情况表

省份	单位	评估值	中调值	实际完成	完成占评估值的百分比/%	完成占中调值的百分比/%
河南	座	20	20	20	100	100
安徽	座	32	35	35	109	100
江苏	座	90	90	142	158	158
山东	座	40	44	55	138	125
合计	座	182	189	252	138	133

表 2-6 涵闸工程完成情况

省份	单位	评估值	中调值	实际完成	完成占评估值的百分比/%	完成占中调值的百分比/%
河南	座	148	138	141	95	102
安徽	座	105	106	106	101	100
江苏	座	145	145	213	147	147
山东	座	29	29	27	93	93
合计	座	427	418	487	114	117

表 2-7 桥梁工程完成情况表

省份	单位	评估值	中调值	实际完成	完成占评估值的百分比/%	完成占中调值的百分比/%
河南	座	45	45	45	100	100
安徽	座	73	100	100	137	100
江苏	座	73	73	94	129	129
山东	座	6	6	11	183	183
合计	座	197	224	250	127	112

表 2-8 农民排灌协会建立和推广完成情况表

协会	单位	评估值(PAD)	中调值(MTR)	实际完成(ICR)	完成占评估值的百分比/%	完成占中调值的百分比/%
试点区	个	4	4	4	100	100
推广区	个	32	32	32	100	100
合计	个	36	36	36	100	100

注:各省项目区防洪除涝工程具体完成情况,可详细见淮委及4省项目完工分报告。

2) 公众参与的小型灌区工程

截止到2016年12月底,本项目在4省项目区建立了4个试点示范农民排灌协会(FDIA),推广了32个农民排灌协会(FDIA),共建立的36个农民排灌协会(FDIA),完成项目评估值(PAD)计划和中调计划的100%。

本项目提倡和建立的农民排灌协会(FDIA),是以一个相对独立的排灌区为单元,受益区农民群众为着共同的利益,在地方政府的支持下,通过自愿、民主的方式组织起来,负责管理排灌区小型水利工程设施的运行与维护,依法成立的具有独立法人地位的非营利性的农民排灌合作组织。农民排灌协会(FDIA)是世界银行贷款淮河平原洼地治理工程项目管理体系中最基本的组织机构。协会组建的优劣将直接影响到面上小型灌排水利工程的运行和维护管理。同时,农民排灌协会(FDIA)的组建与推广,也是农村小型水利工程管理体制改革的重要组成部分,它涉及经济社会的许多方面,如政策法规、管理体制、政府机构、有关社会组织、农民群众的切身利益等。因此,在项目区推进农民排灌协会(FDIA)建设,对于解决农田排涝灌溉系统改造与持续运行管理,具有十分重要的意义。

根据世界银行贷款淮河流域重点平原洼地治理工程项目规划设计和评估报告文件(PAD),在项目实施期,将在江苏、安徽、河南、山东4省项目区建立4个农民排灌协会(FDIA)试点示范区,进行农民排灌协会(FDIA)组建、运行管理等方面的试点示范工作,以便取得经验之后,再在4省项目区更大范围进行应用推广。为此,4 省世界银行项目办和有关项目县(市、区)项目办在较好地完成 4 个农民排灌协会(FDIA)试点示范区建设的基础上,又在各省项目县(市、区)项目区各选择了 8 个点,进行农民排灌协会(FDIA)应用推广区的建设。经实践活动,现已取得了一些有益经验和显著成效,为今后在淮河平原洼地防洪除涝治理工程项目中更大范围地加以应用推广,探索了新路子,打下了坚实基础和积累了丰富经验与做法。

经各省世界银行项目办和有关项目县(市、区)项目办比较选择后,本项目确定的 4 个农民排灌协会(FDIA)试点示范项目区分别为:河南省平舆县徐庄闸流域农民排灌协会示范区、安徽省固镇县澥河洼地湖沟镇陈徐片农民排灌协会示范区、江苏省东台市草舍村农民排灌协会示范区、山东省鱼台县李桥灌区农民排灌协会示范区。

同时,4 省世界银行项目办和有关项目县(市、区)还进一步选择确定了 32 个农民排灌协会(FDIA)推广项目区,这些推广协会具体地点和有关情况分别如下。

① 江苏省:泰州市农业开发区红旗社区农民排灌协会、泰州市俞垛镇姜茅村农民排灌协会、泰州市淤溪镇卞庄村农民排灌协会、泰州市俞垛镇祝庄村农民排涝协会、泰州市张郭镇欧家村农民排灌协会、泰州市张郭镇五星村农民排灌协会、东台市五烈镇东里圩农民排灌协会、东台市南沈镇万桥村农民排灌协会等 8 个协会。

② 安徽省:凤台县桂集镇黄庙村农民排灌协会、埇桥区禅堂村农民排灌协会、利辛县阚疃镇蒋圩西电灌站农民排灌协会、安徽省东风湖农场农民排灌协会、天长市牧马湖农民排灌协会、灵璧县黄湾镇砂坝村农民排灌协会、寿县正南洼地治理工程正阳关农场农民排灌协会、长丰县罗塘社居委会农民排灌协会等 8 个协会。

③ 河南省:驻马店市平舆县万家镇蔡庄村农民排灌协会、汝南县板店刘营村农民排灌协会、新蔡县张寨村农民排灌协会、上蔡县柴冀农民排灌协会、信阳市潢川县魏岗乡农民排灌协会、淮滨县台头乡张湾排涝站控制流域农民排灌协会、周口市扶沟县芦义沟农民排灌协会、西华县叶埠口乡长乐村农民排灌协会等 8 个协会。

④ 山东省:鱼台县清河镇肖庄灌区农民排灌协会、金乡羊山镇南胡农民排灌协会、梁山县拳铺镇潘庄农民排灌协会、嘉祥市韩桥农民排灌协会、峄城区古邵镇大枣庄农民排灌协会、滕州市后王晁排灌站农民排灌协会、台儿庄区邳庄镇前石佛寺农民排灌协会、苍山县庞庄与八大洼农民排灌协会等 8 个协会。

4 省项目区建立和推广的 36 个农民排灌协会(FDIA)基本情况详见表 2-9。

表 2-9　世界银行贷款淮河流域重点平原洼地治理项目农民排灌协会有关数据

序号	项目内容	单位	江苏省	安徽省	山东省	河南省	四省合计
1	农民排灌协会	个	9	9	9	9	36
	目标值	个	9	9	9	9	36
	实际完成	个	9	9	9	9	36
	实际占目标值	%	100	100	100	100	100
2	项目县/区	个	16	25	13	8	62
	其中:协会涉及的县/区	个	4	9	8	8	29
	涉及的行政村	个	12	14	45	9	80
3	总治理面积	万亩	253.500	1 370.000	265.000	417.000	2 305.500
	其中:协会所辖治理面积	万亩	3.900	4.240	8.675	4.640	21.455
	协治占总治	%	1.54	0.31	3.27	1.11	0.93
4	总灌溉面积	万亩	231.000	504.000	225.660	303.000	1 263.660
	其中:协会所辖灌溉面积	万亩	2.900	3.720	8.675	4.640	19.935
	协灌占总灌	%	1.26	0.74	3.84	1.53	1.58
5	总户数	户	2 992 986	519 750	158 513	428 570	4 099 819
	其中:协会户数	户	6 176	1 390	8 287	3 625	19 478
	协户占总户	%	0.21	0.27	5.23	0.85	0.48
6	总人数	万人	895.00	207.90	68.08	180.00	1 351.00
	其中:协会人口	万人	2.30	3.17	5.86	1.45	12.78
	协人占总人	%	0.26	1.52	8.61	0.81	0.95
7	协会执委会人数	个	77	138	52	52	319
	协会会员	个	6 176	1 409	9 011	3 625	20 221
8	协会筹备费	万元	38.20	45.80	9.63	64.00	157.63
	其中:世界银行贷款	万元	29.40	39.00	0.00	0.00	68.40
	财政配套	万元	8.80	6.80	9.63	64.00	89.23
	其他资金	万元	—	—	—	—	—
9	协会所辖田间工程投资	万元	3 458.104	985.900	2 018.600	1 418.000	7 880.604
	其中:世界银行贷款	万元	1 164.104	250.900	604.600	0.000	2 019.604
	小农水资金	万元	686	95	214	107	1 102
	农业综合开发资金	万元	776	540	1 200	272	2 788
	土地整理资金	万元	500	100	0	736	1 336
	中低产田改造资金	万元	0	0	0	25	25
	千亿斤粮食规划项目	万元	0	0	0	98	98
	其他自筹资金	万元	332	0	0	180	512

本项目通过在4省项目县(市、区)建立农民排灌协会(FDIA)试点示范区和推广区,实现了项目区农户参与排涝和灌溉用水管理,规范了排涝和灌溉用水秩序,通过及时合理的水量调配,实现了水资源节约与保护。同时,已制定的农民排灌协会章程和规章制度,进一步明确了协会的性质、宗旨、业务范围、会员的权利、义务等,把属于村级的农田水利设施使用权、经营权划归协会管理,把属于农民的农田水利设施交还给农民排灌协会(FDIA)自主经营和管理,实现农民群众当家做主。

在世界银行贷款淮河平原洼地治理项目区积极推进农民排灌协会(FDIA)的建立、推广和良性发展,是本项目建设和推广的一大特色。通过在项目区建立与推广农民排灌协会(FDIA)试点示范,鼓励更多的农民群众力量参与到田间灌排水利工程的运行和维护中。农民排灌协会(FDIA)试点示范工作,采用工程措施与非工程措施相结合的方式开展,一方面,通过将已建成的农田水利工程资产移交给农民排灌协会(FDIA)进行管理,不仅提高了排水、用水的效率和保证率,也极大地方便了农民群众的生产;另一方面,通过组织基层农民群众充分参与,促进了农田水利工程的运行管理,改变了以往“重建设,轻管理”的不足,充分发挥了农田水利工程的效益,保证农业和水利可持续发展。

(2) 洪涝灾情评估及决策支持系统

1) 淮委子项目

到2016年12月底,由淮委承担的淮河流域洪涝灾情评估及减灾决策支持系统建设的各子项目建设任务已全面完成,包括:① 信息采集系统建设完成淮委淮河、沂沭泗河洪涝灾情巡测基地建设及其仪器设备购置,完成项目投资1 217万元;② 洪涝灾情评估系统建设完成淮河流域灾情评估中心和灾情评估模型建设,完成项目投资2 799万元;③ 淮河防洪排涝减灾实体模型建设完成实体模型、基础设施和测控系统建设,完成项目投资9 588万元;④ 淮河流域洼地涝灾成因及对策研究建设完成淮河流域平原洼地涝灾的形成机理研究和减灾对策研究,完成项目投资275万元。

2) 江苏省子项目

到2016年12月底,本项目建设的灾情评估及决策支持系统江苏省子系统(宿迁巡测基地)完成,包括:购置生产用房736.956 9 m^2;建设宿迁、徐州、淮安巡测断面、水位观测设施22处;购置巡测设备2套、断面信息传输设备7套。江苏省巡测基地建设项目已全面完成各项建设任务,共完成投资795万元。

3) 安徽省子项目

到2016年12月底,本项目建设的灾情评估及决策支持系统安徽省子系统全部完成。阜阳洪涝灾情巡测基地建设内容包括:建设生产用房789 m^2;建设巡测断面、水位观测设施 6 处；购置信息采集、传输设备 6 套，流量巡测设备 1 套。淮南水文站改建内容包括：建设生产用房 189 m^2；购置机动测船 1 艘，驻测设备 1 套，信息采集、传输设备 2 套；建设断面、水位观测设施 1 处，雨量观测场 1 处。现安徽省巡测基地建设项目已全面完成各项建设任务，共完成投资 636 万元。

4）河南省子项目

到 2016 年 12 月底，本项目建设的灾情评估及决策支持系统河南省子系统（即信阳市洪涝灾情巡测基地），主要建设内容为：① 巡测基地建设，包括征地，新建职工生产、办公、生活用房及辅助工程等；② 数据接收处理设备，包括 GSM 数据接收专线、接入交换机、路由器、数据服务器等；③ 水文巡测交通工具，包括水文巡测车等；④ 巡测设备，包括无线走航式 ADCP、配备全站仪、激光测距仪、机动测船等仪器测具；⑤ 通信设备，配备水情专用手机、程控电话等有线、无线和移动通信设备；⑥ 巡测断面布设，共布置 6 处，主要包括：水尺桩的制作安装，观测道路建设，洼地中心水位台设立，水准点埋设和引测。现河南省巡测基地建设项目已全面完成各项建设任务，共完成投资 504 万元。

5）山东省子项目

到 2016 年 12 月底，本项目建设的灾情评估及决策支持系统山东省子系统（即枣庄市巡测基地），主要建设内容包括：征地 5 亩，建设生产业务用房 819 m^2；在 8 条河流上设立监测点 8 处，建设观测道路、水尺和水准点；在 12 处平原洼地淹没监测站点设立水尺和水准点，并建设 5 处自记水位井；配套购置 5 套报讯通信设备、中心网络接收设备、流量测验设备及办公生产设备。现山东省巡测基地建设项目已全面完成各项建设任务，共完成投资 495 万元。

（3）机构能力建设加强

1）机构能力建设

机构能力建设共完成投资 566 万元，主要为淮委和 4 省各级项目办项目管理工作人员及参建单位提供技术培训。淮河及 4 省项目办开展的技术培训内容主要有：世界银行项目管理、采购合同管理、提款报账支付、资金财务管理、项目监测评价、环境计划管理、征地移民安置、农民排灌协会建立、防洪除涝防灾减灾预警系统设计与运行管理技术、MIS 系统管理、工程质量监督、安全生产、档案资料管理、工程检查验收、运行维护计划、中调和完工报告编制等，这些技术培训项目不仅包括各级项目办内部举办的各种技术培训，还包括世界银行、财政部、水利部等组织举办的国内技术培训。同时，各省世界银行项目办还进行了有关城市洪水风险管理、农田水利建设管理、水生态创新管理、流域水土保持及平原洼地治理、灾情评估模型技术、防洪除涝水利规划、水利建设项目管理等国内外技术培训及考察交流活动。技术培训组织形式既包括举办专门的技术培训班，也包括召开项目经验交流研讨会等。具体完成情况详见表 2-10。

项目实施的技术培训，贯穿了项目整个实施过程，涉及建设管理各方面内容，通过多次开展技术培训，进一步加深了各级项目办有关管理人员对世界银行贷款项目管理程序及有关技术要求的充分了解，明确了世界银行贷款项目开展的程序和方法，促进了项目的顺利实施。特别是通过国外技术培训与考察交流活动，使有关参加人员既开阔了视野，又提高了专业能力。不仅对世界银行贷款项目的实施与管理工作是一个促进，同时也有利于开展其他水利建设项目的管理。这些项目办的管理工作人员在该项目结束前成为这方面的专家或优秀管理者，能够很好地管理国际性的投资工程。

表 2-10　国内外技术培训考察情况统计表

类别		数量/次	参加人数/(人/天)	其中妇女参加人数/(人/天)
国内培训	项目管理培训	108	6 216	1 394
	环境管理培训	39	1 537	456
	移民安置培训	21	695	237
	农民排灌协会培训	10	499	120
	运行维护培训	4	143	42
	财务培训	6	322	180
国内考察	考察内容	15	839	201
国外考察	国家和考察内容	7	522	105

2）运行维护能力建设

运行维护能力建设共完成投资 2 756 万元，主要包括建设管理用房、维修车间等建筑 25 288 m^2，购置工程观测设施、通信设施等 56 套。同时，项目中分别开展了江苏省农民排灌协会在解决农田排涝改良问题的研究、山东省淮河流域平原洼地排灌区运行与管理模式研究、安徽省淮河流域工程运行与维护研究等多项研究课题。在此基础上，各级项目办分别出台了 151 项工程运行和维护管理计划。

(4) 征地移民安置行动计划完成情况

到 2016 年 12 月底，淮委和 4 省项目区征地移民安置行动计划实施完成情况如下。

1）淮委

淮委项目区完成征地移民安置行动计划项目总投资 3 034 万元，占征地移民安置评估计划总投资的 95%。完成项目内容主要是淮河流域防洪除涝减灾实体模型基地永久占地征地 100 亩，其中耕地 74.67 亩。项目用地涉及合肥市三十岗陈龙村陈龙、平房、陆郢、桥头等 4 个村民小组，涉及人数为 394 人。

2）河南

河南省项目区已完成征地移民安置投资 4 056 万元，占征地移民安置评估计划总投资的 100%。累计完成永久征地补偿 245.39 亩、临时征地 4 487.17 亩、房屋拆迁 8 200 m^2。

3）安徽

安徽省项目区征地移民安置行动计划实施完成项目投资 38 814 万元，占征地移民安置评估计划总投资的 97%。在安徽省项目区完成永久征地 5 006 亩、临时征地 25 761 亩、房屋拆迁 32 941 m^2。

4）江苏

江苏省项目区征地移民安置工程已全部完成，完成征地移民安置总投资 58 876 万元，占征地移民安置评估计划总投资的 102.6%。其中，项目区完成永久征地 3 919 亩，临时征地 9 139.98 亩，房屋拆迁面积 92 777 m^2，企业单位 65 户，拆迁面积 16 353 m^2，店铺 5 家，拆迁面积 590.71 m^2。

5）山东

山东省项目区已完成征地移民安置投资 3 310.52 万元，占征地移民安置评估计划总投资的 67.12%。其中，山东省项目区已完成永久征地面积 465.52 亩，项目临时占地 3 511.52 亩，影响 9 298 人，房屋拆迁 8 098.74 m^2，影响 623 人。

淮委和 4 省项目区完成的征地移民安置行动计划实施完成情况详见表 2-11。

表 2-11　移民安置行动计划完成的情况汇总表

移民安置影响		评估计划值	中调计划值	实际完成值	实际完成占评估值/%	实际完成占中调值/%
征地	永久征地/亩	15 640	10 259	9 736	62	95
	临时征地/亩	42 780	41 688	42 900	100	103
	受影响人数	57 173	52 807	81 311	142	154
房屋拆迁	面积/m^2	205 851	198 148	142 018	69	72
	受影响人数	7 044	4 863	4 884	69	100
企业单位	企业数	155	85	83	54	98
	职工/人	2 690	1 726	1 576	59	91
	面积/m^2	57 333	24 290	24 376	43	100

续表

移民安置影响		评估计划值	中调计划值	实际完成值	实际完成占评估值/%	实际完成占中调值/%
店铺	店铺数	23	8	8	35	100
	职工/人	46	18	17	37	94
	面积/m^2	1 600	732	689	43	94

淮河流域防洪除涝治理项目永久征地、居民房屋拆迁、企事业单位和店铺最终实际完成数量远低于评估计划数量，其主要原因：一是由于本项目前期准备工作历时较长，项目建设场地内房屋等土地附属物存在自然变化，一些旧民房存在自然毁坏或移址重建的情况；二是在项目的前期准备工作中，项目的建设内容及其施工场地范围存在微调，也相应影响到征迁；三是各省在不改变工程规模和标准、不突破工程投资概算、不影响工程发挥应有效益的基础上，通过全线复测、补充勘探和实地调研，在与地方政府和有关部门充分沟通的基础上，对河道护岸等形式优化，优化断面设计，对临河居民房屋尽量采用靠后安置办法，不拆迁主房，只拆了沿河两岸的配房、厢房和门楼及围墙等办法，以减少征地拆迁实物量。临时征地完成数量高于评估、中调计划值，主要原因是项目实施过程中减少了部分干河整治工程，调增了琐碎的田间小型水利工程，虽然临时占地面积变化不大，但受影响人数有一定增加。

在本项目征地移民安置行动计划的实施中，能够很好地贯彻世界银行非自愿移民安保政策，尽可能采取措施，将对项目区征地移民的负面影响减少到最小，在项目推进过程中，不断对项目工程设计方案和施工方案进行优化，特别是大量减少了永久征地和房屋拆迁数量，把对搬迁或受影响人群的影响降至最低，同时也减小可能因项目建设而产生的负面影响，进一步降低了项目区征地移民行动计划执行的难度。

2.2 项目实施管理情况

2.2.1 项目管理

(1) 完善组织机构和部门规章制度

为了加强世界银行贷款淮河平原洼地治理工程项目的组织管理工作，水利部、淮委，以及江苏、安徽、河南、山东4省人民政府专门成立了“淮河流域重点平原洼地治理工程外资项目协调小组”，负责协调世界银行贷款项目建设的重要政策、总体部署和建设过程中的重大问题。其中，水利部中央项目协调领导小组组长由分管副部长担任，4省项目协调小组组长由分管副省长担任，副组长由省政府副秘书长、省水利厅厅长担任，成员由省发展和改革委员会（以下简称“发改委”）、财政厅、国土资源厅、环保厅、水利厅等有关单位领导组成。淮委和江苏、安徽、河南、山东4省水利厅作为世界银行贷款淮河流域重点平原洼地治理工程项目的主管部门，具体负责本项目建设与管理中重要事项的组织协调、指导和监督管理工作。

中央项目办（CPMO）与淮委和江苏、安徽、河南、山东4省成立世界银行贷款淮河流域重点平原洼地治理工程项目管理办公室（PPMO），作为淮委和4省水利厅对世界银行贷款项目进行管理的机构，对本项目总体建设程序、工程标准、工程质量、项目工期和资金使用等，进行监督、协调和管理工作。

各省世界银行项目办根据情况，下设了市项目办、区县项目部，还根据情况成立了省直管市建设处，负责驻扎工地建管工程建设。同时各单位配置了综合科、计划科、工程科、财务科、征迁科，并分别安排了相关有经验的工作人员具体负责实施。

为规范管理省世界银行贷款项目，加强世界银行贷款工程项目管理、质量、安全生产、档案、移民、财务、验收等监督管理和检查工作，淮委和4省先后制订了项目管理办法、纪检监察派驻工作监察管理办法、招标采购管理细则、水利工程质量监督管理规定、水利工程建设安全监督工作指导意见、项目验收管理细则，以及工程建设管理办法、项目档案管理办法、征地补偿和移民安置工作管理办法、工程建设管理巡查制度、会商制度、廉洁自律制度等各项规章制度，强化规范管理、科学管理。

（2）加强外部技术援助和内部培训学习

为了加强中央项目办（CPMO）、淮委，以及4省世界银行项目办及各有关地（市）、项目县（市、区）项目办的管理能力和技术水平，保证世界银行贷款项目的顺利实施，各有关单位采取了一些必要的措施，通过聘请专家开展技术援助，组织开展项目技术培训和交流研讨活动等，进一步加强能力建设。江苏省世界银行项目办通过国内招标程序，选取了北京海立信信息咨询有限公司作为江苏省世界银行贷款项目的管理咨询和有关报告编制咨询服务单位。该咨询服务单位世界银行项目专家组及常驻江苏省项目办专家，协助江苏省世界银行项目办及各有关地（市）项目办进行项目管理，开展与项目相关的各项工作。安徽省世界银行项目办通过招标选取了上海宜生环境技术工程咨询公司作为安徽省世界银行贷款项目的管理咨询服务单位，该咨询服务单位派专家常驻安徽省世界银行项目办，协助省世界银行项目办加强项目管理，开展与项目相关的各项工作和有关报告文件的汇总编写工作。同时，4省世界银行项目办及有关地（市）项目办到其他单位，调用水利工程、道路桥梁等方面专家充实项目建设管理队伍，满足项目的建设管理需求。由于世界银行项目管理程序与国内水利工程基本建设项目要求有诸多不同，为此，4省世界银行项目办十分重视各级项目办建设管理人员的技术培训工作，从项目准备阶段到项目实施完工，淮委和4省世界银行项目办共组织召开了多次有关项目管理等的技术培训会，技术培训内容涵盖了世界银行贷款项目招标采购管理、合同管理、财务管理、管理信息系统（MIS）应用、工程安全生产、工程质量监督、环境保护、征地移民安置、监测评价等，不断加强各级项目办和工程建设单位的能力建设。

（3）制定工程质量和安全管理相关制度

1）加强工程质量体系建设

4省世界银行项目办督促各有关地（市）和项目县（市、区）项目办建立工程质量体系，严格实行项目法人（建设单位）负责、监理单位控制、施工单位保证和政府监督相结合的质量管理体制。研究制定了世行贷款淮河流域重点平原洼地治理工程质量管理办法，明确省世界银行项目办、地（市）项目办、设计单位、监理单位、施工单位、建筑材料和设备供应单位、监测单位等各参建方的质量责任，并实行工程质量责任追究制度。

2）严格现场原材料和实体质量检测制度

4省世界银行项目办督促建立了施工单位质量自检、监理单位质量平行检验、建设单位委托第三方质量检测单位对工程开展原材料和实体质量检测，现场实施机构（地市项目办）施工过程中进行质量监测、省世界银行项目办不定期现场抽检的工程质量检测制度。在加强现场工程质量管理力度的基础上，发挥质量抽检机构作用，及时开展项目施工现场原材料和实体质量现场检查和抽检工作，对检查发现的工程质量问题进行专题研究，责令有关单位对检查发现的问题及时严格整改，并复查整改到位情况。安徽省世界银行贷款淮河洼地治理项目沱河集闸重建工程、济河闸移址重建工程、焦岗湖洼地木岗孜排灌站扩建站工程等3个工程分别荣获了安徽省水利水电优质工程（禹王）奖。

3）严格现场施工安全管理

4省及有关地（市）项目办狠抓安全生产工作，深入贯彻各项工程建设安全生产制度，加强检查和督促，不断提高各参建单位安全生产意识，强化汛期、施工高峰期、节假日等安全生产事故易发时段的安全生产检查工作。自2011年初本项目开工实施以来，项目区工程没有出现质量事故，工程质量始终处于可控状态，在项目执行期，本项目没有发生安全生产事故问题。

（4）应用管理信息系统（MIS）进行项目管理

由于本项目防洪除涝工程建设地理位置分散，涉及的信息量大，信息来源琐碎繁杂，同时世界银行贷款项目在项目投资计划编制、采购管理、财务管理、投资进度的统计方法等方面和国内水利建设项目都有着诸多不同的地方，对项目管理的要求非常高，为此，由中央项目办（CPMO）统一组织开发应用了世界银行贷款淮河平原洼地治理项目管理信息系统（MIS）。该 MIS 系统具有的主要功能包括：① 工程进度监测；② 基于合同的采购管理；③ 项目财务管理；④ 世界银行贷款专用账户管理；⑤ 项目监测评价；⑥ 提款报账支付与回补等。该管理信息系统（MIS）从 2010 年 10 月开始正式投入运行管理至今，一直本着提前准备、及时检查、即刻解决、针对指导、长期培训的 MIS 系统运行原则，在世界银行贷款项目的执行过程中，一直持续地发挥着重要作用，大大提高了工作效率和管理质量。为了使各项目管理单位有效地使用本项目 MIS 系统，淮委和 4 省世界银行项目办除了对各项目管理单位 MIS 系统录入情况进行不定期的检查，督促落实各项工作，还通过 MIS 系统对项目实施进度进行监测、管理。中央项目办（CPMO）、淮委和 4 省世界银行项目办进行了多次的 MIS 系统技术培训，同时还针对个别提款报账、MIS 系统操作不熟练的有关地（市）、项目县（市、区）项目办有关人员加强能力建设，进行单独技术指导，使得各级项目办操作管理人员都能够熟练地使用 MIS 系统进行项目管理，严格按照 MIS 系统的操作要求，进行项目合同管理、提款报账管理、财务管理和实施进度监测，现各项目管理单位的 MIS 系统中各项指标输出正常。在相关数据录入方面，本项目管理信息系统（MIS）基本符合项目合同实际的执行情况和项目进展情况，财务管理系统能比较准确地反映项目资金运转情况。因此，该 MIS 系统为各级项目办加强世界银行贷款项目和资金管理，提高工作效率和管理水平，发挥了重要作用，受到省、市、县有关部门和各级项目办的一致好评。特别是江苏省和山东省分别将本项目管理信息系统的应用经验推广到了当地国内项目和亚行贷款项目中，起到了很好的示范效果。

（5）积极落实世界银行检查建议，逐项整改落实

自本项目实施以来，世界银行共派出了 9 次检查团到淮委和 4 省项目区，对项目进行检查指导和督促管理，世界银行在历次检查团检查结束后，都及时提交了检查团备忘录。中央项目办（CPMO）和 4 省世界银行项目办及时向有关地（市）、项目县（市、区）项目办传达世界银行检查团备忘录的有关意见与主要建议，同时积极组织各级项目办和有关项目单位管理人员，按照世界银行检查团备忘录的有关建议要求及时进行整改，并根据世界银行检查团备忘录有关建议要求逐项落实整改行动计划。同时，将有关问题的落实情况，逐项如实地反映在下一次世界银行检查团检查时中央项目办（CPMO）、淮委和 4 省世界银行项目办提交的项目进展情况报告中，以供世界银行检查团检查督促和技术指导，较好地履行了项目法律文本的有关规定要求。

（6）推行会议会商制度，推动项目进展

4 省世界银行贷款淮河流域平原洼地治理工程项目以防洪除涝治理工程建设

为中心，每年组织召开项目年终建设管理会议、次年建设管理会议、项目推进会议、质量专题会议、安全专题会议等多次会议，具体布置年度工作任务，查找问题，商议对策，强化措施，落实责任。4 省世界银行项目办还制定了项目会商制度，经常邀请地方政府、有关部门，组织设计、监理、施工单位有关领导和管理人员召开项目协调会，及时研究解决项目施工中所遇到的有关问题。同时，对于本级难以解决的重要事项，及时上报世界银行，中央项目办（CPMO），4 省财政厅、发改委、水利厅等有关部门，请求有关部门给予协助支持，帮助解决相关问题，有力地推进项目进程。

2.2.2 财务管理

世界银行贷款淮河流域平原洼地治理工程项目的财务管理工作，始终坚持立足建立健全各项财务制度，严格执行国家财经纪律法规、世界银行贷款项目《贷款协定》和《项目协定》，落实水利基本建设项目管理制度，积极筹措项目建设资金，履行财务监督、会计核算职能职责，重视年度资金审计与整改，保证项目资金和财务管理工程规范、有序、安全，实现了项目财务管理制度化、规范化。本项目的世界银行贷款资金专用账户分别设在财政部国际司和 4 省财政厅，根据《转贷协议》，在淮委、4 省水利厅和有关地（市）财政局分别建立了人民币专用账户，保证做到专款专用，并要求各有关地（市）、项目县（市、区）项目办成立专门的项目财务管理单位并配备合格的财务管理人员。在财务管理工作中采取的主要措施如下。

（1）淮委与财政部国际司和 4 省项目办与省财政厅共同修订了《财务管理手册》，并报世界银行审查认可；制定了《财务管理办法》《工程价款结算管理办法》《建设管理费使用管理办法》等一批财务管理制度，规范和约束项目资金管理行为，保证了项目建设资金的安全使用；各市项目办制定了《财务岗位职责》《财务管理制度》《资金管理办法》等规章制度。为进一步加强本项目的征地移民资金管理，规范工程征地补偿和移民安置资金的会计核算，根据国家有关规章制度，并结合本项目工程建设特点，4 省世界银行项目办研究制订了《世界银行贷款项目工程征地补偿和移民安置资金会计核算办法》；为及时掌握工程财务管理信息，分析投资使用效果，结合基本建设财务管理和世界银行贷款项目的有关要求，4 省世界银行项目办对有关地（市）项目办下发了《关于世界银行贷款项目工程财务月度季度及年度报表的通知》，以便参照执行。

（2）工程款项的拨付及费用支出等手续，严格按照世界银行贷款支付报销流程。对下建设单位拨款，由经办人填制拨款申请单，由财务负责人稽核并经单位负责人审批后由财务人员拨付；咨询、勘测设计等合同费用，先由经办人根据原始单据及合同填制合同支付审批单，经计划处、工程处（合同管理部门）审核签字，再由财务负责人稽核并经单位负责人审批后，由财务人员支付；日常费用由经办人根据原始单据填制报销单，相关证明人签字及部门负责人审核，再由财务负责人稽核及单位负责人审批，最后由财务人员支付；如果是采购固定资产，报销时还需验收人验收、登记并签字，同时填制固定资产验收单。

(3) 应用先进的管理信息系统(MIS)进行财务管理和会计核算，为世界银行贷款项目资金管理提供了强有力的手段和管理工具。本项目 MIS 系统将世界银行贷款项目所有的采购合同及财务核算软件相结合，工程的招标采购、合同签订、合同执行、工程量清单、价款结算、会计核算、报账提款等功能集于一体，所有功能基于同一套基础数据，所有的提款报账都通过 MIS 系统打印报表进行提款报账，既保证了项目建设管理程序得到严格履行，又保证了项目财务管理和会计核算、报账提款工作的真实合法高效。因此，在世界银行贷款项目和资金管理工作中，管理信息系统(MIS)较大程度上保证了项目财务、工程投资管理的准确性和统一性。安徽省财政厅多次在全省外资利用管理工作会议上表扬、并向其他外资项目推荐本项目的管理信息系统(MIS)。

(4) 加强项目财务管理人员的技术培训学习。由于淮委和 4 省世界银行项目办以及有关地(市)、项目县(市、区)项目办相关财务人员，都是初次接触世界银行贷款项目，对世界银行贷款项目和资金管理的相关要求不甚了解。因此，本项目实施初期，加强各级项目办相关人员的技术培训学习，成为淮委和 4 省世界银行项目办的重要工作之一。为了保证各级项目办有效、顺利地开展世界银行贷款项目资金提款报账工作，淮委和 4 省世界银行项目办每年多次组织各有关地(市)和项目县(市、区)项目办、监理单位、施工单位等相关工程、监理、财务人员，进行世界银行贷款资金提款报账支付的技术培训，召开交流研讨座谈会，不断提高项目提款报账人员的业务水平。并且淮委和 4 省世界银行项目办还根据项目建设情况，派驻财务工作人员到地方，支持、协助有关地(市)项目办、建设处(局)开展工作，进一步加大财务监管力度，为世界银行贷款项目的顺利实施提供了资金保障。

(5) 积极筹措和落实到位项目配套资金。为保证本项目各级配套资金按计划及时安排和落实到位，淮委和 4 省世界银行项目办不等不靠，及时向国家发改委、财政部、水利部和 4 省发改委、财政厅、水利厅等有关部门申请落实中央级、省级财政配套资金，明确资金拨付和管理环节，及时协调解决影响项目资金到位的有关问题。同时，省世界银行项目办还通过会议布置、文件通报、领导上门协调、联合检查督促等多种方式，不断督促引导各有关地(市)项目办和项目县(市、区)政府筹集落实好市、县级配套资金。并且各有关地(市)和项目县(市、区)项目办在每年财政预算安排期间，也能够主动向本级人民政府汇报世界银行贷款项目配套资金落实计划和任务情况，协调和督促同级发改委，以及财政、水利等主管部门和县(市、区)人民政府遵循立项承诺，落实好本级项目配套资金。经过不懈努力，本项目建设所需的中央水利建设资金、省级财政配套资金和市、县级配套资金已全部到位，从而满足了本项目工程建设的资金需求。为此，对于本项目各省国内配套资金落实到位的情况，得到了世界银行检查团的高度赞扬和充分肯定。

(6) 重视和加强项目资金审计工作，保证世界银行贷款资金的安全使用。在项目执行中，淮委和4省世界银行项目办还联合同级纪检、监察部门，共同组织开展项目资金使用管理的检查活动，对已实施的项目区征地移民资金使用情况、财务管理方面等进行专项检查。同时，积极配合国家审计署和4省审计厅派出的项目审计小组，认真做好对本项目进行的年度资金使用管理情况的审计工作，对于项目资金审计组所发现存在的问题和提出的有关意见，一方面中央项目办（CPMO）和淮委、4省世界银行项目办能够进行严肃认真的研究，及时进行整改，做到边审边改，举一反三，防范类似问题发生。另一方面，淮委和4省项目办每年都召开一次专门会议，落实项目资金年度审计意见，并部署审计有关意见的整改工作，加强日常内部检查和监督，防患于未然。同时，将整改情况及时上报国家审计署外资管理中心和4省审计部门及世界银行进行核备。

2.2.3 合同采购管理

加强世界银行贷款项目招标采购管理是世界银行贷款项目执行过程中的一项重要工作，其贯穿于整个项目的具体实施管理之中，是决定项目顺利完成与否的关键因素之一。本项目实施6年来，各级项目办作为项目招标采购的执行部门，严格按照《国际复兴开发银行贷款和国际开发协会信贷采购指南》的相关要求，组织进行了世界银行贷款项目的采购工作。项目中土建工程和货物的采购管理工作，都是按照世界银行批准的项目采购计划进行的。所有土建工程和货物的国内竞争性招标（NCB）采购，都使用了世界银行认可的标准招标文件范本。项目采购工作的有关情况具体如下。

(1) 明确合同采购管理责任主体

淮委和4省世界银行项目办统一制订了世界银行贷款项目的采购计划，并且本项目的采购任务，由有关地（市）项目办各自完成，淮委和4省世界银行项目办也参与执行世界银行贷款项目招标采购管理过程，并进行检查指导和监督管理。

(2) 项目合同招标采购管理方式

本项目采购方式遵循世界银行的《世界银行借款人货物、工程和非咨询服务采购指南》，项目采购计划得到世界银行采购专家审查批准同意后，各级项目办严格按照世界银行招标采购方式限额进行采购，并且本项目采用世界银行贷款资金支付的土建工程和货物合同采购，都使用了世界银行认可的《国际金融组织项目国内竞争性招标文件范本》。其中，

1）土建工程采购

根据世界银行采购方式限额，本项目中土建工程单个合同金额估算价大于或等于20万美元、小于2 000万美元（2014年调整为小于2 500万美元），采用国内竞争性招标（NCB）采购方式；单个合同估算金额小于20万美元，采用询价采购方式。按照本项目土建工程的规模，本项目中所有土建工程合同全部采用了国内竞争性招标（NCB）。

2）货物采购

根据世界银行采购方式限额，本项目中土建工程单个货物合同金额估算价大于或等于10万美元、小于100万美元（2014年调整为小于300万美元），采取国内竞争性招标（NCB）程序采购。本项目中所有货物采购全部采用了国内竞争性招标（NCB）。

3）咨询服务采购

根据世界银行采购方式限额，估价小于20万美元的咨询合同（2014年调整为小于30万美元），采用"基于咨询资质选择（CQ）"的程序，在取得世界银行同意的情况下，也可采用"单一来源的选择（SSS）"程序。项目咨询服务类合同主要采用"基于咨询资质选择（CQ）"的程序进行了招标。

本项目的采购计划完成情况详见表2-12。

表2-12　世界银行贷款淮河平原洼地治理工程项目采购计划完成情况表

项目内容	完成合同数量/个	其中：前审合同数量/个	完成合同金额/万元
土建工程	232	44	228 773
NCB	168	44	189 133
询价	0	0	0
非世界银行支付	64	0	39 640
货物	132	30	14 181
ICB	1	1	1 013
NCB	65	24	8 279
询价	4	3	246
非世界银行支付	62	2	4 644
咨询服务/培训/其他非世界银行支付类	190	3	94 641
合计	554	77	33 7596

（3）合同招标采购程序

世界银行贷款支付项目所有土建工程、货物和咨询服务类项目的招标采购，由项目招标单位负责提交国内专家初审，然后提交各级项目办复审。同时，各项目办采购小组提交给世界银行采购专家进行审核并发出不反对意见函之后，再由各级项目办采购专员签字，再进行招标采购工作(前审合同的招标文件、标前会纪要、补遗文件、评标报告，需要经过世界银行审核后，才能进行下一步程序)。非世界银行支付项目(NBF)的采购程序，则按照国内政府招标采购的管理办法进行管理。

(4) 加强后续合同管理

本项目中所有土建工程、货物和咨询服务类项目合同，都按照项目管理有关规定，将合同内容、招标采购的过程、合同金额、投标单位等相关信息录入本项目管理信息系统(MIS)，并要求将合同协议、工程量清单等主要文档扫描并上传到项目管理信息系(MIS)中，进行合同信息化管理，方便以后在建设过程中查询使用。通过实践证明，在建设施工的过程中查询合同相关信息非常方便快捷，节约了很多时间。

合同签订后，虽然在合同协议中有合同文件组成内容，但是各招标代理单位对合同文件采用了不同的装订形式，造成世界银行、省财政厅、省世界银行项目办在合同管理方面存在难度。针对这种状况，江苏省世界银行项目办参考合同协议制定了合同文件装订目录及范本样式，并下发到各招标代理单位及各子项目办，要求统一规范装订成册后发送世界银行北京代表处、省财政厅、省项目办存档，方便合同管理和提款报账。针对在施工过程中合同的变更，各省世界银行项目办要求提交齐全的变更材料，包括不限于施工单位提交合同变更情况说明、变更汇总表、价格分析表、单价采用合理性说明及表格，还有设计单位的变更通知单、监理的变更令、市项目办工程及相关负责人员的签字表等。对于原工程量清单中没有的新增内容，省世行项目办制定了新增工程单价采用遵循原则：① 在所有施工的世界银行项目中，其他合同有该相同子项的，采用该子项单价；② 采用造价审计单位的价格；③ 项目跟踪审计的审计价；④ 以上都无法采用的情况下，由项目施工单位编制详细的单价分析表，首先报监理审查，然后由监理提交市项目办工程负责人员审查、相关领导会签，之后提交省世界银行项目办财务科(或咨询公司)进行逐项复核，最后省世界银行项目办会签后发省财政厅，层层把关，保证了合同管理的规范、严谨、合理。

2.2.4 资金筹措与世界银行贷款支付情况

(1) 资金筹措情况

世界银行贷款淮河平原洼地治理工程项目评估总投资为 407 850 万元，其中，利用世界银行贷款 20 000 万美元，配套资金 271 310 万元。截至 2016 年底，项目累计完成投资 402 085 万元，其中世界银行贷款 20 000 万美元(折合 131 021 万元人民币)，中央水利建设资金 132 113 万元，省级财政配套资金 70 747 万元，市县级财政配套资金 68 204 万元。具体情况见表 2-13。

表 2-13　资金筹措情况汇总表

项目资金来源	评估值(PAD)	中调值(MTR)	实际完成(ICR)	完成占评估值的百分比/%	完成占中调值的百分比/%
世界银行贷款/万美元	20 000	20 000	20 000	100	100
世界银行贷款/万元	136 540	135 381	131 021	96	97
中央水利建设资金/万元	129 723	132 248	132 113	102	100
省级财政配套资金/万元	69 428	70 746	70 747	102	100
市县级财政配套资金/万元	72 159	79 291	68 204	95	86
合计/万元	407 850	417 667	402 085	99	96

本项目世界银行贷款资金全部支付到位，但由于汇率变化，实际完成人民币金额占中调计划人民币金额的 97%；另外，市县配套资金到位占中调计划的 86%，主要原因一方面是一些市县财政收入确实困难，另一方面，在本项目的中央、省级配套资金都足额到位并使用的情况下，由于招标结余、设计优化等原因，现有资金已经保证了工程建设内容超额完成，甚至在安徽省一些市县配套资金还有少量结余。

(2) 世界银行贷款分类别支付情况

本项目累计支付世界银行贷款 20 000 万美元，其中土建工程 183 276 千美元，货物 15 301 千美元，咨询服务和培训 923 千美元。淮委和 4 省世界银行项目办世界银行贷款支付情况详见表 2-14。

表 2-14　世界银行贷款淮河平原洼地治理工程项目贷款报账支付情况汇总表

单位：千美元

种类	项目评估(PAD)		中期调整(MTR)		完成情况(ICR)	
	贷款额度	支付比例/%	贷款额度	支付比例/%	支付金额	占中调的百分比/%
总计	200 000.00		200 000.00		200 000.00	100
(1) 土建工程	177 490.10		180 670.70		183 275.99	101
(2) 货物	18 985.80		17 241.10		15 301.24	89
(3) 咨询服务和培训	3 024.10		1 588.20		922.77	58
(4) 先征费	500.00		500.00		500.00	100
A. 河南省						
(1) 土建工程	11 891.30	54	13 382.50	76	14 642.50	109
(2) 货物	2 679.20	100	1 500.00	100	320.00	21
(3) 咨询服务和培训	392.00	100	80.00	100	—	

续表

种类	项目评估(PAD)		中期调整(MTR)		完成情况(ICR)	
	贷款额度	支付比例/%	贷款额度	支付比例/%	支付金额	占中调的百分比/%
B. 安徽省						
(1) 土建工程	61 617.70	68	62 317.60	80	63 992.50	103
(2) 货物	12 099.20	100	11 399.20	100	10 310.00	90
(3) 咨询服务和培训	1 095.70	100	1 095.70	100	510.00	47
C. 江苏省						
(1) 土建工程	88 100.00	81	87 467.20	100	87 496.48	100
(2) 货物	1 129.40	100	2 005.50	100	1 976.22	99
(3) 咨询服务和培训	545.60	100	302.30	100	302.30	100
D. 山东省						
(1) 土建工程	8 920.10	43	9 472.50	85	9 262.40	98
(2) 货物	1 498.00	100	1 500.00	100	1 710.10	114
(3) 咨询服务和培训	554.30	100	—	100	—	
E. 淮委						
(1) 土建工程	6 961.00	91	8 030.90	91	7 882.11	98
(2) 货物	1 580.00	100	836.40	100	984.92	118
(3) 咨询服务和培训	436.50	100	110.20	100	110.47	100

河南、安徽、江苏省的货物类、咨询服务和培训类支付比例完成较低，主要原因一方面是由于在项目实施期内国内企业竞争激烈，设备价格下降，通过最低价中标结余了部分设备类资金；另一方面，咨询服务和培训费主要为咨询专家费用和出国考察费用，但在实施过程中发现实施困难，也存在结余。因此在项目实施过程中，项目办根据情况减少了货物类、咨询服务和培训类支付，增加了土建类支付。

2.3 世界银行安全保障政策实施情况

2.3.1 环境管理

(1) 制定完善的环境管理体系

根据本项目《环境管理计划》中的有关规定要求，2011 年 4 省世界银行项目办均成立了“世界银行贷款淮河流域重点平原洼地治理工程项目环境管理办公室”(以下简称“省环管办”)，省环管办管理人员由省世界银行项目办和咨询机构相关环境工程师等组成。为了保证 4 省世界银行贷款项目环境管理工作落实到位，省世界银行项目办专门下发通知要求有关地(市)和项目县(市、区)各级项目办设立环境管理人员，协助省环管办进行世界银行贷款项目的环境管理工作。根据 4 省世界银行贷款项目水利工程建设情况及世界银行项目安保政策中的环境管理要求，要求各级项目办由工程监理同时负责本项目的环境监理工作，各监理单位、施工单位分别安排了专人负责项目环境管理工作，安徽省世界银行项目办还另外委托了环境监理单位与工程监理共同开展了安徽省项目环境监理工作。同时，通过国内招标程序，4省世界银行项目办分别选定了项目环境监测、水土保持监测单位，作为第三方外部监测单位，在世界银行贷款项目实施期间，按照项目监测计划进行项目区环境监测和水土保持措施监测，为本项目的环境管理措施和水土保持项目实施进行评价，并按期向省、市世界银行项目办提交项目环境监测和水土保持监测评价报告。

(2) 制定规范的环境管理制度

为使4省世界银行贷款项目环境管理工作能够规范化，4省环管办组织专家结合《与施工相关的一般环境问题减缓措施》《重要的、特殊的环境影响减缓措施》等内容，研究编制完成了《世界银行贷款淮河流域重点平原洼地治理工程项目施工环境管理规定》，进一步明确了项目施工单位环境保护的责任，以正式文件下发到辖管项目的各参建单位，并将该规定纳入各省世界银行贷款项目招标采购文件之中。这一项管理措施，已在各项目办组织进行的土建工程招标文件中完全得到了执行。此外，在工程建设过程中，4省世界银行项目办还下发了《关于进一步加强世界银行贷款淮河流域重点平原洼地治理工程环境保护措施的通知》等有关文件，对项目施工环境保护要求进一步加以细化，如要求施工作业点设置沉淀池，生活区垃圾集中处理等，切实做好项目环境保护工作。项目监理单位、施工单位要定期编写环境月报上报。

(3) 加强环境管理能力建设

为了进一步提高世界银行贷款项目在建、已中标(已签合同)各工程监理单位和施工单位的环境管理人员的整体环境管理水平，4省世界银行项目办一方面要求有关地(市)、项目县(市、区)项目办在新的项目施工单位进场前组织工程监理单位、施工单位的相关负责人及环境管理负责人员，进行单独的项目环境管理技术讲座，进行施工现场环境保护内容宣讲等；另一方面，4省世界银行项目办每年根据项目施工单位进场情况及工程建设进度，统一组织各有关地(市)项目办、监理单位、施工单位的相关环境管理人员，举行全面的环境管理技术培训与交流研讨。通过经常性对本项目环境管理计划、施工期环境管理规定等各方面内容的宣贯，使得各项目建设单位及管理人员的环境保护意识以及环境专业知识水平明显得到了提升，加强了能力建设。

(4) 环境减缓措施日常检查

按照环境管理计划施工现场一般环境减缓措施，施工单位在生活区都配备了垃圾桶或垃圾池，定期消毒。生活区附近没有污水管网的，建设专门的厕所、化粪池，定期清除外运；生活废水也根据要求配备了拦污设备和沉淀池，达标排放；施工营地的厨房人员都进行了疾病检查，施工人员卫生知识采用展板进行宣传，关注了人群健康。施工单位在施工区建设了垃圾池，固体废弃物统一集中回收处理，对施工便道等扬尘地段配备水泵进行扫水养护，并且根据工程内容建设沉淀池，生产废水达标排放或根据情况二次回收利用，进行砂石冲洗或洒扫施工便道，施工便道在使用结束后恢复或按计划交给地方。

为保证本项目环境保护减缓措施得到有效落实，一方面，省环管办专家组不定期到各项目工地进行现场抽查、指导，对检查中发现的有关环境问题，由各级项目办环境管理负责人员监督各监理、施工单位限期整改；另一方面，各级项目办将环保检查工作纳入日常巡查检查之中，树立查工程必查环保的工作理念，制订项目巡查检查计划，定期对本项目工程开展环保检查，重点检查施工现场扬尘治理，生产、生活废水的处理，固体废弃物、生活垃圾的处理等方面的情况，每次检查发现的问题均下发检查意见，要求施工单位严格整改，由地（市）项目办检查、监理单位监督、施工单位落实的，责任到人，进一步增强了各参建单位自上而下的环境管理意识，使施工现场环境有了显著的改善。

（5）执行投诉公开机制

在施工现场的主要道路边，树立了“环境公众告知牌”，在施工现场还设立“施工现场公告牌”，留下环境管理、申诉人员姓名及联系电话，严格执行了信息公开和投诉机制。4省世界银行项目办、各有关地（市）和项目县（市、区）项目办还通过与项目区施工集中点居民座谈的方式，进一步了解项目区居民的意见，并将意见反馈给有关项目单位，进一步加以认真落实环境保护措施。通过内部检查，外部监测，省、市环管办巡查，环境监理现场监督，公众参与等多种方式，保证了各省世界银行贷款项目的环境保护工作真正落实到位，并且实施效果显著。

（6）水土保持监测实施情况

4省世界银行项目办通过委托的项目水土保持监测单位的沿线调查监测，各项目建设、施工单位对世界银行贷款淮河流域平原洼地治理工程项目的水土保持工作较为重视，能够按照《中华人民共和国水土保持法》及水保规范的有关规定，安排挖填工程。划定了专门的取土区和弃土弃渣区，减少乱挖现象。将排泥场布置在沿河道两岸，少占用农田，尽量利用两岸的废沟河和低洼地，避开工厂、居民点，同时与主体工程施工协调，缩短运距。施工期完全按照水土保持方案设计进行施工，首先进行临时占地的表土剥离，堆置在排泥场中间兼做隔堰，以增加泥水流动路径和沉淀时间，在排泥场内形成多级沉淀池，以加大固体颗粒物的处理效果，在一定程度上也减少了水土流失。围堰施工时进行分层碾压，增加压实度，放缓坡度，并在围堰边坡和坡顶撒播草籽，减少雨水冲刷裸露坡面，进一步减少了水土流失。在围堰周边开挖临时排水沟，有效地控制项目区水土流失。临时用地、取土区、弃土区使用结束后，在终期进行排泥场复耕时作为耕植土进行资源化回填利用，及时进行平整、复耕。各项目施工单位采取的水土保持措施的实施，基本上与防洪除涝工程建设同步，总体水土保持状况较好。通过水土保持监测单位的现场监测，本项目工程治理范围内水土保持植物措施进行了全面实施并且超过了计划，各分区水土流失得到了有效的控制，水土保持相关措施已起到防治项目区水土流失的效果，项目区生态环境得到明显改善，达到有效防治水土流失的实际效果。河道整治后，绿化了周边环境，成为城乡村民休闲的场所。

（7）环境监测实施情况

对于本项目的环境监测，主要是监督项目施工单位是否按照世界银行贷款项目的《环境管理计划》落实相应的环保措施，对项目区水环境、环境空气、声环境、固体废弃物及生态环境进行有效保护，在项目施工前和施工过程中控制水污染，减少空气与噪声污染，保持生态平衡，防止水土流失，营造良好的生态环境，确保各项环保指标达到国家标准和地方标准、满足项目合同要求。为此，4 省世界银行项目办聘请的项目环境监测单位，根据本项目的环境监测计划，对项目区进行环境监测，对有关地（市）项目区工程施工人员使用的地下饮用水检测不达标的问题，根据项目环境监测单位的整改措施意见，施工单位及时进行调整，购买桶装水作为饮用水，保障了项目施工人员的健康。由于项目中期计划调整后，各级项目办都增加了部分增补完善工程，省环管办对项目环境监测计划也相应做了部分调整，采取进行了相关环境监测措施。涉及淮河项目区内的自然栖息地得到了大力的宣传和保护，未发生捕猎现象。除在施工期对湖边鸟类栖息产生噪声影响外，没有对湿地造成明显不利影响。工程建成运行后，由于水质的改善，河流生物多样性和生物量的增加，对自然保护区生物多样性的保护和生态功能的发挥，将起到积极的作用。总体上，每次监测位点环境监测的各项指标都达到了标准。各省项目区环境质量监测结果表明，项目实施后的水质总体情况明显好于基期，项目区内河道清淤治理以及水生植物的栽植净化了水质，提高了河水的自净能力，减少了河水中的污染，形成了绿色河道走廊和人工湿地生态系统，对于增加河流的生物多样性和自然生态系统的平衡效果显著。

（8）本项目环境管理工作综述

综合来讲，世界银行贷款淮河流域重点平原洼地治理项目在环境管理方面主要亮点是能够将环境管理方面大的原则和通用的规范转化成实际可操作的具体行动，如：

● 组织环境管理专家编制了环境管理规定，赋予了各参建单位清晰的环境管理责任；

● 将环境管理规定作为招标文件的一部分，并纳入合同条款；

● 制定了完善的环境管理体系，每一个参建单位都有一个负责环境管理的工作人员；

● 在施工单位开工进场前召开单独的环境管理知识讲座，特别是发现文物等所要采取的保护措施；

● 定期培训各级项目办、监理单位、承包商的环境管理人员，以确保环境保护措施能够严格且有效地执行；

● 针对不同类型的工程提出适用于特定现场的详细环境管理减缓措施；

● 通过在施工现场及施工营地树立"环境保护措施告知牌"等，增加承包商和建设工人的施工现场环境保护意识；

● 通过定期的每月例会和检查现场报告、监理日记、记录了解环境管理情况，建立检查工程必检查环境管理办法进行现场巡查，以及不定期的实地环境专项检查进行项目环境管理；

● 针对承包商开展绩效为基础的支付制度；

● 施工期和运营期的环境监测计划在环境影响评价报告中就已设计好，以后成为环境管理计划的一部分；

● 环境监测计划涵盖大气、水质、噪声、污水、底泥和土壤侵蚀等，包括指定的参数、频率、时间、地点和估算的一些细节被纳入了环境监测招标文件中；

● 建立监测、检查、改进机制的环境监测和评估系统；

● 把人民的福利放在首位，考虑到人民的生产生活的安全保障，对原环境监测内容进行了增补完善，将项目内所有的主要干河、支河所疏浚的底泥重金属进行了全面监测(江苏世界银行项目办)；

● 在重点建设点安装了电子监控系统，项目办全天 24 小时监测(江苏世界银行项目办)；

● 环保的合法性通过公示牌的形式以及同当地居民保持经常性的沟通得到加强。

以上各项有效的环境保护措施是由 4 省世界银行项目办设立的省环管办促成，所有的这些都是严格按照环境管理计划来实施，并得到了很好的执行。在项目周期的每一个阶段，省世界银行项目办都会积极寻找机会解决相关环境保护问题，对由于现场管理、河道疏浚、文化遗产保护等引起的问题非常敏锐，一旦发现问题就立即提出解决措施。所有这些措施能很好得到落实的关键，是在各级项目办、参建单位和受影响群体间建立一个良好的关系。最后实现改善生活环境和社会效益。

因此，回顾本项目的环境保护工作，中方认为项目环境管理计划的编制是科学、合理的，其充分考虑和反映了项目建设的特点；各项环境监测指标的设计与选取准确，反映了项目建设内容与环境保护事项之间的关系，其监测地点和监测频次的确定，既满足了项目管理的需要，又与国家正常环境保护工作的开展协调一致；各项环境保护目标和措施切合实际，行之有效。因此本项目环境管理方面的工作做法与取得的实际成效，值得今后其他世界银行贷款项目和国内水利建设项目为加强环境管理工作学习借鉴。

2.3.2 征地移民安置行动计划实施情况

(1) 移民安置政策合规性

本项目的征地移民安置工作是根据国家法律法规、地方法规与政策及世界银行业务政策 OP4.12《非自愿移民》及其附件来开展的。同时，本项目编制了《征地移民安置行动计划》，用以指导淮委和 4 省项目区征地移民安置工作。

(2) 移民安置机构健全程度

在世界银行贷款项目实施中，与本项目移民安置活动的计划、管理、实施和监测负责的相关机构是：中央项目办（CPMO）、省世界银行项目办、有关地（市）项目办、项目县（市、区）移民实施管理办公室、乡镇及村委会、省国土资源厅、相关地（市）国土局、项目县（市、区）国土局、中水淮河规划设计研究有限公司、各省（市）水利水电勘测设计院（设计单位）、河海大学移民研究中心、华北水利水电大学社会与移民研究所（外部独立监测评估机构）等。这些单位各司其职，共同完成本项目的征地移民安置实施及征地移民安置监测评价工作。

(3) 移民安置机构人员配备情况

淮委和 4 省世界银行项目办移民管理人员的成员配备齐全，在征地拆迁和移民安置方面具有丰富的经验。其成员来自各级政府和各职能部门，在征地拆迁和移民安置工作中，起到了很好的组织和协调作用。其他参与实施的机构，均由具有丰富水利建设项目管理经验的人员组成。

(4) 征地移民行动计划实际完成情况

根据本项目移民安置外部监测情况表明，4 省和淮委项目区公共基础设施补偿费和专项设施已经能够补偿到相应单位和个人，征地移民补偿资金已发放到村民；淮委和各省项目县（市、区）移民安置管理与实施机构在本项目征地移民安置实施工作中，建立了移民安置内部监督机制，能认真履行各自的职责与任务；征地移民知道当自己的权利受到侵犯时的申诉途径，征地移民抱怨和申诉的渠道畅通；征地移民对补偿标准基本满意，没有发现征地移民上访事件。

截止到 2016 年 12 月底，4 省和淮委项目区征地移民行动计划累计完成永久征地 9 736 亩，占项目评估（PAD）计划数的 62%；累计完成临时占地 42 277 亩，占项目评估（PAD）计划数的 101%；累计完成房屋拆迁面积 142 061 m^2，占项目评估

(PAD)计划数的69%;征地受影响人数为82 279人,占项目评估(PAD)计划数的144%;房屋拆迁受影响人数为4 897人,占项目评估(PAD)计划数的70%。本项目征地移民安置行动计划完成的具体情况,详见表2-11。同时,项目区永久征地数量、房屋拆迁面积和受影响人数实际完成数只为项目评估值的70%左右,其主要原因正如前面部分有关内容所述的3个主要方面所造成的影响。

(5) 征地移民收入恢复情况

通过本项目委托的第三方移民外部监测小组的现场调查,采取抽样调查的方法,为设计抽样方案,采用随机抽样的方法,选择淮委和4省项目区征地移民影响户,并对其生产、生活水平进行跟踪调查,其监测报告定期被世界银行监督团审核。在项目区实地调查过程中,调查及访谈的内容主要包括受影响村的基本情况(如收入支出、土地数量等)和征地拆迁状况,以及受影响企事业单位的房屋拆迁和单位员工情况,以及安置方案和影响程度等,入户调查的内容主要包括项目区家庭人口和土地数量、房屋状况、家庭年收入和年支出,以及家庭财产等情况。通过监测可知,淮委和4省项目区征地移民对本项目补偿标准和安置方案基本满意,补偿资金已发放到村民手中。另外,为了项目区安居者的便利,各省采取了许多措施,进一步改善当地的基础设施,包括修建公路、桥梁、绿化设施和当地的基础设施。项目征地拆迁影响的人群已得到妥善的安置,项目区受影响人群的生活条件不仅得到了恢复,而且还获得了进一步的改善和明显提高。因此,从总体上来说,4省项目区农户生活水平并未受到负面影响,反而有所上升,详见表2-15。

表2-15 移民影响人群收入恢复情况表

省份	2012年人均年收入/元	2016年人均年收入/元	同比变化/%
淮委	9 251	10 308	11.43
河南	8 920	9 914	11.00
安徽	7 025	7 854	11.80
江苏	13 322	14 565	9.33
山东	8 458	9 758	15.37

(6) 信息公开与公众参与情况

本项目在征地移民安置计划实施过程中,建立了有效便捷的信息公开渠道。除了进行张榜公示以外,对于世界银行贷款项目征地移民的相关政策的颁布,都以宣传单的形式发放到项目区征地移民手中,以保证宣传工作做到每家每户、每个移民中,同时,在项目地(市)、县(市、区)的报纸、座谈会等形式,也以合理的方式进行配合采用,有些行政村还以广播等形式进行循环播放,做到家喻户晓。总体来说,本项目的信息公开的渠道非常畅通,项目区征地移民对信息公开的情况也非常满意。

本项目在征地移民安置和拆迁活动过程中，项目县(市、区)项目办工作人员同县(市、区)有关部门、乡(镇、办事处)和行政村的负责人一起，在受项目影响乡镇、村，分别开展了多次座谈会和村民大会，对世界银行贷款项目的建设内容、影响范围、项目影响以及相关补偿安置政策等有关内容，针对项目区受影响的村民进行了大力宣传和讲解，广泛听取了各社会团体、政府有关部门、乡村和移民的意见，对于本项目征地移民补偿标准和安置方式的确定等有关政策措施，进行了广泛的交流研讨，并在这些方面充分争取了项目区征地移民户的意见。在征求项目区受影响征地移民户意见的同时，县级征地实施机构还邀请了部分未受到影响的村民参与座谈会，听取他们对本项目征地移民安置方面的有关意见和建议。对于存在疑虑和担忧的移民，则通过进一步告知相关信息和参观的方式来加以消除，以保证项目区征地移民的权益不受侵害。通过多次开展社会公众参与活动，使项目区的广大居民充分了解了本项目建设的意义以及将要采取的移民安置措施，因此，项目区绝大多数农户希望项目能够尽快建成，促进当地经济的发展及生活水平的提高。

(7) 申诉及抱怨

淮委和 4 省项目区工程建设项目在征地移民安置计划实施过程中，建立了透明、有效的抱怨和申述渠道。抱怨和申诉途径主要是通过村民代表大会，座谈会，发放公开信、宣传手册、告住户书等方式告知了项目区受影响的移民，移民抱怨和申诉的渠道畅通，帮助移民知道当自己的权利受到侵犯时的申诉途径。本项目征地移民安置计划实施过程中，至今没有发现项目区征地移民通过申诉热线表示抱怨，因此，本项目的征地移民对于项目区移民补偿安置政策是比较满意的。

(8) 本项目征地及移民安置工作综述

综上情况，本项目征地拆迁及其补偿工作都已经到位，淮委和 4 省项目区移民生产生活水平得到了恢复，专业项目设施的迁(改)建工作都已全部完成。在项目实施过程中，各项目县(市、区)移民安置机构积极开展社会公众参与、商议补偿标准、协调各相关单位之间的工作，并监督征地补偿费用的拨付，较好地完成了各自的职责和任务。项目区受影响的征地移民知道当自己的权利受到侵犯时的申诉途径，移民抱怨和申诉的渠道畅通；移民对征地补偿标准和移民安置计划方案基本满意，项目区移民的生产生活得到恢复，没有发现移民上访事件。本项目征地移民资料归档工作基本做到由专人负责，各级征地移民资料库基本建立完成。因此，淮委和 4 省世界银行项目办自评价本项目征地移民安置工作是完成较好的，基本符合世界银行的安保政策要求。

2.3.3 大坝安全

本项目影响到 4 省项目区的水库大坝及大型湖泊共 19 座，其中江苏省项目区

1座、安徽省项目区6座、山东省项目区5座、河南省项目区7座。根据世界银行安全保障政策OP/BP4.37的要求，各省世界银行项目办均聘请经验丰富和具有大坝安全管理能力的人员组成大坝安全专家组，保证项目区水库大坝工程管理符合世界银行大坝安全保障政策。水库大坝安全专家组的重点工作是：① 检查和评价现有水库大坝和在建水库大坝的安全状况、附属建筑物和运行时间；② 审查和评价项目业主的运行和维护程序；③ 提供书面成果报告，对任何修补工程提出建议或提出有必要提高现有水库大坝和在建水库大坝以达到可接受的安全标准的、与安全相关的措施的建议。

在项目执行期，水库大坝安全专家组每年都提交了水库大坝安全报告，主要结论为：4省项目区水库大坝坝体安全，大坝防洪标准超出项目区治理防洪标准，水库大坝运行调度可靠和水库大坝经受了洪水考验。综合结论，淮河流域重点平原洼地项目涉及的19座水库大坝安全均可达到涉及的防洪标准，其安全性是可靠的。评估认为涉及水库大坝在项目区发生涉及标准内洪水时，没有发生溃坝事件，因此，世界银行贷款淮河流域重点平原洼地治理工程项目区是安全的。对于4省项目区水库大坝安全检查具体情况及结论，详见表2-16。

表2-16　4省项目区水库大坝安全检查情况表

序号	水库大坝名称	位置	建成时间	坝高/m	总库容/百万 m^3	大坝安全类别	加固或新建验收时间
1	洪泽湖大堤	江苏省淮安市，北起淮阴区码头镇，南迄洪泽县蒋坝镇	始建于东汉，新中国成立以来，先后进行了4次较大规模的加固，2016年2月底完成最新一次加固。	19.0～19.5	12 300.00	一类	加固时间：2012.10—2016.2； 验收时间：2016.11
2	佛子岭水库	安徽省霍山县	1954年	75.9	491.00	二类	2007年
3	磨子滩水库	安徽省霍山县	1958年	82.0	347.00	二类	2007年
4	芝麻水库	安徽省定远县	1972年	19.0	23.00	二类	2007年
5	釜山水库	安徽省天长县	1972年	18.2	109.00	二类	2007年
6	白莲崖水库	安徽省霍山县	2009年	102.0	434.00	二类	2007年
7	响洪甸水库	安徽省金寨县	1958年	87.5	2 613.00	二类	2010年
8	马河水库大坝	山东省滕州市东郭镇马河村滕州市人民政府	1960年5月	23.8	138.00	二类	除险加固主体工程已验收

续表

序号	水库大坝名称	位置	建成时间	坝高/m	总库容/百万 m^3	大坝安全类别	加固或新建验收时间
9	户主水库大坝	山东省滕州市东郭镇户主村滕州市人民政府	1960 年 7 月	16.3	23.70	一类	
10	岩马水库大坝	山东省滕州市	1960 年 5 月	27.8	203.10	二类	除险加固主体工程已验收
11	小马庄水库	山东省苍山县大仲村镇(苍山县水利局)	1960 年 5 月	23.0	43.18	三类	2005 年 4 月进行除险加固，省以上投资 1 277 万元
12	长新桥水库	山东省苍山县贾庄乡	1960 年 5 月	18.9	25.48	三类	2006 年 3 月进行除险加固，省以上投资 1 442 万元
13	宿鸭湖水库	河南省驻马店市	1958 年 8 月	18.0	1 656.00	三类	2007 年 5 月
14	昭平台水库	河南省平顶山市	1958 年 6 月	35.5	713.00	二类	2005 年 7 月
15	白龟山水库	河南省平顶山市	1966 年 8 月	23.4	922.00	二类	2006 年 9 月
16	石漫滩水库	河南省平顶山市	1998 年 1 月	40.5	120.00	三类	2012 年 2 月
17	板桥水库	河南省驻马店市	1993 年 6 月	27.0	675.00	三类	2012 年 8 月
18	薄山水库	河南省驻马店市	1954 年 5 月	48.4	620.00	三类	2010 年 12 月
19	邬桥水库	河南省信阳市	1972 年 5 月	11.8	12.00	三类	2007 年 5 月

2.3.4 文物保护

本项目在实施期间，在江苏省项目区发现了重要的历史文物，为此，按照世界银行安保政策和国内文物保护的有关规定要求，江苏省世界银行项目办采取措施，进行了重点文物的保护性挖掘与处理，取得了很好的效果。具体情况过程及结果如下。

2011 年 5 月 4 日，江苏省世界银行贷款泰东河工程建设局收到兴化市文化广播新闻出版局提交的《关于对泰东河工程蒋家舍遗址保护问题的函》，工程建设局领导高度重视，当即召集工程设计单位和建设局有关人员，研究落实该遗址保护问题。2011 年 5 月 9 日，江苏省世界银行贷款泰东河工程建设局给省文物局申请要求安排对蒋家舍遗址（五星——蒋庄遗址）开展考古调查勘探工作。受省文物局委托，南京博物院组织专家开展了泰东河工程用地范围考古调查，调查线路总长超过 80 km，调查面积约 11 km^2，同时考古勘探了约 55 000 m^2，共发现具有重要历史价值和科学价值的古文化遗址 10 处，遗址涉及盐城市所属东台市和泰州市所属兴化市、姜堰市等 3 市、县。为顺利推进泰东河工程文物保护工作，江苏省世界银行贷款泰东河工程建设局积极协调沟通，请省水利厅领导出面，与省文物局、发改委领导沟通汇报，得到了省有关单位领导的理解和支持。与此同时，江苏省世界银行项目办在文物保护经费未落实的情况下，先行垫付省文物局 200 万元实施文物保护工作。根据“保护为主，抢救第一”的原则，坚持“既有利于文物保护，又有利于工程建设”的目标，2011 年 9 月，省文物局组织 10 支考古队伍，对项目区工程施工范围内的 10 处文物点进行抢救性考古发掘，全力支持工程建设。在发掘过程中，江苏省世界银行贷款泰东河工程建设局多次实地协调各种矛盾，召开文物保护工作推进会，及时做好文物保护单位、施工、监理和乡镇、村等各方面的协调工作，解决文物保护工作中的问题，保障了泰东河工程文物保护和考古发掘工作顺利进行。

到 2012 年 8 月 31 日，江苏省世界银行贷款泰东河工程建设局陆续收到了省文物局发来的 10 个文物点的移交函，所有文物点的野外考古发掘工作全部结束，为本项工程顺利实施创造了条件。根据省文物局提交的《泰东河工程文物点考古发掘工作报告》，世界银行贷款泰东河工程征地范围内文物点的考古工作，共抢救发掘 11 278 m^2，清理各类遗址 219 个(处)，各类墓葬 111 个，出土大量唐宋时期的瓷器，可复原器物 2 000 余件及大量珍贵标本。其中蒋家舍遗址(五星——蒋庄遗址)被列为 2015 年度全国十大考古新发现，该遗址的时代跨度从新石器时代、商周、春秋，经六朝、唐宋，一直到明清时期，是目前江淮地区非常重要的良渚文化遗址，数量如此之多、密度如此之大的良渚文化墓葬，放眼整个江苏也极为罕见，其重要性不言而喻。长期以来，学界关于良渚文化的势力范围、迁徙路线、文化传播、交流与渗透、地方文化类型研究等一系列重大学术前沿问题，尚存在不同的观点和有待厘清的地方。该遗址的重大发现，为我国历史学家研究解决这一系列问题提供了有利契机。这些重要的实物资料，为里下河地区经济文化发展史、盐运史，以及泰东河的形成和发展等各个方面的研究工作，提供了具有十分重要价值的历史文物资料。为此，2012 年 12 月，江苏省世界银行贷款泰东河工程建设局被省文物局、省水利厅、省南水北调办公室联合评为“泰东河工程文物保护先进集体”，工程所属 3 位同志获“泰东河工程文物保护先进个人”，实现了水利工程建设与文物保护双赢的目标。

在世界银行安保政策中，保护物质文化资源也是一项重要的内容，符合世界银行安保政策中的 OP4.11 物质文化资源环境保护有关条款要求。考虑到重要历史文物和文化遗产是不可再生的资源，保护文化遗产功在当代，利在千秋。2013 年 10 月，江苏省世界银行贷款泰东河工程建设局在东台市泰东河河道管理所专门建立了泰东河文物挖掘成果展示厅，长期对泰东河沿线挖掘文物成果进行系统展示，并开展了文物保护宣传工作，进一步增加当地广大群众的国家文物保护意识，使文物保护工作在本项目中得到了长远的发展。

这是一项项目外的重要效益。并且文物部门和水利工程建设部门真诚合作，共同实现“既有利于文物保护，又有利于工程建设”的双赢目标，在水利基本建设工程促进社会经济发展、保地方平安的同时，也使文化遗产保护步入良性循环的轨道，成为江苏省地方经济可持续发展的重要资源，为构建和谐社会共同做出应有的贡献。

对于这种建设规模的项目来说，没有评价或者计划能预估到所有可能发生的意外的情形。比如，在江苏省项目区偶然遇到的考古发现，在许多情况下，这样的发现会在项目当局和遗产资源保护论者之间制造冲突，进而导致项目的延迟或考古发现的破坏。但在这个项目中，省世界银行项目办敏感地预想到可能会有文物，为此由一个迅速的勘测调查作为开始，并且省项目办为文物部门调查先期配置了一定的经费，紧接着获得了 900 万元经费，通知省文物管理当局进行挖掘、研究和抢救遗址的计划。在挖掘工作完成后，项目团队采取了重要的步骤，在相关当局配合下建设了一个展示考古遗址的考古公园。当项目完成的时候，考古公园作为项目的一部分，将竞选美景的申报，尽管付出了额外的努力和资源，但是所有的这些措施不仅仅有助于保护物质文化资源，同时也丰富了江苏北部的文化遗产。在江苏北部，对当地的社区来说传统和文化是有价值的。

此次文物保护是由项目团队的明智、各个政府部门的保证、当地社区的支持，尤其是世界银行保护文化遗产的政策促成的。所有关心的群体之间乐于合作的意愿，也有助于本项目文物保护工作的顺利开展。

2.4 项目监测评价

2.4.1 项目监测评价体系的设计

为了达到世界银行贷款项目设定的发展目标，本项目建立了良好的项目监测评价系统。本项目监测评价的主要指标，主要是根据性质分为影响指标和成果指标两大类。其中影响指标主要针对 4 省项目区确定的项目典型区和淮委洪涝灾情评估与决策支持系统所需指标进行监测和调查，包括定量指标和定性指标两大类。

世界银行贷款淮河流域平原洼地治理工程项目区主要为农业区，为此，确定了以下 5 个定量指标：项目区洪涝减灾面积、典型监测区亩均洪涝损失、项目区洪涝减灾效益、灌溉效益和受益人口，以及对江苏省泰东河工程项目区确定航运指标。并将以上 5 个定量指标作为本项目关键执行指标。

本项目的产出成果指标包括 4 省的防洪除涝和灌溉工程等功能的工程指标、淮委的洪灾评估和决策支持系统、机构能力加强、征地移民安置、环境管理和项目管理等方面的指标。

本项目区除了通过监测定量指标评价项目的经济效益之外，还具有显著的社会效益，如项目管理水平的提高、农村贫困地区脱贫致富情况、各级项目办人才的培养和项目带动等间接效益。还应该监测或调查项目区必要的定性影响指标,并形成文件进入项目监测与评价系统。其中包括:① 通过世界银行贷款淮河流域重点平原洼地治理工程项目的实施,项目各级参建人员是否能够通过协作管理、财务运作、监测评价、安全保证和招投标等操作实践,使得管理水平得到较大提高,通过事例可以清楚地监测到这些指标;② 通过项目的实施,本项目是否带动了其他项目实施,如排涝渠道的建设可以带动地方自筹资金建设的灌溉排涝站,新建或加固堤防带动了堤防道路建设等;③ 农民排灌协会(FDIA)的建立是否提高了项目区农民群众管理小型水利工程的水平和经验,是否为地方水利管理提供了新的管理模式等;④ 征地移民安置行动计划的实施是否使得项目区农户收入和生活条件维持或提高;⑤ 项目完成以后 3 年内能否继续维持良性运行,项目完成后得到那些成功的经验或教训;⑥ 其他有作用的定性影响指标等。

本项目监测评价区域为项目治理的 20 片平原洼地,主要针对 4 省及淮委世界银行贷款项目建设进度、完成投资比例、征地移民行动计划实施、环境管理计划落实、采购、财务管理等方面,进行监测与评价。根据世界银行贷款项目监测与评价细则,为减少监测评价工作量,提高工作效率,准确获取项目效益指标,本项目共选取 13 个典型监测区。其中包括:河南省项目区 2 个,分别为沿淮洼地淮滨县芦集典型监测区、小洪河下游洼地平舆县徐庄典型监测区;安徽省项目区 4 个,分别为八里河典型监测区、澥河洼地典型监测区、西淝河下游洼地典监测型区、北淝河下游典型区;江苏省项目区 4 个,分别为泰州、东台、淮安、徐州典型监测区;山东省项目区 3 个,分别为济宁李桥典型监测区、枣庄后王晁典型监测区和临沂典型监测区。

世界银行贷款淮河流域平原洼地治理工程项目监测评价的主要指标包括 5 个项目关键成果指标和 13 个中间成果指标。其中,

(1) 项目关键成果指标(Output)包括:

① 城市及农村的防洪除涝治理面积;

② 防洪除涝保护人口的数量;

③ 城市和农村地区减少的洪灾经济损失;

④ 防洪除涝条件改善所提高的农民人均农业收入;

⑤ 河道整治增加的航运效益。

(2) 中间成果指标包括:

① 堤防新建和加固长度;

② 河道整治长度;

③ 配套涵闸、泵站等建筑物建设数量;

④ 批准和实施的工程运行和维护计划的数量;

⑤ 按要求成立的农民排灌协会实现的功能百分比;

⑥ 防洪减灾及决策支持系统完成投资的百分比；

⑦ 水力模型完成的百分比；

⑧ 洪灾评估及决策支持系统达到的技术标准的精度要求；

⑨ 理解和帮助推广项目创新点的项目管理人员数量；

⑩ 收入和生活水平能够得到维持或提高的项目影响人群的人数；

⑪ 收入和生活水平能够得到维持或提高的征地移民人数；

⑫ 环境管理计划实施行动落实的个数；

⑬ 严格按照世界银行采购和财务管理指导方针的合同个数。

(3) 监测体系及组织管理

本项目监测与评价体系包括外部机构承担的外部监测与评价体系和由各地(市)、项目县(市、区)项目办组成的内部监测与评价体系。外部监测与评价体系主要负责实地监测和对各市、县数据的汇总、分析，提出全省项目监测与评价报告。内部监测与评价体系要在外部监测与评价机构的指导下开展工作，各市、县项目办认真调查，按时填写并提交相关表格，并为外部机构对典型片的实地监测提供便利，给予配合和支持，将项目进展情况的数据及时输入 MIS 系统中。

2.4.2 项目监测评价工作的实施

项目监测与调查计划是一项系统工程，分项目监测评价系统的设计、基线数据调查、随工程过程的监测与评估、项目监测总监测评价报告等几部分组成。在进行项目监测评价工作前，淮委和 4 省世界银行项目办多次邀请世界银行监测评价专家，组织各级项目办、咨询公司、监测评价单位召开座谈会，细致地讨论、分析、研究每个项目成果指标数据采集、计算方法，做到数据来源可执行、可靠、可衡量及合理性。参与调查活动的项目监测评价小组成员具备相关专业知识和丰富调研经验，并在赴项目区调查前组织专项技术培训活动。根据项目实施情况，在本项目基线调查中，将 2010 年作为基线调查年度。为了保证项目监测评价工作的质量，对 4 省项目区的社会、经济、防洪除涝及排灌系统的工程状况等相关指标进行了一次较为系统的摸底调查，以期为项目执行期及今后项目结束时的各项对比分析和成效评价工作提供参照及依据。在实际监测调查中，项目监测评价单位每年 2 次组建调查小组分赴有关地(市)和项目县(市、区)项目区进行实地调研，各监测小组均安排了具有较强组织能力及丰富调研经验的成员担任组长，指导其所在组的成员开展调查活动，确保调查活动的顺利进行。调研对象为各有关地(市)和项目县(市、区)项目办，以及各地(市)农业、航运、气象等相关部门和各个典型监测小区的农户，在项目区相关受益者积极配合参与下，使项目监测评价工程得到了顺利开展。

从 2011 年开始，项目监测评价单位在世界银行每次检查前组织调研，提交了阶段性报告，每年年底都会到项目区再次开展实地调研，然后提交当年的年度监测评价报告。目前，淮委和4省世界银行项目办的项目监测评价单位，一共持续提交了10份年度项目监测评价报告，以供中央项目办(CPMO)和世界银行检查团进行审查。每期年度监测评价报告都做出了项目区监测评价结论，并提出了合理化建议，相关数据较为客观，符合实际情况，对搞好淮委和4省世界银行贷款项目的有效实施，发挥了很好的指导性作用。

2.5 工程后续运行维护管理

为确保世界银行贷款淮河流域平原洼地治理工程项目各项工程安全运行并可持续发挥效益，落实好新建防洪除涝治理工程的管理维护工作至关重要。本项目实行按水系统一管理和按行政区划分及管理相结合的原则，实行责任、权利和义务相统一，采取管资产、管人、管事相结合的管理体制。各级水行政主管部门对本项目防洪除涝工程负有行业管理责任，负责监督检查项目区防洪除涝治理工程的管理养护和安全运行，对其直接管理的防洪除涝治理工程负有监督资金使用和资产管理责任。根据该项工程属地划分，本项目中的主要排涝河道及排涝设施，采用现行的省、市、县三级管理的体制，实行管养分离，水管单位具体负责防洪除涝治理工程的管理、运行和维护，保证工程安全运行和发挥效益。对小型涵闸、排涝泵站、沟渠、桥梁等其他工程，则由所属乡镇水利站负责日常维护和管理工作。根据现行管理体制及工程属地划分，本项目工程建成后移交地方各对口单位运行维护管理，各单位均属事业单位，已建工程运行维护资金由有关地(市)、项目县(市、区)财政补贴，因此，本项目的已建防洪除涝工程运行维护经费来源有保障。

2.5.1 防洪除涝工程运行维护单位、资金来源

(1) 淮委子项目

防洪排涝减灾实体模型、淮河巡测基地、沂沭泗河巡测基地和灾情评估中心的系统年运行费，将纳入淮委流域机构的部门预算或专项研究经费；淮河防洪排涝减灾实体模型运行费，还将可以从重点实验室国家支持经费和部委下达的科研项目，以及社会委托的有关科研项目经费中进行安排。

(2) 江苏省子项目

泰东河河道工程建成后移交姜堰区城区河道管理所、兴化市河道管理所、泰州市水利工程管理处、东台市河道堤防管理所进行工程维护管理，道路桥梁工程建成后移交所在地乡(镇)政府、县(市、区)交通局，承担管护责任。宿迁市巡测基地工程建成后，移交江苏省水文水资源勘测局宿迁分局、淮安分局、徐州分局及骆运水利工程管理处进行维护管理。东台市境内、泰州市境内影响、赔建工程建成后，移交所在地乡(镇)政府承担工程维护管理，泰州段影响、赔建工程建成后，移交所在地乡(镇)水利站或村集体承担维护管理。农民排灌协会(FDIA)所属工程则由协

会内部落实工程运行和维护计划管理。徐州市工程建成后，移交云龙区河道管理所、铜山区河道管理所、云龙区河道管理所和经济技术开发区河道管理所进行维护管理。泰州市工程建成后，移交城区河道管理处、五叉河闸站管理所、泰州市水利局海陵区分局、泰州市水利局农业开发区水利分局进行维护管理。淮安市工程建成后，移交淮安市清浦区城区河道泵站管理所、清河区泵站管理所、淮安市经济技术开发区水利服务站、淮安区城市排涝站管理所，以及新成立的里运河管理单位进行维护管理。

本项目的泰东河干河河道工程维护费用由省、市、区三级财政承担，道路桥梁工程维护费用由被移交单位落实。东台市境内影响、赔建工程维护费用由乡（镇）政府承担，市以上政府适当予以贴补；泰州市境内影响、赔建工程维护费用由被移交单位承担。农民排灌协会（FDIA）管辖的工程，由协会内部落实运行维护经费（村委会承担维修经费）。徐州市、淮安市、泰州市各工程单位均属事业单位编制，运行维护资金由市财政补贴，经费落实渠道明确，工程运行维护经费有保障，每年按要求分期分批下达经费计划，不足部分由区财政配套补齐。

（3）安徽省子项目

省、市、县三级水利局负责河流、水道和排水渠上的大型工程，以及堤防系统和灌排泵站的运行和维护，并对农民排灌协会（FDIA）进行监督并提供协助。建立的各个农民排灌协会（FDIA），承担所有小型灌排水利工程（例如水闸、泵站等）的运行和维护，田间小型水利工程所有权已转交给农民排灌协会（FDIA）。

根据《安徽省人民政府办公厅转发省发展改革委、省水利厅关于水利工程管理体制改革实施意见的通知》，各级政府要合理调整水利支出结构，根据定额标准确定维修养护岁修资金规模，将公益性水利工程的维修养护支出纳入政府年度预算。根据《安徽省水工程管理和保护条例》，纯公益性水利工程管理单位的工程运行维修养护经费，按照水利工程隶属关系，运行维护资金由市、县财政承担。为此，本项目已建的防洪除涝工程为纯公益性水利工程，其工程运行管理所需费用，将由各有关地（市）和项目县（市、区）级财政予以安排支出，并列入年度财政预算予以安排。

（4）河南省子项目

河南省项目区防洪除涝治理工程普遍为小型水利工程，建成后工程管理当地仍以现行县、乡设置的水利工程管理单位为主，工程建成验收移交当地水行政主管部门及农民排灌协会（FDIA）负责进行管理。信阳市巡测基地工程建成后，移交河南省信阳水文水资源局进行维护管理。

目前，防洪除涝治理工程运行和维护资金采取"政府补一点，农民群众拿一点"的措施，即县级政府负担排涝泵站电费等支出，水利部门及所在乡镇政府负责日常管理机构运行经费，项目区农民群众负责筹资投劳完成田间工程疏浚维修，既不增加农民负担,又确保了防洪除涝工程持续发挥效益。农民排灌协会(FDIA)管辖的工程,由协会内部落实运行维护经费。信阳市巡测基地由河南省信阳水文水资源局安排维护管理经费。

(5) 山东省子项目

山东省世界银行淮河洼地治理工程项目涉及济宁、枣庄和临沂3地(市)的13个项目县(市、区),3片平原洼地防洪除涝治理工程管理分别由各地(市)、项目县(市、区)水利局或其下属的河道管理所管理,其中,南四湖滨湖洼地内的龙拱河、老赵王河由任城区水利局及所属乡镇管理站管理;老万福河由鱼台县水利局管理;老运河、老泗河由微山县水利局管理;薛城小沙河、小沙河故道、东泥河由薛城区水利局管理;沿运河的阴平沙河、二支沟由峄城区水利局管理;月河、新沟河由台儿庄区水利局管理;郯苍洼地内的白马河、吴坦河分别由郯城县安子桥闸管理所和苍山县水利河道管理所管理。各片平原洼地内的排灌站、涵闸均由所在乡镇及行政村管理。农民排灌协会(FDIA)负责田间配套工程管理,由县级水利部门负责技术指导和监督管理。

各级水行政主管部门对水利工程负有行业管理责任,负责监督检查水利工程的管理养护和安全运行,对其直接管理的水利工程负有监督资金使用和资产管理责任。水管单位具体负责水利工程的管理、运行和维护,保证工程安全运行和发挥效益,运行维护经费由各级财政按计划支付。田间配套工程运行维护资金由协会负责。

2.5.2 项目区工程运行维护计划、内容、作用

本项目按照世界银行项目法律文本的有关要求,淮委和4省项目区需要编制146份工程运行维护计划,现实际项目范围内的各项水利工程,已全部编制完成了工程运行维护计划,实际共完成151份工程运行和维护计划,完成计划的103%。具体情况详见表2-17。本项目工程运行和维护计划内容主要包括:工程管理机构设置、管理职责、培训计划、工程维护技术标准、维护制度及频率,以及经费预算、资金来源等,内容详细全面。项目接收管理单位基本在工程完工前3个月编制并提交了工程运行和维护计划,提前开展了工程管理维护工作,及时发挥了工程效益。因此,淮委和4省世界银行贷款项目完成的工程运行和维护计划情况良好,应予以充分肯定。

表2-17 运行维护计划编制情况表 单位:个

单位	评估计划数	中调计划数	实际完成数	工程类型
淮委	0	0	4	防洪除涝减灾实体模型基地、灾情评估中心等
河南	30	31	34	提排站、排涝站、河道、涵闸、港口、农民排灌协会等

续表

单位	评估计划数	中调计划数	实际完成数	工程类型
安徽	59	59	59	洼地治理工程、河道、桥梁、堤防、泵站、排灌站、农民排灌协会等
江苏	16	16	27	河道、泵站、涵闸、桥梁、农民排灌协会等
山东	27	27	27	河道、泵站、涵闸、桥梁、农民排灌协会等
合计	132	133	151	

2.5.3 开展农民排灌协会运行维护课题研究

为了保证项目区农民排灌协会(FDIA)顺利推广和可持续运行，充分发挥协会作用，安徽、江苏、山东、河南省世界银行项目办选择“淮河流域平原洼地排灌区运行与管理模式研究”作为专项应用研究课题，4省分别委托相关咨询机构，结合本项目实际进行专题研究。各个课题组通过现场考察、座谈讨论的方式，征询了工程运管单位和用水户的意见，分析了目前各省淮河流域涝洼地排灌区的现状和运行中存在的具体问题；分析探讨了国内外排灌区建设、运行管理模式，通过技术理论与实践应用相结合的方式，研究提出了符合本项目区平原洼地排灌区的运行管理模式，使研究成果既有理论上的突破，又能应用到指导生产实践中。

3 项目结果评估与影响效果评价

3.1 发展目标、指标设计和项目实施的关联性

3.1.1 项目设计符合当时我国发展政策以及世界银行对我国援助战略

(1) 项目设计时与我国当时发展政策的相符程度

2002年1月,在国务院办公厅批转水利部《关于加强淮河流域2001—2010年防洪建设若干意见》(国办发〔2002〕6号)中,也强调"要加快流域重要支流及湖洼、里下河地区的防洪排涝设施的建设,改变1991年型暴雨造成淮河大面积涝灾的状况。

本项目设计时,正处于我国"十一五"规划(2006—2010年)实施期间。"十一五"规划提出应顺应自然规律,调整治水思路,从单纯的洪水控制向洪水管理转变,注重水资源开发利用向优化配置转变。由于淮河流域经济、人口的增加,由洪水造成的直接经济损失迅速增加,而且有持续发展的趋势。堤防建设和其他防洪措施备受重视,还需要大量工程投资。在此阶段,国家发改委、水利部和城乡建设部联合出台了《全国水利发展"十一五"规划》,指出加强防洪减灾能力建设,按照人与自然和谐的理念,科学合理地安排河道整治、堤防加固、湖泊治理、控制性枢纽和蓄滞洪区建设,合理调节和利用洪水。

2011年出台的中央1号文件,即《中共中央、国务院关于加快水利改革发展的决定》(中发〔2011〕1号),指出要进一步治理淮河,继续推进主要江河河道整治和堤防建设,全面加快蓄滞洪区建设。提出力争通过5～10年努力,从根本上扭转我国水利建设明显滞后的局面,到2020年基本建成防洪抗旱减灾体系及河湖健康保障体系。

(2) 项目设计时与世界银行当时对我国援助战略的相符程度

该项目设计时,根据世界银行研究提出的《中国国别伙伴战略2006—2010》(CPS 35435—CN,2006年5月23日)和国家水资源援助战略(CWRAS—2002),把防洪和排涝作为世界银行支持的关键领域之一,其中包括工程措施,如基础设施建设和非工程措施,如机构能力建设、流域管理、洪水预警和灾害评估系统、参与途径以及加强运行和维护。本项目针对淮河流域重点平原洼地存在的排洪排涝能力低、河道淤积、建筑物阻水、损毁严重等问题,实施了以下的工程措施:通过疏浚河道和加固堤防,提高现有河道的排涝防洪能力;通过新建、重建、扩建、加固现有建筑物,使治理区形成一个完整的防洪排涝体系,同时结合提高管理单位的能力建设,进行综合治理,为该地区经济可持续发展创造良好的条件。

综上所述,项目设计时与世界银行当时对我国援助战略是高度相符的。

3.1.2 项目针对项目区的实际问题和需求进行设计和实施

(1) 项目区存在的突出问题

淮河是我国七大江河之一，主要贯穿河南、安徽、江苏和山东4省，流域国土总面积27万km^2，现有总人口1.65亿。该流域在我国经济上具有重要的战略地位，其粮食产量约占全国的1/6，经济作物约占全国的1/4。全流域现约有666万hm^2耕地在低洼易涝区，其中重点平原洼地地势低洼，汛期受淮河和骨干排水河道高水位顶托，自排机会小，现状排水能力严重不足，排水标准明显偏低，大部分地区不足3年一遇，致使洪涝灾害频繁发生，因洪致涝已成为这些地区影响最深、涉及面最广的灾害。且每次大水后退水时间长，严重影响农民群众的生产、生活。根据对1991年和2003年洪涝灾情的不完全统计分析，涝灾或因洪成灾的损失约占全部灾害损失的2/3以上。例如，发生于2003年的洪涝灾害，给城市和广大农村带来了巨大灾难，直接经济损失达45亿美元，成千上万民众由于洪水和房屋倒塌而无家可归。由于防洪标准低，居住在淮河圩区的民众每年雨季都会持续受到洪水的影响。由于圩区多是封闭的洼地，排水不足加剧了这种局面，导致涝灾，极大降低了农业生产率。这些地区也是淮河流域贫困人口最为集中的地区，且因大水后退水时间长，影响秋种，大量被水淹没的人口无法返回。为了提高该地区的抗灾能力，改善项目区内生产生活条件，该地区因洪致涝问题作为治淮的一个十分突出问题，被高度重视，需要加以研究解决。本项目的发展目标是通过疏浚河道和加固堤防，提高现有河道的排涝防洪能力；通过新建、重建、扩建、维修加固现有建筑物，使治理区形成一个完整的防洪排涝体系，真正做到涝水排得出，洪水防得住，从而彻底改变低洼易涝区涝灾严重、人民群众生活困难的局面，为地区经济可持续发展创造良好的条件。

(2) 项目满足了当前淮河平原低洼地治理的需求

针对淮河流域工程管理手段和管理设施的薄弱环节，项目主要的非工程措施是：一是进行淮河流域洪涝灾情评估及减灾决策支持系统建设，其目标是使淮河流域部分重点平原洼地地区防洪除涝信息的采集速度大大提前，信息接收、处理和存储功能进一步完善；灾情预测较准确和迅速；防洪除涝调度手段得到改善，增强决策的科学性；有关淮河重大防洪除涝方案可以在淮河防洪除涝减灾实体模型与数字模拟环境下进行论证，促进防汛管理和防洪除涝调度决策水平的提高，为防洪调度决策和指挥抢险救灾提供有力的技术支持和科学依据。二是研究淮干的洪水特性、行蓄洪区的合理调度运用、干流洪水顶托、洼地洪涝灾害与干支流的关系等一系列重大技术问题。鉴于这些问题的复杂性，建立淮河防洪除涝减灾实体模型。通过实体模型建立洪水演进模型，模拟不同水情下的涝灾形势，预测评估涝灾情况，提高淮河防洪除涝决策的科学性，增强流域的防灾减灾能力。同时基于淮河流域洪涝关系复杂的特点，通过实体模型试验，可以系统研究治淮工程总体布局、洪涝关系。模型试验将实现历史洪水的仿真和对将来洪涝灾害的预测预报，优化防洪除涝治理方案等，为淮河流域平原洼地的全面治理创造更好的条件。

3.1.3 项目完工评价时依然符合我国发展政策以及世界银行对我国援助战略

(1) 项目完工评价时与我国发展政策的相符程度

本项目完工评价时，正值国家“十二五”规划(2011—2015 年)实施期间，也是我国防洪减灾的关键阶段。国家“十二五”规划提出加强水利和防灾减灾体系建设，要求继续加强淮河等大江大河大湖治理和重要蓄滞洪区建设，建成一批控制性枢纽工程，提高重点防洪保护区的防洪能力。这一时期，需要基本消除影响防洪安全的突出隐患。在此阶段，本项目向江苏、山东、安徽、河南 4 省淮河流域农村贫困地区实施更可靠的防洪防涝措施，进一步提高耕地生产率，减少财产损失，保证在本项目下建立的防洪排水改进系统的可持续性。

(2) 项目完工评价时与世界银行对我国援助战略的相符程度

该项目完工评价时，根据世界银行《中国国别伙伴战略(2013—2016 财政年度)》(CPS 67566—CN，2012 年 10 月 11 日)，世界银行将在流域层面继续采取水资源综合管理措施，解决水资源的多重利用问题，其中包括加强对洪涝等问题的重视以及支持援助，并发挥由世界银行和中国政府共同起草的《中国水资源伙伴战略》的作用，世界银行通过在淮河流域地区配套的中小型水利工程，提高了其运行和维护能力，尤其在一些经常遭受洪水灾害的地区或更为贫困的农村地区，逐步使建成的大型水利基础设施发挥了效益的最大化，并且有力地促进贫困地区农民群众加快脱贫致富的步伐。

综上所述，项目评价时与世界银行对我国的援助战略高度相符。具体情况详见表 3-1 和表 3-2。

表 3-1 世界银行贷款淮河平原洼地治理项目发展目标、项目成果的关联性表

项目开发目标	项目关键成果指标	项目成果信息的运用
项目开发目标是为淮河流域的安徽、河南、江苏、山东省以农村为主的地区提供更高、更安全的防洪除涝标准，以提高农田生产率和减少财产损失。	项目成果-1：城市及农村的防洪保护面积指标； 项目成果-2：防洪保护人口的数量指标； 项目成果-3：城市和农村地区减少的洪灾经济损失指标； 项目成果-4：防洪条件改善所提高的农民人均农业收入指标；	项目实施过程中，跟踪项目进展情况，如有必要，可进行调整

续表

各子项目的中间成果	各子项目的成果指标	项目中间成果运用
子项目1： 防洪除涝工程	中间成果-1：堤防加固长度指标； 中间成果-2：河道整治长度指标； 中间成果-3：新建建筑物数量指标：包括泵站、穿堤建筑物、防洪闸及桥梁； 中间成果-4：批准和实施的运行 & 维护计划的数量指标； 中间成果-5：按要求成立的农民排灌协会实现的功能百分比指标； 中间成果-6：为各环境管理计划实施采取主要活动的分配预算数目指标	项目实施过程中，跟踪项目进展情况，如有必要，可进行调整
子项目2： 洪灾评估及决策支持系统	中间成果-7：洪灾评估及决策支持系统完成的百分比指标； 中间成果-8：水力模型完成的百分比指标； 中间成果-9：洪灾评估及决策支持系统达到的标准精度指标	项目实施过程中，跟踪项目进展情况，如有必要，可进行调整
子项目3： 制度建设	中间成果-10：理解和帮助推广项目创新点的政府官员数量指标	项目实施过程中，跟踪项目进展情况，如有必要，可进行调整
子项目4： 征地移民安置行动计划的实施	中间成果-11：收入和生活水平能够得到维持或提高的项目影响人群的数量指标； 中间成果-12：收入和生活水平能够得到维持或提高的移民数量指标	项目实施过程中，跟踪项目进展情况，如有必要，可进行调整
子项目5： 项目管理	中间成果-13：严格按照世界银行采购和财务管理指南签订的合同数量指标	项目实施过程中，跟踪项目进展情况，如有必要，可进行调整

表 3-2 世界银行贷款淮河平原洼地治理项目与国家和地方政府政策关联性

颁布单位	序号	国内政策、发展计划	颁布时间	文件号	主要内容	和项目目标的关联性	本项目所采取措施
国务院	1	国务院《关于进一步治理淮河和太湖的决定》	1991 年	国发〔1991〕62 号	明确提出了“进行湖洼易涝地区配套工程建设，提高防洪除涝标准”	为淮河流域较贫困的农村地区开展洼地防洪除涝治理	项目区采取的防洪除涝治理工程的措施：堤防加固；改善水道-河道清淤，排水渠开挖和河岸加固与稳定；水控制工程的新建、修复、改建和扩建，包括泵站、穿堤建筑、水闸和桥梁等
国务院	2	国务院办公厅批转水利部《关于加强淮河流域2001—2010 年防洪建设若干意见》	2002 年	国办发〔2002〕6 号	强调“要加快流域重要支流及湖洼、里下河地区的防洪排涝设施的建设，改变 1991 年型暴雨造成淮河大面积涝灾的状况”，提出了淮河流域 2001—2010 年防洪建设的目标、总体部署、建设任务以及实施意见和保障措施	为淮河流域较贫困的农村地区开展洼地防洪除涝治理	项目区采取的防洪除涝治理工程的措施：堤防加固；改善水道-河道清淤，排水渠开挖和河岸加固与稳定；水控制工程的新建、修复、改建和扩建，包括泵站、穿堤建筑、水闸和桥梁，建洪水预报系统等
部委	3	水利部颁发了《小型农村水利工程管理体制改革实施意见》	2002 年	水利部水建管〔2002〕429 号	更加规范工程建成后的有效管护机制	项目强调工程科学规划和设计与建设、运营维护	工程科学规划和设计与建设、编制运营维护
部委	4	水利部《关于抓紧进行淮河流域灾后水利建设前期工作的紧急通知》	2003 年	水利部水规计〔2003〕309 号	对抓紧实施灾后重建和加快淮河治理工程建设作出指示	政策指导性	修防洪堤，建洪水预报系统
部委	5	水利部、国家发展和改革委员会、民政部联合颁发了《关于加强农民用水户协会建设的意见》	2005 年	水农〔2005〕502 号	鼓励建立农民用水户协会、排灌协会等农民组织	项目强调协助农民自行建立农民用水协会、排灌协会以充分发挥工程的效益以及建成后的管护	在项目区建立 4 个示范点，推广 32 个农民排灌协会

续表

颁布单位	序号	国内政策、发展计划	颁布时间	文件号	主要内容	和项目目标的关联性	本项目所采取措施
国务院部委	6	《淮河流域重点平原洼地除涝规划报告》	2010 年	水利部水规计〔2010〕82 号	规划治理区涉及河南、安徽、江苏、山东 4 省，分别为沿淮洼地、淮北平原洼地、淮南支流洼地、里下河洼地、白宝湖洼地、南四湖洼地、邳苍炎新洼地、沿运洼地、分洪河道沿线洼地、行蓄洪区洼地	支流河道及干沟治理，圩区堤防加固，排涝泵站修建，退垦还湖，低洼地区农业结构调整，完善非工程措施和工程管理	以治涝为主要目标，兼顾洪、旱、渍的防治，工程措施与非工程措施相结合，分片综合治理
	7	《全国生态保护与建设规划(2013—2020 年)》	2014 年	发改农经〔2014〕226 号	建设生态文明涉及生态建设、资源节约、环境保护等多方面内容	农田生态系统保护与改良取得一定成效，水土流失综合防治工作成效明显	通过开展旱作农业示范基地(区)建设，有效提高了耕地蓄水抗旱和生产能力，通过治理中、低盐碱地农田，实施保护性耕作，有效控制了水土流失，农田土壤结构和肥力得到明显改善
	8	《农业部关于加大贫困地区项目资金倾斜支持力度促进特色产业精准扶贫的意见》	2016 年	农业部农计发〔2016〕94 号	脱贫攻坚决策部署，坚持精准扶贫、精准脱贫的基本方略	扶贫开发，加快脱贫步伐	河道疏浚、拓宽，堤防加固，建设涵闸、泵站和桥梁等大中型水利设施，为贫困地区提供水利基础设施；同时在有关地区建立排灌协会，实施小型田间工程，提高农业生产力
	9	《中华人民共和国河道管理条例》	2016 年	政府令 258 号	加强河道管理，保障防洪安全，发挥江河湖泊的综合效益	为本项目的运行维护提供技术保障	河道实施疏浚、拓展过程中严格按照管理条例管理和移交给当地管理部门，管理部门严格按照管理条例进行运行和维护

续表

颁布单位	序号	国内政策、发展计划	颁布时间	文件号	主要内容	和项目目标的关联性	本项目所采取措施
淮委及四省	1	淮委《关于加强淮河流域2001—2010年防洪建设若干意见实施方案》	2002年	淮委规计〔2002〕353号	对国务院《关于加强淮河流域2001—2010年防洪建设若干意见》的进一步落实，明确淮河流域2001—2010年防洪建设的目标、总体部署、建设任务等	方案指导性	修防洪堤，建洪水预报系统。
	2	《河南省水利发展规划(2011—2020年)》	2012年	豫政文〔2012〕7号	一个核心、七大目标、七大任务、十一项重点工程	防洪减灾体系规划中的河道治理及蓄滞洪区建设和低洼易涝区治理	河道进行疏浚、拓宽，加固堤防，建设涵闸、桥梁等设施，使其生产能力达到或接近全国水平
	3	《安徽省国民经济和社会发展第十三个五年规划纲要》	2016年	安徽省第十二届人民代表大会第六次会议批准	安徽省"十三五"计划	大力发展农业，打赢脱贫攻坚战	河道疏浚、拓宽，堤防加固，建设涵闸、泵站和桥梁等大中型水利设施，为贫困地区提供水利基础设施；同时在有关地区建立排灌协会，实施小型田间工程，提高农业生产力
	4	《安徽省人民政府关于实行最严格水资源管理制度的意见》	2013年	皖政〔2013〕15号	加强水资源管理	建立完备的水资源规划体系，大力推进节水农业，推进水生态系统保护与修复	河道疏浚、拓宽，堤防加固，建设涵闸、泵站和桥梁等大中型水利设施，提高水资源利用率，提供水利基础设施

续表

颁布单位	序号	国内政策、发展计划	颁布时间	文件号	主要内容	和项目目标的关联性	本项目所采取措施
淮委及四省	5	《安徽省水利工程维修养护定额标准(试行)》	2016年		为保障水利工程安全运行,充分发挥水利工程综合效益,加强水利工程维修养护项目管理和资金管理,科学合理编制水利工程维修养护经费预算,提高资金使用绩效	加强本项目水利工程维修养护项目管理和资金管理	河道疏浚、拓宽,堤防加固,建设涵闸、泵站和桥梁等大中型水利设施,移交前编写运行维护计划,保证项目有效使用
	6	《安徽省水利厅2016年水利扶贫开发工作方案》	2016年	皖水农〔2016〕77号	精准扶贫开发情况	加快贫困地区大中型灌区续建配套与节水改造,推进灌溉排水泵站更新改造,统筹解决好灌溉水源、农田灌排骨干工程和田间工程“最后一公里”问题,以贫困村为重点,继续推进小型水利工程改造提升“5588”行动,切实加快贫困村“八小”水利工程改造提升	河道疏浚、拓宽,堤防加固,建设涵闸、泵站和桥梁等大中型水利设施,为贫困地区提供水利基础设施;同时在有关地区建立排灌协会,实施小型田间工程,提高农业生产力
	7	《安徽省人民政府关于深化改革推进小型水利工程改造提升的指导意见》	2013年	皖政〔2013〕66号	进一步深化改革,推进小型水利工程改造提升	完善水利排灌体系	在有关地区建立排灌协会,实施小型田间工程,建设生产桥等小型水利工程提高农业生产力
	8	《江苏省“十二五”水利发展规划》	2011年	苏政办发〔2011〕103号	加强区域骨干河道、中小河流和低洼易涝地区治理,加快病险水闸、泵站、水库加固改造,恢复提高区域防洪除涝能力	以新一轮治淮为重点,加强防洪除涝工程建设;以南水北调及沿海地区供水为重点,加快水源工程建设;以太湖水环境综合治理为重点,加强水环境治理工程建设;以粮食安全及改善民生为目标,大力推进农村水利建设	防洪减灾;流域防洪能力得到巩固提高,区域防洪除涝能力明显改善;全面推进农村水利标准化、现代化建设;水资源供给保障;水资源与水生态保护

续表

颁布单位	序号	国内政策、发展计划	颁布时间	文件号	主要内容	和项目目标的关联性	本项目所采取措施
淮委及四省	9	江苏省《省政府关于江苏省防洪规划的批复》	2011年	苏政复〔2011〕21号	各市、县人民政府要加大防洪排涝工程建设力度，加强河湖工程维护管理，切实提高流域、区域防洪排涝标准	全面规划、统筹兼顾、标本兼治、综合治理。妥善处理流域、区域、城市、农村防洪之间以及整体与局部、上游与下游、洪与涝的关系，统筹协调区域经济社会发展和国民经济各部门对防洪能力的总体要求，在现有工程基础上，完善防洪工程体系，充分发挥防洪工程设施的综合功能和整体效益	建立防洪减灾体系。妥善处理流域、区域、城市、农村防洪的关系，在统一规划下搞好协调、衔接
	10	江苏省《省政府关于江苏省水资源综合规划的批复》	2011年	苏政复〔2011〕29号	实行最严格的水资源管理制度；着力保障供水安全；加强水资源保护和河湖生态修复；全面推进节水型社会建设	按照建设资源节约型、环境友好型社会的要求，坚持以人为本、人水和谐、统筹兼顾、综合管理原则，正确处理经济社会发展、水资源开发利用和生态环境保护的关系，合理开发利用水资源，优化配置水资源，有效保护水资源，确保引水安全、供水安全和生态安全	建立健全水资源与水生态保护制度，有效保护水资源和水环境，维护河湖健康生态；加强水文水资源监测能力建设，提高对水资源的动态监测和调控能力
	11	水利部关于印发《加快治淮工程建设规划（2003—2007年）》的通知	2003年	水规计〔2003〕580号	要求加强淮河流域重点洼地治理，提高防洪除涝标准，实施重点平原洼地排涝工程建设；加强非工程措施，基本建成工程措施和非工程措施相结合的流域防洪除涝体系"，并将重点洼地治理工程列为加快治淮建设新增3项工程之一	为淮河流域较贫困的农村地区开展洼地防洪除涝治理	项目区采取防洪除涝治理工程以及建立和推广9个农民排灌协会，实施洪灾评估与决策支持系统和编制运营维护计划等非工程措施

续表

颁布单位	序号	国内政策、发展计划	颁布时间	文件号	主要内容	和项目目标的关联性	本项目所采取措施
淮委及四省	12	山东省发改委、财政厅和水利厅联合发文印发了《山东省2008—2012年重点河道治理工程规划》	2008年	鲁发改农经〔2008〕613号	规范了山东省农田水利工程规划和建设，本项目20%的配套资金来源于此规划	为重点河道淮河流域较贫困的农村地区开展洼地防洪除涝治理	洪除涝治理工程的措施：堤防加固；改善水道-河道清淤，排水渠开挖和河岸加固与稳定；水控制工程的新建、修复、改建和扩建，包括泵站、穿堤建筑、水闸和桥梁等
	13	山东省颁布了《山东省农田水利管理办法》	2013年	省政府令第261号	规范了山东省农田水利工程规划和建设、管护和使用、监督管理等	重视工程建成后的管护等非工程措施	工程科学规划和设计与建设、编制运营维护计划

3.2 实施效果评价

3.2.1 项目整体目标与实测结果

根据中央项目办(CPMO)汇总淮委和4省世界银行项目办提交的2011年至2016年各年度项目监测评价报告的成果,并对照世界银行贷款项目评估报告(PAD)和中调报告中关键执行指标和中间成果指标表,总体评价情况如下。

(1) 中间成果指标评价

1) 防洪除涝工程效果评价

根据项目中间成果指标1,堤防建设长度;中间成果指标2,河道整治长度;中间成果指标3,建筑物数量。根据项目监测评价结果为:

① 堤防工程目标值为417.4 km,项目建设完成后,4省项目区累计完成堤防新建和加固长度共计444.62 km,超过该项指标目标值(PAD)27.22 km,超过中调目标值(MTR)31.03 km。其中,河南省完成项目中期调整后的堤防工程建设任务,安徽、江苏、山东3省实际完成堤防工程数量均超过目标值,指标完成情况良好。

② 本项目河道疏浚及排涝沟、撇洪沟扩挖目标值为980.2 km,项目实施完成后,4省项目区共计完成河道、排涝沟、撇洪沟整治长度为1 023.51 km,为计划目标值(PAD)的104%,为中期调整后目标值(MTR)的108%。其中,河南省完成项目中期调整后的河道工程整治建设任务,安徽、江苏、山东3省实际完成的河道整治、排涝沟及撇洪沟扩挖长度均超过目标值。

③ 本项目建筑物改造配套指标目标值为806座,目前,配套建筑物工程已全部实施完成,经统计,4省项目区共完成涵闸、排涝泵站等建筑物数量为989座,超过计划目标值(PAD)183座,超过中调目标值(MTR)195座。其中,河南省完成项目中期调整后建筑物建设任务,完成建筑物工程206座,安徽、江苏、山东3省实际完成的建筑物数量均超过目标值,主要原因一方面是,由于项目前期工作时间较长,在此期间,随着国家加大水利建设的投资力度,部分项目已列入其他投资渠道并建设完成;另一方面,3省利用该部分子项目资金及招标结余资金新增了一些配套建筑物工程项目等。

以上指标均超额完成了项目建设任务,并且验收等级均为合格。因此,这项中间成果指标自评价效果为“非常满意”。

2) 运行和维护效果评价

根据中间成果指标4,批准和实施的已建工程运行和维护计划的数量目标值为146个,实际完成151个,完成率103%。同时,工程运行和维护计划内容涵盖了工程维护负责机构、设备、人员、管理职责、培训计划、技术标准和频率、资金来源等，并得到了地方接收工程管理单位的认可。因此，自评价效果为“非常满意”。

3）农民排灌协会效果评价

根据中间成果指标5，按要求成立的农民排灌协会（FDIA）实现的个数目标值为36个，实际完成36个，完成率100%。从以上数据分析农民排灌协会（FDIA）在本项目得到了百分百的执行，农民排灌协会示范推广工作已顺利完成，并且协会均在正常运作。因此，自评价效果为“非常满意”。

4）环境管理计划实施行动落实的个数

根据中间成果指标6，环境管理计划实施行动落实个数目标值为59个，其中，河南省8个，安徽省22个，江苏省16个，山东省13个。项目中期计划调整后，根据环境管理工作的需要，淮委项目为执行环境管理计划而实施的行动数量增加了3个，该项指标目标值修订为62个。目前，项目建设任务已全部完成，经调查统计，项目实施期间，落实环境管理计划采取的行动数量为100个，完成率为159%。其中，河南省8个，安徽省22个，江苏省51个，山东省13个，淮委6个。因此，自评价效果为“非常满意”。

5）洪涝灾情评估及减灾决策支持系统效果评价

根据中间成果指标7，防洪减灾及决策支持系统完成投资百分比，目标值为要求达到100%。经监测，本项目洪涝灾情评估及减灾决策支持系统完成投资为项目评估报告（PAD）目标值的100%，为中期计划调整后目标值的100%，淮委及4省世界银行项目办均全面完成了洪涝灾情评估及减灾决策支持系统建设的各项任务，指标完成情况良好。因此，自评价效果为“非常满意”。

6）水力模型开发及运行情况结果评价

根据中间成果指标8，水力模型完成的百分比，目标值为要求达到100%，根据监测，水力模型累计完成投资为中期计划调整报告水力模型投资的106%，指标完成情况良好，现水力模型建设任务已经全部完成。因此，自评价效果为“非常满意”。

7）洪灾评估及决策支持系统达到的技术标准的精度结果评价

根据中间成果指标9，洪灾评估及决策支持系统达到的技术标准的精度要求，目标值分别为：① 远程数据采集率大于90%；② 计算的成灾面积与实际值之间的误差小于15%；③ 90%的预测和实际的洪峰之间的误差小于0.2～0.3 m。

根据监测，淮河巡测基地建成投入使用后，信息到站率约为97%。模拟三次历史洪水，24小时预见期内王家坝、正阳关（鲁台子）、蚌埠（吴家渡）洪峰水位误差小于0.2～0.3 m的百分比数大于90%。

现除了典型区灾情评估淹没计算面积与实际调查值误差小于15%因未发生灾情，尚未开展外，其他指标与项目评估报告（PAD）文件设定的指标相比，满足要求。因此,自评价效果为“非常满意”。

8) 理解和帮助推广项目创新点的项目管理人员效果评价

根据中间成果10,理解和帮助推广项目创新点的项目管理人员数量目标值为275人,根据监测统计,4省及淮委世界银行项目办理解和帮助推广项目创新点的政府官员数量为384人,超过项目评估报告(PAD)目标值109人,超过中调报告目标值82人,在一定的程度上提高了项目管理水平。因此,自评价效果为“非常满意”。

9) 收入和生活水平能够得到维持或提高的项目影响人群的人数效果评价

根据中间成果11,收入和生活水平能够得到维持或提高的项目影响人群的人数目标值为57 173人,通过调查分析,农民收入中外出打工等非农业收入所占比重较大,且征地补偿费多以货币形式发放,部分施工临时占地已得到复耕,影响人口的人均收入与项目实施前相比有较大提高,生活水平均能够得到维持或提高。该指标监测值远高于目标值,现实际完成数为81 311人,完成率为142%。因此,自评价效果为“非常满意”。

10) 收入和生活水平能够得到维持或提高的移民人数效果评价

根据中间成果12,项目区农民群众收入和生活水平能够得到维持或提高的移民人数目标值为7 044人,通过调查分析,从调查的各有关地(市)和项目县(市、区)项目区农民群众有关收入指标看,目前农民收入中,外出打工等非农业收入所占比重较大,大部分移民人口的人均收入与项目实施前相比有较大提高,生活水平能够得到维持或提高。该指标监测值高于项目中期调整后的目标值。现实际完成数为4 884人,完成率69%。本项目在目标超额完成,并且不改变工程规模、质量等前提下,对工程设计进行优化,进一步减少了拆迁面积和受影响人数,因此,自评价效果为“非常满意”。

11) 严格按照世界银行采购和财务管理指导方针的合同个数效果评价

根据中间成果13,严格按照世界银行采购和财务管理指导方针的合同个数目标值为311个,实际完成数为338个,完成率109%。同时本项目严格按照世界银行的采购程序及有关规定进行招标采购,并请世界银行采购专家组进行审核,层层把关,在项目执行中未发生错误采购。因此,自评价效果为“非常满意”。

(2) 项目关键执行指标完成情况结果评价

对照本项目《贷款协议》和《项目协议》,以及世界银行项目评估报告(PAD)、中调报告(MTR)中确定的5项关键执行指标,现根据中央项目办(CPMO)审核汇总淮委和4省世界银行项目办提交的项目监测评价总结报告的综合情况,形成总项目监测评价总结报告。有关具体情况及评价结论如下。

1) 项目成果-1

城市及农村的防洪保护面积指标:项目评估值(PAD)为9 576.2 km^2,实际累计完成值为 9 682.43 km^2，完成情况占项目评估值(PAD)的 101%。因此，自评价效果为“非常满意”。

2）项目成果-2

防洪保护人口的数量指标：项目评估值(PAD)为 6.64 百万人，实际累计完成值为 7.426 百万人，完成情况占项目评估值(PAD)的 112%。因此，自评价效果为“非常满意”。

3）项目成果-3

城市和农村地区减少的洪灾经济损失指标：项目评估值(PAD)为 699.45 百万元，实际累计完成值为 797.99 百万元，完成情况占项目评估值(PAD)的 114%。因此，自评价效果为“非常满意”。

4）项目成果-4

防洪条件改善所提高的农民人均农业收入指标：项目评估值(PAD)为 233 元/年，实际累计完成值为 260 元/年，完成情况占项目评估值(PAD)的 112%。因此，自评价效果为“非常满意”。

5）项目成果-5

河道整治提高的航运效益指标：航运效益主要指江苏省项目区泰东河工程航道等级由现状五级提高到三级后，部分从其他通江口门的运量转移到本航线上来运输的经济费用节约，以及由于大吨位船舶的比重提高，航运企业单位运输成本下降两部分的经济效益，即河道整治增加的航运效益主要通过对修建防洪除涝工程后船舶绕行节约的费用和船舶运输节约的经济成本两项指标来反映。航运效益指标评估值(PAD)为 118.41 百万元，实际累计完成值为 263.33 百万元，完成情况占项目评估值(PAD)的 222%。因此，自评价效果为“非常满意”。

根据本项目的监测评价终期报告汇总结果，世界银行贷款淮河流域重点平原洼地治理工程项目各项发展目标与实测结果对照情况详见附表 1：成果指标完成情况表。

3.2.2 项目影响效果

(1) 开展水利征文活动，进一步扩大示范影响

山东省世界银行项目办为顺利推进水利外资项目各项工作，积极总结、交流、推广水利外资项目先进的建设管理经验，结合世界银行检查会议要求，组织省内水利外资项目的执行、实施单位的相关管理、财务、设计、招标、监理、检测、施工等人员开展了“内外合力谋发展”优秀论文、调研报告征集活动。重点围绕山东省正在实施的水利外资项目，总结在项目遴选、项目执行与管理、采购管理、财务管理及提款报账、项目调整(变更)以及项目实施过程中的移民管理、环境管理、外部监测等方面的经验和体会，创新思路与方法，并提出好的建议及意见(此次征集论文已经

全部刊登在《山东水利》2015 年第 12 期），这种及时总结经验的做法在山东省水利行业内形成了良好影响。此外，江苏省水利工程相关工作人员编写的农民排灌协会示范与推广的相关文章在《新华日报》、地方政府网站上发表，并在凤凰资讯等网站转载，对以后村民自主管理农村田间水利工程起到了带头示范作用。

（2）制作了“世界银行贷款淮河平原洼地治理项目巡礼”宣传片

淮委和江苏、安徽、河南、山东 4 省世界银行项目办为了进一步加强世界银行贷款淮河流域平原洼地治理工程项目的宣传推广，提升项目示范和影响效果，结合国内水利基本建设项目验收规范要求，特委托咨询单位进行项目专题宣传视频制作，现已完成了 4 个省项目区的“世界银行贷款淮河平原洼地治理项目巡礼”宣传片的制作工作。此外，中央项目办（CPMO）和安徽省世界银行项目办积极配合世界银行宣传部门，完成制作了世界银行贷款淮河流域重点平原洼地治理项目的专题宣传视频，并以中英文在世界银行官方网站滚动播放，进一步扩大了项目影响力，收到了良好的宣传效果。

（3）开展项目交付科学案例研究

交付科学由世界银行行长金墉于 2012 年提出建立全球案例图书馆，将分散在各国、各地区的发展经验和知识予以系统整合，推动不同国家和地区之间的相互借鉴与学习，以此提高服务贫困人群的交付水平，建立共享繁荣的世界。为支持落实交付科学倡议，完善世界银行全球发展案例库，财政部于 2013 年启动了世界银行在华项目案例编写工作，经过征集、申报、初选，第一阶段在全国范围内征集了 115 个项目入选正式案例项目清单，第二阶段通过省际平行审核和专家审定等环节精选出 23 个案例，江苏省世界银行贷款淮河流域重点平原洼地治理项目再次入选。2015 年 9 月以来，按照财政部的要求，在世界银行专家的辅导帮助下，江苏省项目办组织力量开展“解决农村水利工程‘最后一公里’的建设、运行和维护”为题的交付科学案例研究，对案例进行了多次修改和完善，最终达到要求，脱颖而出，成为中国首批入选世界银行全球发展案例库的 9 个交付科学案例之一。该案例的成功入选，标志着江苏省外资项目管理经验走向世界。

（4）组织编写和出版世界银行贷款项目管理实务丛书

为了进一步总结交流和应用推广世界银行贷款项目和资金管理的先进做法与经验，扩大世界银行项目的影响力，江苏省财政厅和省世界银行项目办安排了省级财政配套资金，专项安排一个研究课题，并委托北京海立信信息咨询有限公司组织国内世界银行项目和资金管理方面的资深专家，开展《世界银行贷款项目管理实务精解》《世界银行贷款项目环境管理精解》《世界银行贷款项目社会管理精解》等 3 本重要的世界银行贷款项目管理实务手册类技术培训和指导性教材的研究编写工作。经过各位专家的共同努力，现已完成了这项重要的技术成果，并于 2017 年上半年完成3本书的刊印和对外公开出版工作。因此，这一重要项目技术成果对于指导江苏、安徽、河南、山东4省世界银行项目办和项目县(市、区)项目办有关人员，以及全国其他省(区、市)水利、农业等有关部门，申请利用世界银行贷款等外资项目和加强国内其他水利建设项目管理工作，都具有十分重要的指导意义和参考价值。

3.3 经济与财务分析

3.3.1 经济分析

本项目完工报告的经济分析方法与项目评估报告(PAD)所采用的方法一致，主要是更新了价格数据及项目实际成本。

(1) 主要可量化的收益包括：① 通过减少洪涝灾害、改善排水系统、提高农田灌溉保证率增加了农作物产量，从而提高了农民收入；② 减轻了洪水对农村和城镇地区基础设施的破坏；③ 显著节省了航道水运成本。

(2) 项目经济分析的关键是利用历史洪水(其重现频率可确定)损失评估的成熟方法，估算洪涝灾害成本的预期减少量。利用洪水频率和洪涝灾害损失数据计算有无本项目条件下的预期受灾面积和经济损失。“有项目”“无项目”的差值即为因实施本项目减轻洪涝灾害所带来的经济效益(损失减少)。此外，独立分析也用于测算本项目重要非工程措施的经济可行性，如洪涝灾害评估与支持系统、农民排灌协会(FDIA)试点的农田排涝管理。结果表明，洪涝灾害评估与支持系统的经济内部收益率为28%，通过农民排灌协会(FDIA)进行农田排涝工程管理在4个省项目区是可行的(经济内部收益率为21%～67%)。

(3) 各项目省(包括试点的农田排涝改造系统和洪涝灾害评估与支持系统)收益与成本现金流按25年估算基本净现值(NPV贴现率为6%)和经济内部收益率。省级子项目的经济内部报酬为21%～29%(初算值，世界银行竣工后将有所调整)，表明各子项目是经济可行的。汇总省级现金流，项目经济内部收益率估算为27%(净现值为2.13亿元)，且敏感分析表明经济效益稳固，抗逆性强。

3.3.2 财务分析

(1) 农作物预算和农田模型设定了“有项目”和“无项目”条件。在农民排灌协会(FDIA)试点区，典型农民的财务分析统计表明：农民的收入明显提高(41%～46%)，反映了本项目对农民具有经济吸引力。

(2) 这些结果表明农田净收入和家庭劳动报酬的预期有所增加，主要有两点原因：一是减少了洪涝灾害(按“有项目”减“无项目”进行对比)；二是通过本项目提供的农业推广资助，引进了新的技术和管理经验。

(3) 财务影响。政府已兑现承诺，提供了项目执行期内的配套资金以及项目完成后工程工作经常性费用增加所需的资金。此外，本项目已引进具有可参与性和可持续性的运行与维护方法，并在当地进行有效安排，以确保项目完成后有充足的运行与维护资金。

本项目的经济和财务分析评价报告，请详见附件。

3.4 社会分析

(1) 改善了项目区农村居民生产、生活条件

本项目水系影响工程和征地移民赔建工程，配套了面广量大的生产河、生产桥、小型涵闸、灌排泵站工程等，项目区已成立的36个农民排灌协会(FDIA)都辅助建设了田间灌排水利工程，配套了机耕桥、防渗渠、水泥路、过路涵、电灌站、过渠板等，进一步提高了防洪除涝标准，改善了农作物的灌溉条件，提高了粮食产量，改善了项目区农民群众的生产生活条件和生存环境。通过干河桥梁、河道治理，由于这些小型水利工程分布面广、零散，需要大量的农民工，也给当地的农民创造了临时性劳务收入。

(2) 节约能源，改善交通，促进了地方经济发展

本次淮河流域平原洼地治理工程中的骨干河道与内部河道整治后，进一步扩大了低洼易涝区河道行洪排涝能力，减少了防汛时间；通过对堤防和穿堤建筑物进行除险加固，减轻了防汛压力，减少人力、物力的调遣和支出；通过对沿线排涝泵站除险加固以及新建排涝涵闸、泵站，进一步提高了平原洼地排涝能力，缩短排涝时间；通过改善水文设施和工程管理设施等，发生险情时，可保证防洪排涝工程抢险及时、顺利进行。

(3) 农民自主管理田间水利工程，产生广泛影响

本项目各省项目区分别建设的1个农民排灌协会(FDIA)示范区及8个推广的农民排灌协会(FDIA)，受到了项目区广大农民群众的普遍欢迎，协会范围内的农民群众参与了田间水利工程的规划、设计、管理、运行维护，取得了显著的效益，在项目所在的省、地市、县(市、区)、乡镇、农村产生了广泛的良好影响，同时也影响了项目外过去成立的农民用水合作组织，如农民用水者协会(WUA)，开始对农民排灌协会(FDIA)主要措施、做法、成效等产生兴趣，研究、挖掘、推动农民用水合作组织的可持续发展问题。

例如，江苏省淮安市洪泽县三河镇四坝村成立的农民排灌协会(FDIA)，积极探索由协会承担本村农田灌排水利工程、农村水环境、农村道路、造林绿化等村级公共设施"五位一体"管理任务，并通过省级财政补助6万元/年，县级财政补助2万元/年的办法，解决好农民排灌协会(FDIA)的运行管理职责落实和经费安排问题，从而有效地解决了困惑多年的农民用水者协会(WUA)长期运行管理问题。该

项农村水利管理体制和运行机制改革试点工作现已取得了初步成效。洪泽县的建立和推广农民排灌协会的具体做法与成功经验，已被作为典型案例，在水利部组织召开的全国农村水利管理体制和机制改革经验座谈会上，进行了典型经验介绍和宣传推广。

(4) 提高了利益相关人员的管理水平和业务素质

从世界银行贷款项目财务管理、采购管理、合同管理、管理信息系统(MIS)开发应用、环境保护管理、中期计划调整、项目检查验收、运行和维护计划、完工报告编制等活动的技术培训学习、交流研讨和实践锻炼，不断提高了淮委和4省项目区各级项目办和基层有关管理人员的管理水平和业务素质，培养了一大批熟悉世界银行项目管理的复合型人才。

为了提高世界银行贷款项目在建、已中标(已签合同)各工程监理单位和施工单位的环境管理人员的整体环境管理水平，省世界银行项目办一方面要求有关地(市)项目办在新的施工单位进场前组织工程监理单位、施工单位的相关负责人及环境管理负责人员进行单独的环境管理讲座，另一方面，省世界银行项目办每年根据施工单位进场情况及工程建设进度，统一组织各有关地(市)和项目县(市、区)项目办、建设处、监理单位、施工单位的相关环境管理人员举行全面的环境管理培训。通过经常性的对环境管理计划、施工期环境管理规定等各方面内容的宣贯，各项目建设单位环境保护意识及环境专业知识水平明显得到了提升。

(5) 促进了农村贫困地区贫困人口的脱贫步伐，效果明显

根据安徽、河南、山东省世行项目办组织对本省项目区农村贫困地区贫困人口脱贫致富情况调查的初步统计(江苏省项目区现已无贫困人口)，本项目实施后，对安徽、河南、山东3省淮河平原低洼易涝区农村贫困地区加快脱贫致富步伐作用十分明显。其中：①河南省项目区内的贫困人口数量和户数由2009年的691 108人和269 298户，减少到2015年的468 621人和179 397户，贫困人口的脱贫率为32.2%和33.4%；②安徽省项目区内的贫困人口数量和户数由2009年的236 645人和85 586户，减少到2015年的134 510人和57 828户，贫困人口的脱贫率为43.2%和32.4%；③山东省项目区内的贫困人口数量和户数由2009年的176 060人和84 839户，减少到2015年的112 008人和57 458户，贫困人口的脱贫率为36.4%和32.3%。因此，河南、安徽、山东3省项目县(市、区)项目区，通过本项目的建设实施，共减少了农村贫困人口38.87万人，涉及贫困农户14.50万户，扶贫开发效果十分显著。3省项目区农村贫困人口变化情况详见表3-3。为此，3省项目县(市、区)项目区农村贫困人口脱贫情况，大大超过了本省农村同期贫困人口的脱贫率水平，深受项目区广大贫困农民群众的热烈拥护和大力支持。同时，这也非常符合世行贷款项目的发展宗旨。

表 3-3 河南、安徽、山东 3 省项目区农村贫困人口变化情况统计表

项目区名称		所在洼地名称	贫困人口				减贫数量	
			2009 年		2015 年			
			人口	户数	人口	户数	人口	户数
河南省	平舆县	小洪河洼地	110 650	31 600	64 594	23 968	46 056	7 632
	新蔡县	小洪河洼地	144 216	43 154	96 144	28 769	48 072	14 385
	汝南县	小洪河洼地	24 843	85 708	15 527	46 395	9 316	39 313
	上蔡县	小洪河洼地	95 703	29 029	79 753	22 382	15 950	6 647
	潢川县	沿淮洼地	81 699	19 449	51 708	16 022	29 991	3 427
	淮滨县	沿淮洼地	83 181	20 797	36 482	9 118	46 699	11 679
	扶沟县	贾鲁河洼地	87 306	22 314	72 755	18 596	14 551	3 718
	西华县	颍河、贾鲁河下游洼地	63 510	17 247	51 658	14 147	11 852	3 100
	小计		691 108	269 298	468 621	179 397	222 487	89 901
安徽省	凤台县	西淝河洼地、架河洼地	19 508	8 158	12 583	5 324	6 925	2 834
	潘集区	架河洼地	19 826	8 798	13 878	6 148	5 948	2 650
	毛集区	焦岗湖洼地	5 657	2 380	3 340	1 442	2 317	938
	埇桥区	澥河洼地	6 506	2 670	5 196	2 394	1 310	276
	灵璧县	沱河洼地	1 161	284	987	198	174	86
	颍东区	西淝河洼地	92 616	32 252	60 201	20 964	32 415	11 288
	颍上县	焦岗湖洼地/八里河洼地	5 458	2 302	3 549	1 261	1 909	1 041
	天长市	高邮湖洼地	781	186	574	151	207	35
	怀远县	北淝河洼地	95	75	62	49	33	26
	长丰县	高塘湖	83 125	27 651	33 164	19 512	49 961	8 139
	利辛县	西淝河洼地	1 912	830	976	385	936	445
	小计		236 645	85 586	134 510	57 828	102 135	27 758
山东省	滕州市	沿运河洼地	6 874	2 567	4 053	1 877	2 821	690
	峄城区	沿运河平原洼地	28 009	16 201	16 661	9 743	11 348	6 458
	梁山县	滨湖洼地	22 680	9 802	16 935	8 728	5 745	1 074
	台儿庄区	沿运洼地	9 574	4 505	7 294	3 317	2 280	1 188
	郯城县	郯苍洼地郯城县白马河治理工程	63 400	32 300	52 800	26 000	10 600	6 300
	兰陵县	郯苍洼地苍山县吴坦河治理工程	45 523	19 464	14 265	7 793	31 258	11 671
	小计		176 060	84 839	112 008	57 458	64 052	27 381
合计			1 103 813	425 723	715 139	294 683	388 674	145 040

3.5 环境分析

3.5.1 水土流失的综合防治

在本项目建设实施管理中，项目建设、施工单位对淮河流域平原洼地治理工程的水土保持工作较为重视，能够按照《中华人民共和国水土保持法》及水土保持规范的有关规定，安排挖填工程，施工工序安排合理，划定专门的取土区和弃土弃渣区，乱挖乱弃现象较少。项目建设与施工单位对淮河流域水土保持监测中心站开展的现场监测工作给予了大力配合，对调查监测过程中所指出的水保措施不到位问题的有关意见相当重视，积极采取措施加以整改。

在工程建设实施过程中，4 省淮河流域平原洼地治理工程在立项和建设过程中，严格执行“三同时”制度（即水土保持措施与主体工程同时设计、同时建设和同时竣工验收）。在项目立项之前，项目建设单位委托有水土保持方案编制资质的中水淮河工程有限责任公司编制完成了本项目的水土保持方案报告书，并得到水利部批复，基本同意本工程水土流失防治执行二级防治标准。工程建设过程中，按照该水土保持方案，落实各项水土保持工程，接受水土保持主管部门的检查和监测工作。

3.5.2 河道堤防的生态防护

传统的河道堤防护坡工程大多采用砌石挡墙及混凝土等结构，只起到保护水土流失的作用，但破坏了周围生态环境，随着人们环境意识及经济实力的增强，生态护坡技术逐渐应用到本项目工程建设中。生态护坡具有防止水土流失（降低坡体孔隙水压力、截留降雨、削弱溅蚀、控制土粒流失）和改善环境（恢复破坏的生态环境、降低噪音、减少光污染、促进有机污染物的降解、净化空气、调节小气候）的功能。

3.5.3 环保意识的全面提高

为了保证项目环境管理工作的顺利、有效开展，使相关人员熟悉环境管理的内容和程序，提高环境管理人员的环境管理能力，确保各项环境保护措施的有效落实，4 省世界银行项目办非常重视淮河流域重点平原洼地治理工程项目建设管理人员的学习培训工作，将技术培训课程贯穿于整个项目的实施过程中。4 省世界银行项目办根据项目最新采购进展情况，一方面在新的施工单位进场前组织监理单位、施工单位的相关负责人、环境管理人员进行单独的施工期环境管理小型培训会；另一方面，4 省世界银行项目办统一组织各地（市）项目办、监理单位、施工单位的相关环境管理人员进行了全面的环境管理技术培训。通过对项目环境管理计划、施工期环境管理等各方面内容的技术培训，以及相关管理人员的监督管理，进一步提升了各项目参建单位环保意识，同时增长了环保知识。

3.5.4　环境卫生的显著改善

在工程环境管理上，4 省世界银行项目办根据最新工程采购进展，一方面在新的施工单位进场前组织参建单位进行单独的环境管理讲座；另一方面多次组织覆盖所有参建单位的相关环境管理人员的全面的环境管理宣贯。根据项目环境管理计划，各项目区的环境监理人员对施工单位现场环境保护进行监督检查，施工单位积极配合环境监理的现场环境保护指导，并积极整改。生活营区垃圾集中处理，生活废水达标排放，施工区设置了废品回收点等，施工现场环境保护取得了良好效果，自工程实施以来，施工单位的生活区、生产区、施工现场的环境保护工作每年都在显著提高。省项目办积极开展文明工地创建活动，并取得成效。本项目围绕“建一处工程，成一处风景，造一处环境”要求，工程建设完工后项目范围内焕然一新，与周边沿线景点融为一体，成为游人观赏新景观。

本项目防洪除涝工程的实施，对提高工程治理区抵御洪涝灾害的能力和改善生态环境具有重要作用，所产生的社会、经济、环境效益是巨大的。从总体上分析，有利影响是主要的，且具长效显著性。工程对改善土壤环境有利，工程有利于改善居民生产生活环境。工程不利影响相对较小，并且有短期可逆性。因此，从环境保护角度来看，本项工程既是防治洪涝灾害的兴利工程，同时又是促进区域生态环境持续良性发展的生态环境工程。

3.6　主要创新点

3.6.1　建立了基于淮河流域洼地的洪涝灾情评估及减灾决策支持系统

世界银行贷款淮河流域重点平原洼地治理工程项目采用工程措施与非工程措施相结合的方式，非工程措施主要为淮河流域洼地建立了洪涝灾情评估及减灾决策支持系统。主要体现在以下三个方面。

（1）建立了基于遥感数据、实时监测、模型预测的洼地涝水监测预报系统

本项目利用遥感监测、水位自动监测、基地巡测、模型预测相结合的一体监测化监测模式，形成了一个多数据源、全方位的实时监测、预测系统。并利用中分辨率、高时相的 MODIS 遥感影像，进行洪涝灾情日常监测，洪水期该系统将对每天获得的 MODIS 遥感影像数据进行自动处理，解译得到水面面积，以监测洪水变化情况。

（2）建立了基于实体模型的淮河干流洪涝演进分析系统

本项目选择了淮河干流河势最为复杂的地区（正阳关至涡河口段），建设了淮河干流防洪除涝减灾实体模型。在此基础上，结合已有的原型观测和数学模型，建立了基于实体模型的淮河干流洪涝分析系统，用于开展淮河防洪除涝、行蓄洪区调

整、河槽整治、洪水调度及淮河与洪泽湖关系等方面的试验研究，以探索淮河自然规律，并为淮河干流的进一步规划整治工作，提供重要的技术手段和科学决策支撑。

(3) 建立了基于作物生长机理的洪涝灾情评估系统

该灾情评估系统是基于平原洼地洪涝灾情对其主要农作物的生长影响，借助气象、水文预报、遥感定量分析、地理信息系统分析和数据库等技术手段，综合利用卫星、航空及地面等遥感资源以及湖洼涝水的预测预报成果，从而快速地实现重点湖洼地区的灾前、灾中与灾后的灾情评估分析。该灾情评估系统由灾情动态遥感监测、遥感影像几何校正、洪水信息影像解译、洪水预报、灾情评估分析、GIS 查询及灾情制图等 6 个子系统组成。

3.6.2 通过建立和推广农民排灌协会，探索农田水利工程管理新机制

在 4 省项目区组建农民排灌协会(FDIA)后，对农田灌排水利工程建后管护机制方面进行了创新，对深化小型农田水利工程管理体制改革开展了积极探索。本项目建立的农民排灌协会(FDIA)，通过“自我决策、自我管理、自我服务”的运行模式，突出强调了农民群众的主人翁地位，使项目区广大农民群众真正成为农田灌排水利工程管理组织的管理者和受益者。农民排灌协会(FDIA)的组建，切实落实了农田水利工程建后管护的责任主体，明确了工程管护经费的来源是排水费、水费，是一种可持续发展的工程管护新模式。建立的农民排灌协会(FDIA)试点示范区中，已投入运行协会的农民用水户得到了高效的灌溉排水服务，在提高农业综合生产能力、增加农民收入、节约用水等方面，已初现端倪，并展现了广阔的发展和应用推广良好前景，其经验值得推广。特别是在 2016 年 12 月 27 日由中国农业部、国家发改委、水利部等 9 个部委联合组织的 2016 年国家农民合作社示范社评选中，在本项目中建立的江苏省五烈镇东里圩农民排灌协会被认定为全国农民用水合作示范组织，其经验在全国范围内进行推广。

3.6.3 加强工程运行和维护计划落实，促进水利工程良性运行

本项目采用现行的省、市、县三级管理的体制基础，实行省、市、县、镇、村及农民排灌协会六级管理，并进行管养分离，保证工程安全运行和发挥效益。要求各个水利工程项目完成后必须编制工程运行和维护计划，并作为项目建设管理和检查验收的重要内容之一，从根本上克服了过去存在的水利工程“重建轻管”的弊端。本项目对编制工程运行和维护计划明确了管护单位、管理办法、维护办法和频率、培训方案，并责任分配到人，以及全额资助运行和维护的承诺。

3.6.4 借鉴世界银行项目管理模式，创新水利工程管理机制

(1) 为了提高管理水平，本项目中开发并成功应用了管理信息系统(MIS)，在

县、市、省、中央项目办等各级项目办中进行使用，实现了工程和财务的一体化管理，对加强资金管理，提高工作效率和管理水平发挥了重要作用。特别是江苏省和山东省分别将本项目管理信息系统的应用经验推广到了当地国内项目和亚行贷款项目中，起到了很好的示范效果。

(2) 由于世界银行贷款项目需要同时兼顾世界银行及国内项目管理的两套管理程序，各项要求易使有关部门和管理人员混淆等特点，在对相关项目单位工作人员进行技术培训的同时，结合国内外项目实施管理程序和技术要求，山东省项目办研究设计并印发了世界银行贷款淮河洼地治理工程项目建设管理“明白纸”，创造性地提出了“明白纸”工作方法。并且通过文字、图表和模板等形式，解释世界银行贷款项目管理工作中应该“做什么，怎么做，何时做”，在项目法人成立、咨询单位选聘、招标采购、提款报账、MIS 系统录入、项目验收等各个主要工作环节得以有效运用。

(3) 各项目办根据本项目工程的实际情况进行规划设计优化，取得明显成效。如安徽省焦岗湖平原洼地治理工程的设计优化和河南省优化项目设计方案，探索雨洪资源化的新途径等。在安徽省焦岗湖圩堤主要是围绕焦岗湖一周建堤，且为取土圩堤，但是焦岗湖为平原洼地，所以取土操作难度比较大。省世界银行项目办通过实地调查，最后建议在湖区中建立围堰，在围堰中取土筑堤。最后将围堰和圩堤连接，成为水鸟栖息地。项目区根据项目建设情况，将焦岗湖建立成为 4A 级风景区。这样的工程设计优化方案，不仅节省了工程建设资金，而且还节省征地费用，产生了良好的经济、社会和生态环境效益。

河南省扶沟县芦义沟沟口涵闸建成后，充分考虑当地自然地理条件，利用涵闸在非汛期拦蓄地面径流，并引贾鲁河水进入芦义沟，利用河水发展莲藕灌溉面积 2 000 多亩，这不仅解决了部分农业用水问题，还对当地地下水进行了有效回补，效果明显，而且对改善当地环境起到了非常重要的作用。同时河南省对平舆县小清河和西华县双狼沟治理方案进行了调整，均要求在沟口设双向止水防洪闸，汛期开闸排涝，非汛期利用河道拦蓄当地地面径流，进行防洪除涝和拦蓄灌溉综合治理。这些措施为项目区雨洪资源化技术的应用推广，探索了新途径，值得认真总结和推广应用。

3.7 目标外效益

(1) 利用世界银行项目带动国内其他农田水利建设资金，加快项目区灌排水利工程配套建设

为了充分发挥世界银行贷款淮河平原洼地治理工程项目的防洪排涝和灌溉效益，4 省项目县(市、区)政府和有关部门，在世界银行贷款项目区进行防洪排涝骨

干工程治理的同时，在执行期内，还通过小农水重点县建设、农业综合开发土地治理和高标准农田建设、土地整治、千亿斤粮食发展规划建设项目等相关资金渠道的支持，进行面上农田灌排水利工程配套建设，取得了显著成效。据初步统计，4省项目县(市、区)项目区共安排了各项农田灌排水利工程建设投资187 973.31万元，完成了农田灌排沟渠配套3 390.79 km，灌排泵站配套856座，涵闸配套6 524座，农村生产桥配套6 200座。各省项目区完成面上农田灌排水利工程配套建设具体情况详见表3-4所示。

表3-4　4省项目区面上农田灌排水利工程完成及配套资金统计表

序号	项目省	面上农田灌溉排水工程配套项目				项目配套资金总额/万元	备注
		灌排沟渠/km	泵站/座	涵闸/座	生产桥/座		
1	江苏省	632.50	729	1 358	429	91 541.17	项目建设资金来源包括农田水利工程、农业综合开发、国土整治、千亿斤粮食规划项目等资金
2	安徽省	745.90	27	515	798	38 669.58	
3	河南省	1 598.47	32	1 867	4 416	11 0317.10	
4	山东省	413.92	68	2 784	557	57 762.56	
	合计	3 390.79	856	6 524	6 200	187 973.31	

(2) 结合世界银行项目建设，推进项目区环境改善

① 项目的示范引导带动作用。山东省郯城县在白马河治理项目清淤筑堤工程完成后，为提升项目效益和工程安全，利用项目结余资金实施了滩地整理、危桥改建和岸坡防护。主体工程完工后，两岸环境有了较大改善，为此，进一步激发了当地民众改造母亲河的热情，提高了地方政府改善河道生态的积极性和信心。同期，郯城县政府自筹资金约2亿元，按照滨水绿地、水质净化走廊、农业观光采摘等三大功能区划分，打造集防洪排涝、水质净化、生态环境、人文景观、旅游观光为一体的综合性湿地。目前，白马河湿地公园首期6 km河段已被评为省级湿地公园，县政府计划继续追加投资，将其建成国家级湿地公园。

② 世界银行项目与区域规划完美结合。山东省台儿庄区平原洼地项目实施之前，市、区项目办就与城建规划部门进行了充分的沟通，结合台儿庄区古城建设和环城57 km生态长廊规划要求，在保持原基本功能和标准不变的情况下，重新对防洪除涝治理工程进行优化设计，以更好地发挥其综合效益，特别是前石佛寺闸，建筑构思新颖，功能布局合理，外形设计美观，符合现代水生态文明建设理念。工程项目运行后，实现了河道上游和两岸涝水的蓄排可控；前石佛寺闸静态蓄水约320万 m^3，有效地解决了两岸农田每年育秧季节向微山湖买水1 000万 m^3 的问题和城区生态补水问题；闸前漫水桥改建和右堤防汛路实施后，两岸人民群众生产、生活交通和安全得到保证。目前，台儿庄区政府正在筹集资金，加快推进“以水为

魂，以水为媒”的环城生态长廊风景区建设。

③ 安徽省通过世界银行贷款淮河流域重点平原洼地治理工程项目建设，严格执行环境管理措施，取得了一些项目外的良好效益。例如：焦岗湖平原洼地治理工程项目的实施，有力地促进焦岗湖4A级风景区建设与发展，现该湖泊已成为安徽省淮北地区一个很好的水利风景区；沱河城区段及宿东闸建成蓄水，进一步改善了宿州市城市水景观；沱河、澥河、苏沟、济河及大沟疏浚整治后，汛后蓄水有效地改善了当地小流域水生态环境，等等。

④ 面对当前水文化建设、水生态建设的新形势，江苏省世界银行项目办结合地方文化特色和世界银行项目管理先进理念，牢固树立精品意识和品牌意识，坚持“水文化与水工程相结合”的建设理念，精心打造一批工程亮点。一是打造在泰东河“零起点文化工程”。在泰东河零起点实施文化工程，创作泰东河赋并篆刻立碑于东台零起点文化园内，建设泰东河零起点标志、历史文化名人墙，努力践行水利文化。二是打造溱潼闸巡查通道。溱潼闸巡查通道位于姜堰区溱潼镇境内，为溱潼闸与外部环城路的连接通道，泰东河项目办委托设计单位，结合溱潼镇“古镇客栈-河坊水街与溱湖人家”的主题规划进行方案设计，对溱潼闸巡查通道重点打造，巡查通道采用仿古建筑风格，与溱潼古镇建筑风格相协调，丰富了水利工程的文化内涵。淮安市项目办结合市政府里运河文化进行护岸、泵站建设，使里运河治理工程成为地方的一道风景线，成为“运河文化国际交流经典空间”长廊，促进了地方经济的发展。

(3) 适应气候变化的初步探讨

项目办在适应气候变化方面，进行了初步探讨与有益尝试。通过平原洼地防洪除涝治理项目的示范带动作用，在项目建设中，有意识地适当考虑了适应气候变化的影响问题。并且在项目实施中，综合考虑气候变化的影响，有关措施安排要与未来气候变化趋势相适应，以减少极端气象灾害所带来的损失，实现高标准工程建设项目的持续发展。例如：安徽省蚌埠市冯西圩堤防的加固工程建设，使得防洪能力由5年一遇提高到20年一遇的标准。在考虑适应气候变化的情况下，堤防的加高加固提升了天河湖水的蓄积量，使得天河湖水质变得更好，保障了蚌埠市饮用水应急水源的供应和质量。同时，为天河周边村庄农作物的灌溉提供了水源保证。宿州市澥河河道疏浚工程，排涝能力由原来仅为5年一遇设计流量的27%～43%提高到5年一遇，防洪标准由不足10年一遇提高到20年一遇，改善除涝面积88 km^2(约13万亩耕地)。拆除重建方店闸，比老闸提高了70%的排涝能力，使澥河正常蓄水位由19.5 m提高到20.5 m，增加库容量80万～100万 m^3，为两岸的农田灌溉提供了充足的水源，进一步提高了该工程适应气候变化的能力。

(4) 文物保护

江苏省项目区在施工过程中发现了重要的历史文物，并按照世界银行安保政策和国内文物保护的有关规定要求，江苏省世界银行项目办采取措施，进行了重点文物的保护性挖掘与处理，取得了很好的效果。其中蒋家舍遗址（五星——蒋庄遗址）被列为2015年度全国十大考古新发现，该遗址的时代跨度从新石器时代、商周、春秋，经六朝、唐宋，一直到明清时期，是目前江淮地区非常重要的良渚文化遗址，数量如此之多、密度如此之大的良渚文化墓葬，放眼整个江苏也极为罕见，其重要性不言而喻。该遗址的重大发现，为里下河地区经济文化发展史、盐运史，以及泰东河的形成和发展等各个方面的研究工作，提供了具有十分重要价值的历史文物资料。江苏省世界银行贷款泰东河工程建设局在东台市泰东河河道管理所还专门建立了泰东河文物挖掘成果展示厅，长期对泰东河沿线挖掘文物成果进行系统展示，进一步增加当地广大群众的国家文物保护意识，使文物保护工作在本项目中得到了长远的发展，实现了文物效益。

3.8 项目区群众满意度调查情况

为了进一步了解4省项目区受益农民群众对本项目实施与管理工作的满意度情况，江苏、安徽、河南、山东4省世界银行项目办组织有关地（市）和项目县（市、区）项目办有关人员，以及项目乡镇和村干部、农民排灌协会（FDIA）负责人，于2016年11月在项目区开展了受益群众满意度调查。本次调查工作采用了标准抽样和座谈会两种方式进行，其中标准抽样每个项目县（市、区）选择具有代表性的农户至少50户进行现场调研，其中包括生产直接受益农户、生活环境改善受益农户。并且直接受益农户不少于30%，有征地拆迁的地区，征地、拆迁户占30%，妇女人数不少于30%，贫困户及弱势群体占10%。在调查的同时召开现场座谈会，组织利益相关者参加，询问相关问题，并填写相关表格和形成座谈会纪要。根据本次在4个省49个项目县（市、区）项目区2 130个农户进行的农民群众满意度调查后，经收集整理后的调查问卷汇总情况，所得到的相关信息如表3-5所示。

表3-5 4省项目区农民群众满意度调查情况统计汇总表

项目区	调查项目区县个数	调查户数	对项目设计内容和实施过程的满意度/%			对项目成果的满意度（排涝灌溉、环境保护等）/%			项目对生活质量影响的满意度（经济、环境、出行等）/%		
			非常满意	满意	不满意	非常满意	满意	不满意	非常满意	满意	不满意
安徽省	20	1 031	52	48	0	59	41	0	64	36	0
江苏省	12	211	52	47	1	52	48	0	67	33	0

续表

项目区	调查项目区县个数	调查户数	对项目设计内容和实施过程的满意度/%			对项目成果的满意度(排涝灌溉、环境保护等)/%			项目对生活质量影响的满意度(经济、环境、出行等)/%		
			非常满意	满意	不满意	非常满意	满意	不满意	非常满意	满意	不满意
山东省	9	498	69	31	0	83	17	0	87	13	0
河南省	8	390	7	93	0	5	95	0	7	91	2
合计	49	2 130	48	52	0	54	46	0	59	40	1

并且在4省项目区共组织召开了41场利益相关者座谈会,共计1 128人参加了座谈讨论,并且妇女代表共计368人参加了座谈会。其中:江苏省项目区召开了12场座谈会,参加人数共计262人,其中妇女代表75人;安徽省项目区召开了11场座谈会,参加人数共计246人,其中妇女代表81人;河南省项目区召开了8场座谈会,参加人数共计182人,其中妇女代表74人;山东省项目区召开了10场座谈会,参加人数共计438人,其中妇女代表138人。

4 项目风险评估

4.1 项目评估时风险分析

世界银行贷款项目评估阶段，认为导致淮河流域重点平原洼地治理工程项目开发目标不能完全实现的主要问题或事件的风险评估，概述如表 4-1。

表 4-1 世界银行贷款淮河平原洼地治理工程项目风险分析评价

风险分析(对于项目开发目标)	风险减轻措施	风险级别及减轻
缺乏各级政府对项目强有力的支持	确保借款人和世界银行通过良好的管理信息系统及与政府领导的对话对投资和实施进行审慎的监督	适度风险
水利部与淮河水利委员会之间、淮河水利委员会与省水利厅之间及地方政府与社会团体之间协调安排效率低下	设计能够加强与来自水利部和各级政府的强力支持协调的项目管理安排	较大风险
配套资金，特别是各县(市、区)的配套资金不能及时到位	设计阶段确保各县(市、区)有最低的配套资金，确保实施期间的年度计划包括对配套资金的承诺和拨付的足够监督	适度风险
提供的资金不足，不能充分实施环境管理计划、移民安置行动计划、运行和维护及大坝安全行动计划	确保与当地所有者一起精心制订环境管理计划、移民安置行动计划和运行和维护计划。建立专家小组(POEs)监督水库大坝安全行动计划的实施	较大风险
未遵循设计和实施的技术标准	确保项目的设计和实施遵循国家或地方设计标准	适度风险
老旧的传统观念在地方上占主导地位，妨碍已建立的示范农民排灌协会(FDIA)向项目区其他地区的推广	世界银行计划对水利部和各省检查，确保所有在本项目下改造设施的运行和维护受益人积极参与	较大风险
在项目实施期可能发生大洪水	确保：早期预警系统；洪水应急计划；防洪物资到位；精心安排施工时间，尽量减小风险	适度风险
项目管理	通过应用已建立的采购和财务管理信息系统，执行世界银行程序，包括财务管理和采购指导	较大风险
总风险等级		适度风险

回顾本项目评估阶段时的风险问题，在水利部，淮委，江苏、安徽、河南、山东4省发改委、财政厅、审计厅、水利厅等有关部门领导的重视下，有关地(市)、项目县(市、区)各级政府对世界银行贷款项目给予了人力、物力、财力上的大力支持，保证国内各级财政配套资金及时足额到位，从而保障了世界银行贷款项目按计划顺利实施。基于本项目招标采购中采用最低评标价，质量管控难度较大。为此，4 省世界银行项目办要求各项目施工单位严格执行"三检制"，层层进行质

量把关。严把原材料进场关，根据规范和合同要求进行自检、平行检测，对外购产品厂家进行考察及驻厂监造，保证外购产品质量，要求监理单位加强强制性条文的执行检查。在施工单位自检、监理单位抽检、建设单位委托第三方检测的基础上，另外招标选择工程质量检测单位对各在建工程进行质量“飞检”，重点检测工程的薄弱环节和关键部位。项目县(市、区)项目办有关人员长年驻扎工地，每个月对工程质量进行常态化巡查检查，明确质量防控要点，现场重点检查原材料、钢筋焊接、混凝土施工、钢管拱施工等方面质量，同时注意对工程质量控制程序文件进行检查，发现问题立即印发整改通知，并针对重点难点问题，进行高频次检查。通过以上各项措施，保证了工程质量验收均为合格，确保项目实施达到了设计标准。根据农村发展现状，农民排灌协会(FDIA)因地制宜采取了多种工程运行维护办法，得到了当地农民群众的认可，没有出现妨碍已建立的试点示范农民排灌协会(FDIA)向项目区其他地区推广的问题。在本项目实施期间，没有发生大洪水，2016 年 6、7 月短期的全国性强降雨，堤外水位高涨，对堤内农村施工现场稍有影响，但很快进行了正常施工。在世界银行项目合同采购上，4 省世界银行项目办采取了先由国内专家初审，然后提交咨询公司经验丰富的世界银行专家组复审，当涉及可能错误采购时，直接咨询世界银行采购官员，进行层层管控。因此，本项目在执行过程中没有发生错误采购问题。按照既定的措施，各级项目办使用管理信息系统(MIS)对项目财务和工程进行管理，严格执行了世界银行项目管理程序。

综上所述，在世界银行贷款项目执行过程中，通过以往的丰富经验和预先制定的相关措施，有效地解决了项目评估阶段所估计可能出现的风险。

4.2 项目执行中的风险与措施

本项目实施过程中发生的项目评估时没有预计到的风险是汇率变化风险。世界银行贷款美元兑人民币汇率由项目评估时的 1∶6.827 降至 1∶6 左右，2016 年 6 月开始回升到 1∶6.65 左右，汇率的变化造成世界银行贷款损失较大，给本项目在贷款关账日前完成世界银行贷款提款报账支付工作带来了一定的风险。在世界银行、财政部、水利部及中央项目办(CPMO)的鼎力协助下，通过调整世界银行贷款土建工程报账支付比例，利用项目招标采购节余资金，进一步降低了汇率变化风险。由于项目中期计划调整后，新增了量大面广的小型农田水利工程，同时在项目关账前几个月，4 省世界银行项目办为了报完货物类别的世界银行贷款资金及各省、市项目的世界银行贷款，新增了一些土建工程、货物采购内容，给工程施工进度带来了一定的风险。但是，经过有关地(市)、项目县(市、区)项目办倒推工期，跟踪进度，全力配合，最终圆满地完成了各项建设任务和项目投资计划。

4.3 项目竣工后的风险分析及应对措施

本项目竣工后面临的风险主要包括已建防洪除涝治理工程的运行和维护管理,以及项目中扶持建设的农民排灌协会(FDIA)基层用水管水合作组织的可持续发展问题。

4.3.1 水利工程管护不到位的风险及应对措施

本项目竣工后,项目中已建工程可能发生管护管理工作不到位,从而导致工程寿命缩短,影响效益持久发挥的风险。为避免发生工程管护不到位的风险,4省有关地(市)及项目县(市、区)采取以下应对措施:县级水利部门针对农村中小型水利设施的管护(特别是农村小型水利设施)建立完善的运行维护、检查机制,在没有建立农民排灌协会(FDIA)的区域,按照“谁受益,谁负责”的原则,通过召开村民代表大会,协商采取拍卖、租赁或承包等多种形式,明晰产权,落实责任主体和管护经费,保证农田水利工程的长期正常运行,充分发挥工程预期效益。

4.3.2 农民排灌协会可持续发展面临的风险及应对措施

农民排灌协会(FDIA)发展在我国农田水利工程建设与管理中仍属新生事物,目前支持农民排灌协会(FDIA)发展的国家和地方政府相关政策、制度还不太完善、不够具体,虽然目前项目区农民群众对协会表示欢迎,但对建立和发展农民排灌协会(FDIA)的重要意义和实际作用了解并不深刻,加之协会管理人员缺乏经验等多方面因素,都可能导致项目区农民排灌协会(FDIA)面临不可持续的风险。为避免这样的风险发生,4省世界银行项目办采取了以下应对措施:

① 各省水利厅继续加强对项目区农民排灌协会(FDIA)建设与发展的指导力度,强化协会能力建设,确保已建协会的规范运行管理。

② 督促各有关地(市)、项目县(市、区)进一步加大相关政策的宣传发动,力求使农民排灌协会(FDIA)组建目的、作用、意义能够深入人心,形成推广发展农民排灌协会(FDIA)的良好氛围。

③ 借地方政府有关会议机会,介绍世界银行贷款项目发展农民排灌协会(FDIA)的成功经验和显著成效,并以世界银行贷款项目建设的农民排灌协会(FDIA)为示范样板,鼓励各有关地(市)和项目县(市、区)在国内农田水利建设等项目中继续大力推进发展农民排灌协会(FDIA),并给予相关政策的支持和农田水利配套工程建设资金上的扶持。

④ 鼓励以农民排灌协会(FDIA)为主体,申报国家农田水利工程建设项目扶持资金,如小农水重点县建设、中低产田改造、高标准农田建设、土地整治项目等,进一步扩大协会范围或强化协会范围内的农田水利基础设施建设,为农民排灌协会(FDIA)的可持续发展打好硬件基础。

⑤ 农民排灌协会(FDIA)、村委会应积极主动与农民排灌协会(FDIA)的业务主管部门暨县(市、区)水利部门、乡镇政府主管部门的联系,进一步推动协会管理体制和机制改革进程。

⑥ 农民排灌协会(FDIA)覆盖区域的农田水利工程由农民排灌协会(FDIA)自主管理,建议村委会出资负责维修,然后向上级申报,只有在地方政府积极参与和大力支持的情况下,才能使农民排灌协会(FDIA)管理的农田水利工程得到正常的运行维护管理。

5 世界银行和借款人业绩评估

5.1 世界银行业绩和表现

在本项目的前期准备工作和项目实施管理过程中，世界银行派出了优秀的项目经理和项目团队，在项目前期准备、谈判立项、实施管理等各个阶段，本着“坦诚友好、目标一致、相互理解和相互支持”的原则，进行了富有成效的密切协作。世界银行项目团队作为双方密切合作的桥梁，工作耐心，善于沟通，细致高效，他们的专业水平、协调能力以及严谨的工作作风，都给中方人员留下了深刻的印象。在前期准备项目规划设计过程中，世界银行为本项目引进了先进理念、经验和技术，十分关注项目的可持续性和创新性，包括管理效率、机构改革、运行和维护工作的完善等。在项目实施期间，世界银行的历次检查在推进项目顺利实施、保证项目建设质量等方面起到重大作用，使之项目建设一直比较顺利，全面完成了初期确定的设计监测指标。世界银行的检查管理体系，也为保障工程的可持续运行提供了宝贵经验。

在世界银行的指导下，本项目的世界银行安保政策得到了充分落实，充分保护了项目区受影响人群的权益。项目准备阶段对项目所涉及的征地移民、征迁、环保、少数民族及社会发展等内容，进行了充分的现场调查研究，制订了征地移民安置行动计划、少数民族发展计划、社会发展计划和初步环境检查计划，将项目的目标/目的、措施、意义、可能的社会和环境影响、征地移民安置计划等张榜公示，广泛征求社会各界和当地民众的意见，充分保障受影响人的知情权、参与权；在项目实施阶段，项目执行机构对受影响人公布征地移民政策、补偿补助标准、环境影响等，认真清点需征用的土地、拆迁的房屋及清除的地面附着物等，并将清点结果及时张榜公示，无异议后再逐项落实。

在项目实施过程中，世界银行历次检查团对项目实施进展情况，具体包括世界银行贷款项目资金的使用与管理、年度计划的编制与实施、农民排灌协会(FDIA)试点示范与专题研究项目的进展、监测评价行动的落实等，进行了严格的检查和监督，发现问题及时提出改进意见；并以世界银行中国局局长来函方式向水利部、淮河水利委员会、各省项目协调领导小组及世界银行项目办负责人，提出本项目不同阶段需要关注的有关重要问题与具体建议；以世界银行检查团备忘录建议形式给中央项目办(CPMO)、淮委和4省世界银行项目办等各级项目办提供项目实施指导与技术援助。世界银行对项目年度实施计划的制订与批复、中期计划调整意见的批复，使项目在坚持总体设计发展目标和建设内容不变的情况下，资金计划安排更加合理，项目整合更加优化，重点内容更加突出，实施效果更加明显。

此外，世界银行检查团在检查期间，还进行了多次多层次的技术培训与交流研讨活动，特别是在世界银行贷款项目招投标、财务管理、合同管理、监测评价、环境管理及征地移民征迁安置等方面，开展了卓有成效的工作，为各省、市、县项目建设培训了一大批复合型技术人才。协调组织开发应用了项目管理信息系统(MIS)，极大地提高了各级项目办的项目管理及资金支付、提款报账方面的规范性及工作效率。

综上情况，中方认为世界银行官员及国际咨询专家在加强世界银行贷款淮河流域重点平原洼地治理工程项目管理中，表现出的精湛的业务水平、科学的态度、严谨的作风、废寝忘食的敬业精神，给各级项目办管理工作人员留下了非常深刻的印象，也激发了各级项目办管理工作人员的事业心和责任意识。有鉴于此，中方对于世界银行的绩效和表现，初步评价结果为“非常满意”。具体评价内容详见表5-1。

表5-1　中方对世界银行项目团队业绩和表现评价内容和主要结果

序号	评价内容	评价概述	评价等级
1	项目规划设计	设计理念是先进的、超前的、具有战略性的，项目内容全面	非常满意
2	项目发展目标制定	目标定位准确、合理，符合流域特点，项目具有可持续性	非常满意
3	计划与调整	计划安排妥当，中期计划调整到位	满意
4	技术支持	经验丰富，具有良好的个人修养和职业道德，指导细微周到	非常满意
5	财务管理	前期计划合理，后期执行顺利	满意
6	项目检查指导	及时发现项目实施过程中的问题，提出了很好的建议，世界银行检查团成员规范和严谨的工作方式、敬业的精神、负责的态度为有关问题的解决起到关键作用	非常满意
7	项目监督管理	完全履行了职责，对项目完成起到了决定性作用，同时为项目管理带来先进的方法和手段	非常满意
8	与中方的沟通	沟通交流及时、灵活、通畅、开诚布公，保证了项目向设计的方向发展	非常满意
9	国际咨询专家技援	发挥了技术指导作用，带来了先进的理念、技术方法	非常满意
10	效果评价	在世界银行的大力支持与参与下，取得了项目的预期成果并达到了项目预期目标	非常满意
	总体评价	世界银行在项目准备与实施过程中，严谨的工作态度、高效的工作作风、灵活务实的工作方法是项目成功的关键。同时，给项目管理单位带来许多管理经验，为今后国际合作项目的开展提供了很好的借鉴	非常满意

5.2　借款人的业绩与表现

为保证世界银行贷款淮河流域重点平原洼地治理工程项目的顺利实施，中方各有关单位信守项目法律协定中的各项条款，认真履行自己的义务，为圆满完成本项目各项建设任务和投资计划，并取得良好效果，做出了应有贡献。主要体现在：

① 借款方建立了中央、省、市、县四级项目管理机构，并配备了包括项目管理和财务管理人员在内的专职管理人员；各级政府都成立了项目协调领导小组，涉及部门包括发改、财政、水利、农业、农业开发、林业、环保、民政、城建等，以协调解决项目中的重大问题；成立了流动专家组，为项目实施提供技术援助。

② 借款方各级政府对项目建设高度重视，及时、足额落实了国内财政配套资金；建立、健全了各项规章制度，包括项目管理、工程质量管理、招投标采购、财务管理、合同管理、提款报款、会计核算等，保证项目管理的规范性；建立了项目监测评价系统和开发应用项目管理信息系统（MIS），提高了工作效率和管理水平。

③ 借款方大力加强各级项目管理人员的技术培训工作，举办了内容丰富的培训活动，使项目管理人员的业务素质和管理水平不断提高，满足了项目管理工作的需要。

5.2.1 政府部门表现

为解决好世界银行贷款淮河流域重点平原洼地治理工程项目国内配套资金的问题，国家发改委、财政部、水利部和江苏、安徽、山东、河南 4 省政府有关部门给予了高度重视和大力支持。因本项目中由淮委组织实施的子项目申请利用世界银行贷款 900 万美元，需由中央财政统借统还，为落实这部分世界银行贷款的债权债务，财政部和水利部领导给予了高度重视和强有力支持，保证了这部分世界银行贷款资金计划的安排落实，有力地推进了项目进展。同时，本项目淮委和 4 省项目建设补助资金共有 132 248 万元，由中央财政预算内水利基本建设资金计划安排。为此，国家发改委、财政部、水利部给予了高度重视和积极支持，按计划列入年度水利基本建设投资计划，以保证项目资金能够及时到位和促进项目的顺利实施。

在安排落实各省世界银行贷款规模和建立贷款偿还机制上，4 省人民政府及有关部门都做了大量卓有成效的工作，有力地推进项目进展。特别是安徽省项目区地处淮河流域经济欠发达地区，有关地（市）和项目县（市、区）政府财政困难，资金压力大。为了保证使用好世界银行贷款项目资金计划，有力地促进淮河平原洼地治理，安徽省人民政府在世界银行贷款项目立项之时，就研究决定由省级财政负责承担本省世界银行贷款 7 500 万美元的债权债务问题，并同意由省级财政进行世界银行贷款的统借统还，从而大大减轻了项目地（市）、县（市、区）的项目建设资金压力和还贷压力，有力地保证了世界银行贷款项目顺利实施和工程建设资金的供应。

同时,在安排落实项目地方配套资金计划方面,4 省财政厅、水利厅都做了大量的协调工作,有力地推进项目进展,取得显著成效。具体表现如下。

(1) 2012 年 9 月,江苏省发展改革委、财政厅、水利厅三家联合发文,下达了本项目全部建设资金计划。2012 年,省级财政配套资金全部到位,2013 年 6 月中央水利建设资金全部到位。同时,为了进一步落实项目县(市、区)的配套资金计划,省水利厅领导亲自出面,分别找相关地(市)、项目县(市、区)政府领导协调沟通有关情况,督促有关地(市)、项目县(市、区)配套资金陆续足额到位。因此,本项目没有因为工程建设资金问题而影响项目正常施工。有关地(市)、项目县(市、区)、乡镇都成立了项目协调领导小组,积极参与协调、解决项目实施过程中征地移民和环境管理等重大问题,有力地推进项目顺利进展。

(2) 安徽省项目区经济发展相对比较落后,多数为贫困地区,国内配套资金到位难度比较大。但是安徽省水利厅通过会议布置、文件通报、上门协调等方式,不断督促各地(市)和项目县(区)政府及时筹集落实市、县级配套资金。省水利厅分管厅领导还多次到项目县、市协调落实地方配套资金。各地(市)项目办在每年财政预算安排期间,均及时向本级人民政府汇报项目配套资金落实计划和具体任务,协调和督促同级财政、发改、水利等部门和项目县(市、区)政府遵循立项承诺,积极落实市、县级财政配套资金,对市、县配套资金落实到位率低的市、县进行专门通报。

(3) 河南省世界银行贷款项目自 2011 年开工建设以来,由于省级和项目县级配套资金落实较晚、征地移民征迁进展慢、规划设计方案不够完善以及项目管理等各方面的原因,前期阶段项目建设进度一直进展迟缓,引起世界银行、水利部、淮委及河南省政府领导的高度关注。在世界银行检查期间,世界银行检查团多次致函河南省政府和有关部门要求按计划落实地方配套资金,进一步加快项目建设进度。河南省审计厅也向省政府提出了加快世界银行贷款平原洼地治理工程项目建设的审计专题报告,2014 年,在河南省政府主要领导的督促下,河南省发改委、省财政厅及时安排落实了省级财政配套资金,并且省水利厅采取措施进一步加快了项目建设进度。2014 年 6 月,省水利厅在项目进度严重滞后的驻马店市召开项目建设推进会,督促落实县级配套资金,对制约项目建设进度的征地移民征迁等重点问题提出了具体要求。

(4) 山东省发改委在项目立项、可研、初步设计、资金申请报告等前期工作方面,快速响应,及时批复,大大缩短了前期工作周期;省财政厅在世界银行贷款承诺担保、逐级转贷、财务评审、专用账户开设、资金使用管理、配套资金落实、提款报账、财务培训、内部审计等方面给予了强有力的指导和支持,保证了项目贷款程序的快速落实、财务管理的规范化及项目的顺利实施。各市、县级相关政府部门认真组织，并派出专人负责，使项目管理各项措施得以有效落实。各级部门间工作协调、配合默契，利益相关方积极参与管理，能够及时解决建设中出现的各种问题和及时化解各种矛盾，国内配套资金按年度及时到位，移民征迁工作开展有序，保证了项目的顺利完成。

5.2.2 实施机构表现

（1）组织机构健全和高效管理

淮委和江苏、安徽、河南、山东4省世界银行项目办是本项目的具体实施单位，下设了16个独立的地（市）级项目办，各有关地（市）项目办下又分设了项目县（市、区）项目办、乡镇项目管理机构，并在各级项目办内设置了综合、计划、工程、财务及移民等职能部门，并配备专职管理人员。同时，各级项目办为调入的水利工程、道路桥梁专业技术人员提供技术援助，加强工程建设质量管理。4省世界银行项目办还成立了环境管理办公室，各有关地（市）和项目县（市、区）项目办、监理单位、施工单位都配备了相关环境管理人员。江苏省世界银行项目办还与北京海立信信息咨询有限公司，安徽省世界银行项目办与上海宜生环境工程技术咨询公司签订了委托协议和咨询服务合同，由这些咨询公司派遣世界银行项目管理人员常驻江苏、安徽省世界银行项目办，为江苏、安徽省世界银行贷款项目提供全面的管理咨询服务和技术援助工作，从而有力地保障了项目顺利开展。

（2）中央项目办发挥重要的组织协调和指导服务作用

设立于淮委的中央项目管理执行办公室（CPMO），作为世界银行贷款淮河流域重点平原洼地治理工程项目实施的总体组织者和协调者，在项目实施的全过程中，不仅全力做好指导协调江苏、安徽、河南、山东4省世界银行项目办组织开展各省项目的具体实施管理工作，监督检查项目实施进度和施工质量，汇总项目的年度执行计划、进度报告和财务决算报告，组织项目的竣工验收和后评价工作，同时还承担起世界银行项目团队与中方沟通、协调、联系的桥梁作用。在项目前期准备和实施管理工作中，中央项目办（CPMO）开展和完成的主要工作和发挥的作用，主要体现在以下几个方面：

① 发挥引领牵头作用，做好组织、协调和监督工作。根据本项目工程总体进度要求和工程实施进展情况，制订好各年度项目实施工作计划；定期召开淮委和省级世界银行项目办主任会议，具体研究部署各年度主要工作任务，并督促4省和淮委世界银行项目办努力做好本年度各项工作。

② 做好年度项目技术成果汇总，把好审核关。根据世界银行贷款项目《贷款协定》和《项目协定》的相关法律条款要求，认真履行中央项目办（CPMO）汇总审核4省和淮委世界银行项目办上报的项目年度执行计划、项目进度报告、财务决算报

告，以及征地移民计划、环境管理计划、水库大坝安全、项目监测评价等专题报告，并按时提交世界银行进行审查批准或核备。

③ 组织开展“比、学、赶、超”活动，积极推进项目实施成果一年比一年好。为使4省和淮委世界银行项目办提交的各个阶段项目报告技术成果达到更好水平，中央项目办(CPMO)每年借助世界银行检查团两次来华检查之际，将有关省完成比较好的项目专题报告技术成果作为模板范本，提供给其他省进行学习借鉴，使下一年度各省项目技术成果都能提升到一个更好水平，以便获得世界银行检查团更高的评价。

④ 认真实现世界银行与中方的联系桥梁作用。世界银行对本项目所有检查指导活动，都是通过中央项目办(CPMO)与4省和淮委世界银行项目办进行沟通联系。为此，中央项目办(CPMO)认真起到本项目协调、组织和沟通的桥梁作用。一方面，对世界银行提出的有关要求，进行认真组织和研究布置落实；另一方面，4省在执行世界银行有关招标采购、项目资金管理等方面规定中遇到的一些问题、疑惑，中央项目办(CPMO)都及时与世界银行进行沟通解答，以便获得满意答复和妥善解决。

⑤ 以项目管理为纽带，开展技术培训与交流研讨活动，不断提高各级项目办管理水平。中央项目办(CPMO)以世界银行贷款淮河平原洼地治理项目为纽带，通过分层分级的学习、培训和考察等方式，把4省参与建设与管理项目人员联系在一起，通过建设一项工程达到培养一批业务骨干的目的。

(3) 各级项目办能力建设得到加强和提高

根据世界银行贷款项目及国内重点水利工程建设的要求，中央项目办(CPMO)和4省世界银行项目办采用提前技术培训、持续学习等办法，对有关地(市)、项目县(市、区)各级项目办不断举行世界银行贷款项目的招标采购、提款报账、财务管理、合同管理、MIS系统应用管理、环境管理、征地移民安置、档案管理等集体技术培训，或以召开座谈会单独培训的形式，加强各级项目办和参建项目单位工作人员能力建设，不断提升各项业务管理水平。中央项目办(CPMO)和4省世界银行项目办对相关项目管理单位有关人员进行持续技术培训后，已取得了良好的效果，保证了4省世界银行贷款项目的顺利实施，促进了项目和资金管理水平不断提高。同时，江苏省世界银行项目办还在咨询服务项目中安排专项资金，并委托北京海立信信息咨询有限公司组织有关专家，在系统总结国内世界银行贷款项目和资金管理经验与做法，以及世界银行贷款淮河流域平原洼地治理工程项目管理经验和具体做法的基础上，编写和出版了《世界银行贷款项目管理实务精解》《世界银行贷款项目环境管理精解》《世界银行贷款项目社会管理精解》等3本培训指导性教材，进一步扩大了项目的影响力。

(4) 管理施工严谨规范和科学

中央项目办(CPMO)和4省世界银行项目办按照世界银行项目管理的有关规定要求,进行了有效的项目管理和实施计划安排,建立、健全了各项规章制度,并按照世界银行项目管理要求建立了管理信息系统(MIS),规范地对本项目的工程和财务进行管理,提高了工作效率。按照世界银行项目管理的有关要求,与项目监测评价单位、外部移民监测单位、移民监理单位、环境监测单位签订了委托咨询服务协议,满足了世界银行项目管理工作的需求。并且及时完成项目采购计划,进行工程高质量的设计和施工,严格执行基本建设程序,按照相关要求和规定,及时做好施工图审查、外购产品厂家考察、方案专题讨论、第三方检测等。明确质量防控要点,狠抓重点难点,对重点工程采取双院设计制保证施工图质量,要求施工单位委托具有资质的单位进行桥梁结构施工安全监控。进行高频次检查,在施工单位自检、监理单位平行检测、第三方检测的基础上,另行委托检测单位对项目进行"飞检",确保质量控制体系有效运行。

(5) 各项建设内容圆满完成和效益显著

4省有关地(市)和项目县(市、区)项目办积极地协调解决好地方配套资金到位,通过多方努力,使项目市、县级财政配套资金基本按计划落实到位。江苏、安徽、山东省世界银行贷款项目在不突破国家和省级批复项目投资计划的情况下,还超额完成了项目区防洪除涝工程建设指标。4省项目区建立示范和推广的农民排灌协会(FDIA),积极参与了项目区小型农田水利工程的运行和维护管理。同时,项目环境管理工作卓有成效,江苏省世界银行项目办和有关地(市)项目办还对施工现场发现的历史文物及时进行了保护性挖掘。4省项目区所有已建工程都编制了运行和维护计划,并圆满完成了项目区的征地移民安置行动计划,并且社会公众参与、协商机制在世界银行项目实施管理中也得到了充分的落实,因此,项目实施成效十分显著。

综合以上情况,中方认为各级政府及有关部门和各级项目办的业绩和表现,自评价初步结果为"非常满意"。

5.2.3 项目履行法律文本情况

根据世界银行贷款项目《贷款协定》和《项目协定》,水利部中央项目领导小组为本项目提供了总体政策支持,中央项目协调办公室帮助淮委和4省世界银行项目办开展了项目实施协调工作,中央项目管理执行办公室(CPMO)对项目总体实施工作进行了协调、管理及帮助,淮委和4省世界银行项目办按时提交了项目年度实施计划,在项目实施过程中开展了监测评价工作,每半年都会提交财务报告,每年提交项目资金年度审计报告,满足了世界银行贷款项目管理的有关规定要求,世界银行贷款项目中的土建工程、货物合同执行了国内竞争性招标(NCB)程序,咨询服务合同执行了询价采购，没有发生腐败行为。项目中期计划调整对原项目《贷款协定》进行了微调，完成了项目《贷款协议》的修订。其中，淮委和4省世界银行项目办利用世界银行贷款20 000万美元计划不变，对土建工程、货物、咨询服务及培训类别的世界银行贷款资金的分配额度进行了适当调整，其中：江苏省项目将土建工程报账支付比例由81%提高到100%，安徽省项目将土建工程报账支付比例由68%提高到80%，山东省项目将土建工程报账支付比例由43%提高到85%，河南省项目将土建工程报账支付比例由54%提高到76%。并且货物和咨询服务类项目支付比例保持100%不变。从而保证了世界银行贷款资金能够足额用完，项目按期完成关账，维护了借款人的信誉。

根据本项目的《项目协定》，在项目实施过程中，淮委和4省世界银行项目办维持了世界银行认可的机构组成、职能、人员配备，及时执行了项目实施计划。江苏省世界银行项目办对泰东河沿线工程进行设计变更，减少了临时性征地和永久性征地。在征地移民安置和土地征用政策的要求和前提下，采取了一切必要措施，提高项目区征地移民的生活水平。建立和推广了农民排灌协会(FDIA)，参与了项目区农田水利工程的运行和维护管理工作。每次世界银行检查，4省世界银行项目办都能够按要求及时提交项目进展情况、项目监测评价、环境管理(含环境监测、水土保持监测)、征地移民行动、水库大坝安全、运行和维护计划等各项专题报告，受到世界银行检查团的好评。

综上情况，借款方圆满地完成了本项目的各项建设任务和投资计划，并取得良好效果。中央项目办(CPMO)及淮委和4省世界银行项目办等各级项目办都为项目取得圆满成功做出了应有的积极贡献，报请全面履行了本项目的《贷款协定》和《项目协定》。借款方履行世界银行贷款项目相关法律文本的执行情况，详见表5-2所示。

表5-2　世界银行贷款淮河平原洼地治理项目法律条款执行情况

编号	主要条款	条款内容	执行情况
1	各项目省和淮委等相关单位应按照项目实施计划(PIP)、环境管理计划(EMPs)、征地移民安置行动计划(RAPs)中关于移民安置和征地的政策框架，以及年度EMP，RAPs和大坝安全计划实施项目	(a) 项目实施计划(PIP)	已完成
		(b) 环境管理计划(EMPs)	已完成
		(c) 征地移民安置行动计划(RAPs)中关于移民安置和征地的政策框架	已完成
		(d) 年度EMP，RAPs和大坝安全计划实施项目	已完成
2	各项目省和淮委等相关单位应对征地移民安置行动计划(RAPs)的实施和移民安置和土地征用的政策框架进行外部监测		已完成
3	2016年9月30日之前，淮委在项目区建成淮河流域洪灾评估与决策支持系统，在汛期，该系统能够提供及时的决策支持和详细的历史洪水影响评估		已完成

续表

编号	主要条款	条款内容	执行情况
4	各项目省应:	(1) 在2011年开展一项试点计划,包括田间排水灌溉工程的修复和建立一个农民排灌协会(FDIA),确保农民排灌协会(FDIA)参与上述水利工程的运行和维护的目标	已完成
		(2) 从试点方案的实施中吸取经验教训,按需要修改农民排灌协会(FDIA)推广计划,并执行该计划	已完成
5	各项目省和淮委应在项目生效日期后90天内,安装和使用采购和财务管理信息系统(MIS),监控项目的整个采购流程和财务执行情况		已完成
6	各项目省应为新建或修复的灌溉排水工程系统编制运行和维护计划,至少要在项目区灌溉排水工程系统完成前三个月编制完成		已完成

6 经验与教训

6.1 主要经验

(1) 各级政府重视是项目实施成功的重要保障

本项目为淮委和江苏、安徽、河南、山东 4 省水利部门首个利用世界银行贷款项目，在项目实施过程中，水利部、淮河水利委员会和江苏、安徽、河南、山东 4 省发改委、财政厅、审计厅、水利厅，有关地(市)人民政府、市财政局、水利局、审计局，以及各项目县(市、区)、乡镇政府、行政村等单位各级领导，都对本项目防洪除涝治理工程建设给予了高度重视。各级有关部门领导多次亲临项目区工地检查指导工程实施情况，就工程实施当中出现的重要问题及时召开专题会议，听取项目建设单位情况汇报，积极协调有关单位解决施工过程中所遇到的各种矛盾和问题。有效的协调机制为世界银行贷款项目防洪除涝工程建设顺利实施提供了重要保障。

(2) 机构健全和人员稳定是项目顺利实施的基础

水利部和淮委、4 省及有关地(市)、项目县(市、区)都成立了项目协调领导小组，各有关部门各司其职，密切配合，为世界银行贷款项目顺利实施提供了强有力的组织保障。各项目协调领导小组下设项目管理办公室(PPMO)，具体负责世界银行贷款项目的实施管理工作。各级项目办内部建立健全了相关职能部门，配备了业务精、作风硬、政策强且稳定的专职工作人员，确保世界银行项目管理能力、经验的有效积累，使得项目管理具有连续性，从而保证了项目前期准备工作和后期实施管理工作的持续与顺利进行。

(3) 完善的管理制度是项目规范有序实施的条件

为保证本项目有序顺利推进，淮委和 4 省世界银行项目办根据世界银行项目管理要求和工程具体情况，制定了世界银行贷款项目管理办法、纪检监察派驻工作监察管理办法、招标采购管理细则、质量监督管理规定、安全监督工作指导意见、项目验收管理细则、建设管理办法、档案管理办法、征地补偿和移民安置工作管理办法、征地补偿和移民安置资金会计核算办法、财务管理实施细则、建设管理巡查制度、会商制度、廉洁自律制度等一系列的管理规章制度。这些详细全面的规章管理制度，进一步加强了世界银行贷款项目规范化建设管理，有效地保证了项目招投标、建设施工、质量安全、报账支付和各阶段检查、检测、审查、验收等各方面工作的顺利开展。各有关地(市)项目办和项目县(市、区)根据 4 省世界银行项目办的总体要求，并结合各自的实际情况，也分别制定了相应的管理办法和实施细则。这些管理办法的制定与颁发，使淮委和各省世界银行贷款项目执行有了清晰的程序、明确的标准，使项目建设和管理工作做到了有章可循。江苏省淮河洼地治理项目的泰东河工程收集整理并印发了《泰东河工程历次质量监督、检查、审计所发现的质量问题汇总》，进一步总结了工程质量通病和质量防控要点，制定了一系列规章制度和文件，有效地指导了现场质量管理工作。

(4) 严格执行世界银行招投标管理规定，实现采购公平性、经济性

利用世界银行贷款项目必须严格执行世界银行项目采购指南的有关规定，项目合同必须授予具有最低评标价的投标人。由于现阶段中国建筑市场和建设市场发展很快，但与国际市场仍有一定差距，市场诚信体系也正在逐步建立过程中，因此，不少工程施工企业对世界银行贷款项目中标原则及后期建设管理的有关要求理解不透，从而出现了不少低价中标人，但在项目实施时又比较困难，导致工程建设工期一再延误，造成工程项目建设管理非常被动的现象。为此，安徽省、江苏省世界银行项目办在认真学习和理解世界银行贷款项目招标采购管理相关文件的基础上，充分分析本省世界银行贷款淮河平原洼地治理工程项目所具有的具体特性，重点研究在项目采购标段划分、采购方式选择、招标代理机构采购、投标人能力与资源条件的确定、评标委员会的组成、招标文件中明确合同执行具体要求等方面，采取切实有效措施，进一步克服了世界银行贷款项目最低价中标所可能产生的负面影响，从而保证了已招投标土建工程的顺利实施，并取得良好成效。其中，安徽省世界银行项目办采用将同一市、县相距较近的相同类似的工程进行打包采购，规范执行采购，江苏省采用分区域统一打包的方法进行采购。为此，世界银行采购专家对于安徽省、江苏省世界银行项目办的这些具体做法给予了充分肯定。

(5) 落实好工程运行和维护计划才能确保项目可持续发展

如何保证世界银行贷款项目已建工程交付使用后能正常运行和长期发挥效益，是项目建设之初各级项目办重点研究和需要解决落实好的重大问题。为此，淮委和 4 省世界银行项目办要求各项目单位协助工程接管单位在已建工程完工前，应认真研究制订并按期提交工程运行和维护计划，进一步明确管理机构、人员、设备、资金，落实相关责任，制定工程交付后运行维护管理的相关措施。并且要求工程运管单位对交付的工程进行定期检查，有塌陷、破损及时修补，对自然灾害造成的较大损毁，及时上报，及时抢修，确保工程完好。据各省和有关地(市)项目办对于完工较早的工程的检查，其工程运行维护计划得到落实，通过 2～3 年时间的运行，工程依然环境卫生整洁、设施外观良好和防汛排涝保安功能稳定，保证了工程长效运行。

(6) 充分考虑当地自然地理条件，推广节水排灌方案

河南省在项目建设初期，项目设计理念仍延用传统的筑堤防洪、两岸建闸、挖河除涝的治理方法，没有考虑拦蓄措施，大量水资源通过排涝沟排到下游，当地水资源也没有充分利用。随着当地工农业生产的不断发展，当地水资源短缺现象日益严重，特别是淮北平原的周口、驻马店地区，近几年地下水位明显下降，导致农田机井灌溉取水困难。扶沟县世界银行项目芦义沟沟口涵闸建成后，充分考虑当地

自然地理条件，利用涵闸在非汛期拦蓄地面径流，并引贾鲁河水进入芦义沟，利用河水发展莲藕灌溉面积 2 000 多亩，这不仅解决了部分农业用水问题，还对当地地下水进行了有效回补，效果明显，而且对改善当地环境起到了非常重要的作用。同时，为了充分利用当地雨洪资源，河南省在项目中期计划调整过程中，对平舆县小清河和西华县双狼沟治理方案进行了调整，均要求在沟口设双向止水防洪闸，汛期开闸排涝，非汛期利用河道拦蓄当地地面径流，进行防洪除涝和拦蓄灌溉综合治理。经初步估算，小清河防洪闸可以拦蓄 8 万 m^3 水量，双狼沟防洪闸可以拦蓄 5 万 m^3 水量。这些措施为河南省项目区雨洪资源化技术的应用推广探索了新途径，值得认真总结和推广应用。

6.2 主要教训

(1) 项目时间跨度较长给实施带来难度

本项目从前期调研、立项、设计到正式组织实施，前后历时七八年之久，再加上项目实施期 6 年，总计历时 10 年多。项目区经济社会快速发展，至项目正式启动实施时，原规划工程施工现场已发生了很大的变化，特别是征地拆迁移民情况发生了较大的变化，一些工程需要进行设计变更。建议：项目遴选时，在满足世界银行理念情况下，不要将短期内要求实施的项目纳入世界银行项目。

(2) 缺乏应对汇率不断变化的措施，给地方带来压力

在项目执行期间，美元兑人民币的汇率变化大，在利用世界银行贷款规模总额不变的情况下，实际折算为人民币数额有所下降，存在世界银行贷款资金缺口，无形中进一步加大了国内地方政府的财政配套资金的压力，并且在一定的程度上影响了世界银行贷款项目实施的执行进度。建议在世界银行贷款项目实施之初，就应考虑汇率变化所带来的资金变化风险，要落实风险的承担部门。可以建立汇率风险基金，以利于抵御汇率变化对项目实施带来的风险。

(3) 地方配套资金到位缓慢对项目造成影响

在世界银行贷款项目实施管理过程中，项目市、县地方配套资金计划落实到位情况，一直是制约项目实施的主要因素。在 4 省世界银行项目办积极协调和各有关单位密切配合下，有些项目县(市)地方配套资金虽然还有少量资金缺口，但是没有影响项目的整体目标值实现。在项目实施过程中也发现，对于经济困难的项目市、县，地方配套资金的落实也确实是相当困难，从而在一定程度上影响了本项目工程建设进度。

6.3 借款人、项目实施机构和合作伙伴提出的主要问题分析

(1) 组织省、市、县、乡镇水利工作人员及多方利益相关者参与项目设计审查

会，对工程规划设计方案进行详细的讲解，完善考虑不足之处。

（2）建议项目执行机构考虑有效最低评标价和汇率变化给土建工程、货物、咨询服务类项目带来的投资变化，充分利用项目中期计划调整及时增补项目范围内工程作为世界银行采购合同，以确保能合规足额使用世界银行贷款资金，充分利用好项目的世界银行贷款资金，从而有效地保障整个项目计划的顺利实施。

7 对后续工作的建议

本项世界银行贷款项目各项建设任务和投资计划完成之后，淮委和4省及有关地(市)、项目县(市、区)各级水利部门积累了一定的利用世界银行贷款外资项目和资金管理经验，为此，建议在整个淮河流域平原洼地治理工程项目建设与管理中，进一步总结和应用推广世界银行贷款项目建设与管理的一些先进经验和成功做法，积极推进淮河流域平原洼地更多的防洪除涝工程综合治理，以利于建立完善的防洪减灾系统，为淮河流域洪涝灾情评估及减灾决策支持系统的应用积极创造有利条件，以利于充分发挥世界银行贷款项目的效益。同时，建议中方有关部门、各级项目办继续积极申报世界银行贷款项目，利用已有的项目和资金管理经验，更加科学化、流程化、简单化、规范化、系统化地实施好世界银行贷款项目等外资项目，认真系统地总结世界银行贷款项目已取得的有益经验和科学管理方法，为各省更大规模的水利建设与管理工作，提供可供借鉴的经验与做法，进一步扩大项目的影响力。

对于本项目后续工作的一些具体建议，主要如下。

(1) 统筹安排，有序推进《淮河流域重点平原洼地除涝规划》的实施

根据2010年淮委研究编制的《淮河流域重点平原洼地除涝规划》，淮河流域重点平原洼地防洪除涝工程项目计划总投资为120多亿元。“十二五”期间，水利部已选择淮河流域河南、安徽、江苏、山东4省中最严重的重点平原易涝洼地申请利用世界银行贷款2亿美元，加上国内配套资金，这一期淮河平原洼地防洪除涝工程项目投资规模为40亿元，并先期安排实施了世界银行贷款淮河流域重点平原洼地治理工程，现已按计划全面完成了世界银行贷款项目各项建设任务和投资计划。“十三五”期间，将在此基础上，对于《淮河流域重点平原洼地除涝规划》中其他分片治理的重点平原洼地治理工程，将有计划地开展分省分片的项目前期准备与申请立项工作，其中，安徽省重点平原洼地近期治理西淝河等沿淮洼地治理应急工程、江苏省重点平原洼地近期治理里下河川东港整治工程等已获得国家发改委批复。河南省、山东省第二期淮河平原洼地治理项目实施计划也在抓紧进行前期准备工作中。因此，“十三五”期间，应充分发挥世界银行贷款项目的引领作用，通过世界银行贷款淮河流域重点平原洼地治理工程项目实施后的效益发挥，进一步促进地方政府和广大农民群众支持和加快淮河流域其他平原洼地治理工程项目实施的积极性，以便为按期完成淮河流域重点平原洼地治理规划各项任务，打下良好的工作基础，提供有益的经验。

(2) 加强已建工程的运行维护管理，保证工程的可持续性

通过本项目的建设实施，在淮委和4省项目区建成了淮河流域洪涝灾情评估及减灾决策支持系统和一大批防洪除涝治理骨干工程，同时在项目区还配套建设了大量的田间灌排水利工程，以及成立了36个农民排灌协会(FDIA)。这些工程

措施和非工程措施，对于提高淮河流域重点平原洼地防洪除涝标准和抗灾能力，将发挥十分重要的作用。为了保证项目区这些已建的防洪除涝治理工程和流域洪涝灾情评估及减灾决策支持系统在将来能够正常运行和长期发挥效益，在项目后续管理工作中，一定要按照淮委世界银行项目管理有关单位和各省项目县（市、区）研究编制和完成审批的工程运行维护计划，进行安排落实相关工作，保证管理机构、人员、经费按计划落实到位，并完善相关的规章制度，以保证已建工程的良性运行。同时，还要更加重视项目区面上的灌排水利工程的配套完善和良性运行，以利于整体提高项目区防洪除涝标准和管理水平，以实现项目的规划设计目标。并且还要在4省项目区已建立和推广的农民排灌协会（FDIA）的基础上，进一步总结交流和应用推广协会建设与管理的成功经验，在淮河平原洼地更大范围内建立更多数量的农民排灌协会（FDIA），以便为运行管理好量大面广的农田灌排水利工程打下坚实基础，提供有效的基层水利工程管理组织机构与责任主体，促进项目区防洪除涝治理工程的可持续性和农业、水利的可持续发展。

（3）准备财政部门的外资项目绩效评估和开展世界银行项目后评价

根据世界银行及中央项目办（CPMO）要求，4省世界银行项目办和有关地（市）、项目县（市、区）项目办将密切配合世界银行专家和咨询服务单位，编写好本项目的完工报告（ICR），进一步认真总结项目经验和教训，为新的项目申请和实施提供有益的借鉴和参考。另外，还要坚持对世界银行贷款项目实施效果和影响结果进行长期的监测评价工作，解决和处理好项目执行中一些遗留问题，切实加强已建工程项目的运行维护计划和农民排灌协会（FDIA）的运行管理，以确保防洪除涝治理工程项目发挥其预期效益。同时，认真做好财政部门将于项目完成后进行的项目绩效评估，以及世界银行独立评价局将在项目结束后2年左右开展的项目后评价等相关工作，对以上这些事项要做好充分的准备工作。

附件:经济财务分析报告

一、经济分析

(1) 方法论与主要假定

本项目的经济与财务分析方法与世界银行贷款项目评估时采用的方法相一致,主要是更新了价格数据及项目实际成本。

1) 项目已带来诸多效益,大多数都可量化,也有些不可量化。主要可量化的效益有:一是通过减少洪涝灾害、改善排水系统、提高农田灌溉保证率增加了农作物产量,从而提高了农民收入;二是减轻了洪水对农村和城镇地区基础设施的破坏;三是显著节省了水运成本。

2) 以上效益的量化基于以下五方面实现:一是项目区内发生洪涝地区的频率[从乡镇和县(市、区)现有的记录进行估算];二是通过农民访谈评估洪涝对农作物产量的影响;三是采访项目区受灾人群典型代表,评估洪水对农村和城镇基础设施的破坏;四是对江苏、山东两省项目实施后水资源有效利用所产生的灌溉效益进行评估;五是通过本项目资助对江苏省淮河下游河道疏浚所带来的航运效益的评估。

3) 本项目经济分析的关键是对洪涝灾害损失预期减少量的评估,利用一种成熟的历史重现(如根据洪水大小所发生的概率)洪水损害评估方法进行评价。简单地说,在对历史上至少3次的重大洪涝灾害分析的基础上,绘制出各省洪涝灾害损失曲线。将已受灾地区数据和通过整个项目区受影响人群典型代表访谈所收集的数据汇总起来,分为有项目和无项目两种可能情况,将每公顷的洪涝损失与不同频率洪水(从一年一遇到百年一遇)估算的受淹面积连接起来。在有项目和无项目条件下,利用洪水频率和洪水损失数据对洪涝灾区的预期受淹面积和损失进行评价。有项目和无项目之间的差值即为因本项目实施而减少洪涝灾害所带来的预期经济效益(即减少损失)。

4) 分析把之前在防洪除涝中的全部投资视为沉没成本,并将防洪和主要除涝工程,以及设计能力提升所产生的效益全部归功于本项目。

5) 已经开展了两个辅助经济分析:一是经济效益与改善农田排涝成本的评估。本项目仅资助和改善农民排灌协会试点区的田间排涝工程。大量项目区已依靠地方政府资助田间排涝工程;二是进行经济效益与所提出的洪灾最小化决策支持系统(通过本项目资助)成本的分析。结果表明,按各省农田投资单位成本计算,农田排涝的经济内部收益率(ERRs)为21%~67%,洪灾最小化决策支持系统的ERR估算为28%。

6）全省效益与成本现金流按计划25年期估算折现率为6%时的基本净现值(NPV)经济内部收益率。省子项目的经济内部收益率为26%，表明各子项目是经济可行的。整个项目的总体经济内部收益率估算为27%(NPV为23.76亿元)，且敏感分析表明经济收益率稳健。

(2) 可量化效益

A. 农村与城镇地区减少的洪涝灾害损失

1）在实践中，很难区分洪水与涝水对农业生产的影响，因为二者均为夏季大雨所致。不管是涝水还是洪水都会减少农业产量，在特大洪水中还可导致绝产，特别是棉花和玉米等低需水作物。水稻可耐淹涝更长时间。洪涝灾害对农业减产的程度视具体情况而定，主要取决于：一是降雨量和洪水规模；二是洪水高度与持续时间；三是洪水发生期间受淹农作物及其成熟阶段。这些因素使洪涝对农业生产的经济影响评估变得更为复杂。降低洪涝灾害发生的可能性已有助于提高农作物产量，且当农民认为洪涝灾害损失减少到可接受的风险水平时，可导致农作物种植模式转换为更为适宜的作物。

2）洪涝灾害面积减少。各省预计年均减少的洪涝灾害面积见下表。整个项目区年均受灾面积估计已减少74 607公顷，大幅下降了约50%。

3）洪涝灾害损失减少。项目筹备阶段开展的洪涝灾害损失评估调查显示，损失总量巨大的，调查结果概括见下表：

项目省份	预计减少的洪涝灾害面积/公顷	效益/百万元
河南省	18 900	70.390
安徽省	36 507	347.220
江苏省	6 400	330.980
山东省(a)	12 800	49.395
总计	74 607	558.000

注：(a) 为2个项目区的数据。

B. 田间排涝改造的经济效益

1）改善排涝的受益区域。本项目已改善排涝。改善排涝从实物工程及排涝设施运行维护机制的提升两方面来实现，包括：新建和加固泵站、排水构筑物、田间排水及农民排灌协会试点。在项目区，有些地方还没有田间排涝设施(泵站和排水渠系)，即使有些地方有，也未得到恰当的运行与维护。一是农民排灌协会示范区，本项目已在4个农民排灌协会试点区(每省一个)示范排涝设施如何进行运行和维护，以使其有效和可持续运行；二是农民排灌协会推广区，本项目已资助农业推广活动，但不包括田间工程投资；三是地方政府已积极改善田间排涝的潜在地区。本分析仅考虑了试点区的效益，因为推广区田间工程投资并未列入本项目。

2) 改善田间排水的经济效益。改善田间排水至关重要,因为这是农民、省和国家从巨大的防洪排涝投资中受益的唯一方式。在本项目区,缺乏可阐明农业产量及农民收入的变化与田间排水改善的不同程度之间关系的数据。因此,在实施期内,本项目已监测实施田间排水和无改善措施地区的农业产量和收入情况。通过与项目区农民访谈获得的农作物产量和生产成本数据,在遭受不同程度涝灾的农民之间进行比较分析。此外,已与项目区附近农业生产未受洪涝灾害影响的农民进行访谈,以帮助评估消除涝灾后的情况。田间排水投资估算是基于农民排灌协会区的详细排水投资得来的。结果表明,根据田间工程的单位投资(230～780元/亩),各省田间排水的经济内部收益率为31%～79%。

C. 洪灾评估与支持系统的经济效益

1) 洪水预警系统可大大减少洪水相关损失。然而,本项目区和淮河流域洪水损失数据有限,因此对拟建的淮河流域涝灾评估与支持系统进行评估是非常困难的。

2) 对决策支持系统可能产生的经济内部收益率,通过事前经济分析进行了保守评估。评估基于在滞洪区(在本项目区外)洪水损失可能减少的概率分析,滞洪区由淮委使用,淮委已安装支持系统。在洪水期间,淮委可以控制洪水释放到指定的农村低洼地区,以降低下游水位,从而减轻城镇和其他富裕农村地区的洪灾。当发生洪水时,决策支持系统可提供良好的信息以预测洪水规模,可以及时做出决策以有效减少向洼地排泄水量。淮委专家按有项目和无项目情况分别评估了共计17个蓄洪洼区,分析表明,每年淹没总面积减少了8 000公顷,年均避免的损失为6 525元/公顷。结果表明,从经济角度看,对系统的投资是完全合理的,因为产生的效益可能远大于成本。经济内部收益率预计至少为28%(按折现率6%计,净现值为1.38亿美元)。

3) 由于数据限制,本次分析未考虑整个淮河流域涝灾减少所产生的附加效益。这可能远远高于由减少洪泛洼区淹没量化得到的效益。

(3) 灌溉效益

1) 本项目资助的工程已在江苏省和山东省项目区产生灌溉效益。疏挖河渠和安装新水泵具有排、灌双重功能,人们可获得额外的灌溉水源。在丰水期,水泵可抽出多余的水;而当枯水期由于缺水限制农作物生长时,可用水泵把河道中的水抽到灌排水系统以提高地下水位。江苏省和山东省项目的经济与财务分析报告中,提供了灌溉效益计算的所有细节。

在江苏省,分析了因本项目引入额外灌溉水量时稻米的产量情况,并分析了在无项目情况下可能减少的稻米产量。在无项目和有项目条件下,预计水稻受灾区面积减少了 55 200 公顷。灌溉水稻的经济净收入估算为 5 800 元/公顷。

2）山东省分析表明增加灌溉面积为 9 100 公顷。水稻、玉米和小麦等农作物已得到充分灌溉，其因产量增加而产生的经济价值预计已达到每年 933 万元。

（4）航运效益

在江苏省淮河下游的疏浚工程已减少目前船只的运输距离，并使大型船舶能在一些主水道中航行，其影响是减少进出省每吨货运的成本。江苏经济与财务分析报告列出了分析的细节。从本项目完工开始，运输成本预计每年减少 2.63 亿元；鉴于货运量的递增，在运输成本上的节约每年递增约 2%。

（5）不可量化的效益

1）地区和区域经济增长和减贫。农村和城镇地区降低洪涝损失的直接经济效益（已量化并列入经济分析中）通过放大效应，已促进地区或区域经济的额外增长。这些次生收入影响难以量化，但预计已带来巨大的附加效益。例如，农业产量的提高已带动供应链上其他从业者的收入，因为新增产量已被运送至鲜活农产品市场，或者进入加工环节。地区和农村经济的发展已提高农村和城镇人口收入及就业机会。农村地区贫困阶层收入的增加已为家庭改善子女教育状况提供重要的机会，进而提高他们未来的增收潜力和生活标准。本项目的直接和间接影响已大大减少贫困，尤其在贫困的农村地区。

2）环境与改善健康的效益。通过减少淹没和改善排水，涝洼地区尤其是靠近村庄地区的积水已有所减少，蚊子和其他传播水生疾病的昆虫也已减少，因而改善了居住在项目区人群的健康。

（6）分省及总项目的经济分析结果

1）下表 1 列出了整个项目和分省的基准经济内部收益率和净现值。

表 1　省项目区经济分析结果表

项目省份	6%的净现值/百万元	经济内部收益率/%
河南(a)	273	29
安徽(a)	813	23
江苏(a)	103	26
山东(a)	101	21
灾害最小化系统	138	28
总项目(b)	2 376	27

注：(a) 包含农民排灌协会试点田间排水所带来的效益。

(b) 整个项目所计算的净现值/经济内部收益率基于总的递增项目成本和效益。

2）敏感分析与切换值。敏感性分析结果详见表 2，结果表明本项目的经济收益是巨大的。

表 2　省项目区经济敏感性分析结果表

方案调整	经济内部收益率/%
基本方案	27
成本增加 60%	6
效益降低 30%	6

二、财务分析

(1) 方法论及主要假定

本项目农作物预算和农田模型按"有项目"和"无项目"测算，以判断对本项目区农民的财务吸引力。表 3 为农民灌排协会试点示范区农民代表的财务分析概览(以亩为单位)。

各省分析结果为各省项目区农民代表的平均数，结果显示农业净收入和家庭劳动回报有所提高，其原因有两点：一是减少了洪涝灾害(对比有无项目)；二是通过由本项目支持的农业推广，引入了新技术和管理经验(如使用了新的农作物品种或引入种菜或养鱼等效益更高的农业活动)。

江苏省和山东省已对扩大灌溉面积的农户进行了财务分析，结果表明 2 省代表性农民收入已分别比无项目时提高了 10%～18%。

表 3　4 省项目区农民灌排协会试点示范区财务分析结果表

项目省份	项目	单位	无项目	有项目
山东省	农田净收入	元/亩	732	966
	农田净收入增长率	%		32
江苏省	农田净收入	元/亩	1 350	1 633
	农田净收入增长率	%		21
安徽省	农田净收入	元/亩	823	955
	农田净收入增长率	%		16
河南省	农田净收入	元/亩	711	846
	农田净收入增长率	%		19

(2) 财政影响

政府已提供项目执行期内的配套资金以及项目完成后工程工作经常性费用增加所需的资金。此外，本项目已引进具有可参与性和可持续性的运行与维护方法，并在流域及田块进行有效安排，以确保项目完成后有充足的运行与维护资金。项目区的农民排灌协会(FDIA)收费标准已按满足田间工程运行与维护的现金需求量进行收费。

附表1:成果监测指标完成情况表

项目开发目标/成果指标	项目目标值		完成值		
	PAD目标值	中期调整目标值	累计完成值	完成PAD目标百分比/%	完成中调目标百分比/%
项目成果-1:城市及农村的防洪保护面积指标/km^2	9 576.20	9 576.20	9 682.43	101	101
项目成果-2:防洪保护人口的数量指标/百万	6.640	6.640	7.426	112	112
项目成果-3:城市和农村地区减少的洪灾经济损失指标/百万元	699.450	699.450	797.985	114	114
项目成果-4:防洪条件改善所提高的农民人均农业收入指标/(元/年)	233	233	260	112	112
项目成果-5:河道整治提高的航运效益指标/百万元	118.41	118.41	263.33	222	222
中间成果-1:堤防新建加固长度指标/km	417.450	413.590	444.615	107	108
中间成果-2:河道整治长度指标/km	980.2	944.12	1 023.51	104	108
中间成果-3:建筑物数量指标:包括泵站、穿堤建筑物和防洪闸、桥梁	806	794	989	123	125
中间成果-4:批准和实施的运行&维护计划的数量指标	146	120	151	103	126
中间成果-5:按要求成立并运作的农民排灌协会数量指标	36	36	36	100	100
中间成果-6:环境管理计划实施的主要行动的数量	59	62	100	169	161
中间成果-7:防洪减灾及决策支持系统完成的百分比指标/%	100	100	100	100	100
中间成果-8:水力模型完成的百分比指标/%	100	100	106	106	106
中间成果-9:洪灾评估及决策支持系统达到的技术标准的精度:(1) 远程数据采集率大于90%	90%	90%	97%	108	108
(2) 计算的成灾面积与实际值之间的误差小于15%	15%	15%	未遇见洪水	—	—
(3) 90%的预测和实际的洪峰之间的相差小于0.2~0.3 m	90%	90%	90%	100	100
中间成果-10:理解和帮助推广项目创新点的政府官员数量指标	275	302	384	140	127
中间成果-11:收入和生活水平能够得到维持或提高的项目征地影响人群的数量指标	57 173	52 807	81 311	142	154
中间成果-12:收入和生活水平能够得到维持或提高的移民数量指标	7 044	4 863	4 884	69	100
中间成果-13:严格按照世界银行采购和财务管理指南签订的合同数量指标	311	311	338	109	109

附表 2:运行维护计划实施情况表

单位	序号	运行维护计划名称	实施时间	管理单位	工程名称	工程地点	批准单位
淮委	1	淮河流域重点平原洼地治理项目淮河流域洪涝灾情评估及减灾决策支持系统淮河防洪除涝减灾实体模型基地工程运行维护计划	2014 年	淮委综合事业发展中心	淮河防洪除涝减灾实体模型基地	安徽合肥	
	2	淮河流域重点平原洼地治理项目淮河流域洪涝灾情评估及减灾决策支持系统灾情评估中心工程运行维护计划	2014 年	淮委综合事业发展中心	灾情评估中心工程	安徽合肥	
	3	沂沭泗河洪涝灾情巡测基地工程运行维护计划	2017 年	沂沭泗水利管理局	沂沭泗河洪涝灾情巡测基地	江苏徐州	
	4	淮河流域洪涝灾情评估及减灾决策支持系统淮河洪涝灾情巡测基地运行维护计划	2016 年	淮河水利委员水文局（信息中心）	淮河洪涝灾情巡测基地	安徽蚌埠	
河南省	1	新里集提排站运行维护计划	2017 年 6 月	潢川县新里集灌排协会	新里集提排站	魏岗乡新里集村	潢川县水利局
	2	王大台提排站运行维护计划	2017 年 6 月	潢川县王大台灌排协会	王大台提排站	踅孜镇两河村	潢川县水利局
	3	刘小集提排站运行维护计划	2017 年 6 月	潢川县刘小集灌排协会	刘小集提排站	来龙乡刘小集村	潢川县水利局
	4	周台提排站运行维护计划	2017 年 6 月	潢川县周台灌排协会	周台提排站	上油岗乡周台村	潢川县水利局
	5	淮滨县小集站管理所小集提排站运行维护计划	2016 年 6 月	邓湾乡人民政府	新小集排涝站	邓湾乡小集村	淮滨县水利局
	6	淮滨县小集站管理所梁港提排站运行维护计划	2016 年 6 月	邓湾乡人民政府	新梁港排涝站	邓湾乡新寨村	淮滨县水利局

续表

单位	序号	运行维护计划名称	实施时间	管理单位	工程名称	工程地点	批准单位
河南省	7	淮滨县小集站管理所张湾提排站运行维护计划	2016年6月	台头乡人民政府	新张湾排涝站	台头乡夏营村	淮滨县水利局
	8	淮滨县小集站管理所饮马港提排站运行维护计划	2016年6月	顺河街办事处人民政府	新饮马港排涝站	顺河街办事处人堰村	淮滨县水利局
	9	淮滨县小集站管理所吴寨提排站运行维护计划	2016年6月	谷堆乡人民政府	新吴寨子排涝站	谷堆乡孙岗村	淮滨县水利局
	10	淮滨县小集站管理所韩港提排站运行维护计划	2016年6月	谷堆乡人民政府	新韩港排涝站	谷堆乡沙谷堆村	淮滨县水利局
	11	淮滨县提排站管理所范港提排站运行维护计划	2016年6月	谷堆乡人民政府	新范港排涝站	谷堆乡周庄村	淮滨县水利局
	12	淮滨县提排站管理所朱营提排站运行维护计划	2016年6月	谷堆乡人民政府	新朱营排涝站	谷堆乡朱营村	淮滨县水利局
	13	淮滨县提排站管理所费湾提排站运行维护计划	2016年6月	王岗乡人民政府	新费湾排涝站	王岗乡浅子村	淮滨县水利局
	14	淮滨县提排站管理所刘寨提排站运行维护计划	2016年6月	王岗乡人民政府	新刘寨排涝站	王岗乡刘寨村	淮滨县水利局
	15	淮滨县提排站管理所潼湖提排站运行维护计划	2016年6月	王岗乡人民政府	新潼湖排涝站	王岗乡四河村	淮滨县水利局
	16	淮滨县提排站管理所乔湾提排站运行维护计划	2016年6月	张庄乡人民政府	新乔湾排涝站	张庄乡三里村	淮滨县水利局
	17	上蔡县小洪河管理段杨岗河运行维护计划	2017年6月	上蔡县水利局杨岗河柴冀管理所	杨岗河	上蔡县	上蔡县水利局
	18	上蔡县小洪河管理段杜一沟运行维护计划	2017年6月	上蔡县水利局洪河贺道桥管理所	小洪河管理段杜一沟	上蔡县	上蔡县水利局

续表

单位	序号	运行维护计划名称	实施时间	管理单位	工程名称	工程地点	批准单位
河南省	19	上蔡县小洪河管理段茅河运行维护计划	2017年6月	上蔡县水利局洪河贺道桥管理所	小洪河管理段茅河	上蔡县	上蔡县水利局
	20	汝南县小洪河管理段杜一沟运行维护计划	2017年6月	汝南县河道管理所	小洪河管理段杜一沟	汝南县	汝南县水利局
	21	汝南县小洪河管理段南马肠河运行维护计划	2017年6月	汝南县板店乡刘营排灌协会	小洪河管理段南马肠河	汝南县	汝南县水利局
	22	汝南县小洪河管理段荆河运行维护计划	2017年6月	汝南县河道管理所	小洪河管理段荆河	汝南县	汝南县水利局
	23	平舆县小洪河管理段南马肠河运行维护计划	2017年6月	平舆县小洪河阳城管理所	南马肠河及沿岸涵闸	阳城镇	平舆县水利局
	24	平舆县小洪河管理段茅河运行维护计划	2017年6月	平舆县小洪河阳城管理所	茅河及沿岸涵闸	射桥	平舆县水利局
	25	平舆县小洪河管理段小清河运行维护计划	2017年6月	平舆县小洪河杨埠管理所	小清河及挡洪节制闸	双庙乡、万金店镇、古槐街道、郭楼镇、万家镇	平舆县水利局
	26	平舆县小洪河管理段荆河运行维护计划	2017年6月	平舆县小洪河阳城管理所	荆河及沿岸涵闸	万家镇、阳城镇	平舆县水利局
	27	新蔡县小洪河管理段戚桥港运行维护计划	2017年6月	新蔡县洪河管理所	戚桥港治理	新蔡县砖店镇、黄楼镇	新蔡县水利局
	28	新蔡县小洪河管理段丁港运行维护计划	2017年6月	新蔡县洪河管理所	丁港治理	新蔡县余店镇、陈店镇、今是街道办	新蔡县水利局
	29	新蔡县小洪河管理段龙口大港运行维护计划	2017年6月	新蔡县洪河管理所	龙口大港治理	新蔡县龙口镇、韩集镇、孙召镇、栎城乡、今是街道办	新蔡县水利局
	30	新蔡县小洪河管理段柳条港运行维护计划	2017年6月	新蔡县洪河管理所	柳条港治理	新蔡县栎城乡、涧头乡	新蔡县水利局

续表

单位	序号	运行维护计划名称	实施时间	管理单位	工程名称	工程地点	批准单位
河南省	31	平舆县徐庄排灌协会排涝沟、桥梁、涵闸、灌溉机井运行维护计划	2013年5月	平舆县茅河徐庄闸控制流域农民排灌协会	徐庄排灌协会示范区	平舆县	平舆县水利局
	32	扶沟县西南河道管理段丰收河运行维护计划	2015年12月	扶沟县西南河道管理段	西南河道管理段丰收河	扶沟县韭园乡、城郊乡、固城乡、城关镇	扶沟县水利局
	33	西华县颍河黄桥管理段重建沟运行维护计划	2016年12月	颍河黄桥管理段	西华县重建沟	西夏镇、叶埠口乡	西华县水利局
	34	西华县贾鲁河管理段双狼沟运行维护计划	2016年12月	贾鲁河管理段	西华县双狼沟	红花镇、箕子台办事处、娲城办事处、迟营乡、大王庄乡	西华县水利局
安徽省	1	安徽省淮河流域重点平原洼地治理工程外资项目固镇县陈徐示范片水利工程运行计划	2013年6月27日	固镇县湖沟镇路庙村排灌协会	陈徐片示范区工程	固镇县湖沟镇陈徐村	湖沟镇人民政府
	2	天长市七里站运行维护计划	2013年6月26日	铜城镇水利服务站	七里站	铜城镇	铜城镇人民政府
	3	天长市河口站运行维护计划	2013年6月26日	河口机电排灌站	河口站	仁和集镇	天长市水利局
	4	天长市沙湖站、军田站运行维护计划	2013年6月26日	界牌排灌总站	沙湖站、军田站	仁和集镇	仁和集镇人民政府
	5	天长市陈戚圩站、湖滨站、金埠站运行维护计划	2013年6月26日	杨村镇水利服务站	陈戚圩站、湖滨站、金埠站	杨村镇	杨村镇人民政府
	6	天长市新华站、牧马站运行维护计划	2013年6月26日	牧马湖农民排灌协会	新华站、牧马站	秦栏镇	秦栏镇人民政府
	7	淮南市架河电力排灌站运行与维护计划	2013年8月	潘集区水利局架河站	架河站技改工程	潘集区架河乡苏涂村	潘集区水利局
	8	东风湖第三排涝站运行与维护计划	2013年4月19日	东风湖农场	东风湖第三排涝站	西淝河下段洼地毛家湖圩	省农垦事业管理局

续表

单位	序号	运行维护计划名称	实施时间	管理单位	工程名称	工程地点	批准单位
安徽省	9	安徽省淮河流域重点平原洼地治理工程外资项目移动泵车运行维护计划	2012年5月21日	安徽省机电排灌总站	移动泵车		安徽省水利厅
	10	灵璧县沱河洼地治理工程运行维护专题报告	2013年6月7日	灵璧县水利工程管理站	沱河洼地治理灵璧段	灵璧县	灵璧县水利局
	11	泗县沱河洼地治理工程运行维护专题报告	2013年6月12日	泗县水利局草沟水利站	沱河洼地治理泗县段	泗县	泗县水利局
	12	宿州市城区段沱河洼地治理工程维护专题报告	2013年6月18日	宿州市河道管理局	宿州市沱河城区段治理	宿州市沱河城区段	宿州市水利局
	13	埇桥区澥河河道运行维护计划	2013年6月1日	埇桥区浍河河道管理所	澥河洼地治理埇桥区段	埇桥区	埇桥区水利局
	14	宿州市方店闸工程运行维护计划	2013年6月18日	埇桥区浍河河道管理所	方店闸	埇桥区方店	埇桥区水利局
	15	定远县炉桥圩堤防、撇洪沟工程运行维护计划	2014年4月	定远县炉桥镇	定远县高塘湖洼地治理工程	定远县炉桥镇	定远县政府
	16	永幸河泵站运行与维护计划	2013年7月9日	凤台县永幸河灌区管理处	永幸河泵站重建工程	凤台县	凤台县水利局
	17	濉溪县澥河河道疏浚及澥河建筑物工程(洼地)运行维护专题	2011年8月12日	濉溪县工程管理中心	濉溪县澥河河道、李大桥闸、石字盘、任集西、澥河桥	濉溪县	濉溪县水务局
	18	安徽省淮河流域重点平原洼地治理工程外资项目曹老集圩堤、太平圩堤及石王圩堤加固工程运行维护计划	2014年5月8日	曹老集镇水利站	曹老集圩堤、太平圩堤及石王圩堤	淮上区曹老集镇、吴小街镇、沫河口镇	蚌埠市淮上区人民政府

续表

单位	序号	运行维护计划名称	实施时间	管理单位	工程名称	工程地点	批准单位
安徽省	19	苏沟河道整治工程管护计划	2014年6月9日	利辛县河道管理局、胡集镇、展沟镇、新张集乡人民政府	苏沟河道及桥梁	利辛县胡集镇、展沟镇、新张集乡	利辛县人民政府(待批)
	20	展沟南站、苏沟闸管护方案	2014年3月17日	利辛县河道管理局、利辛县机电中心管理站	展沟南站、苏沟闸	利辛县展沟镇	利辛县人民政府(待批)
	21	焦岗湖洼地杨湖加固工程工程运行维护计划	2014年6月22日	颍上县水利工程管理所及有关乡镇人民政府	杨湖圩及老墩沟等	颍上县杨湖、刘集、黄坝、鲁口四乡镇	颍上县水务局
	22	西淝河洼地大东孙岗站重建工程运行维护计划	2014年12月25日	颍上县迪沟镇政府	大东站、孙岗站	颍上县迪沟镇	颍上县水务局
	23	颍东区淮河流域重点平原洼地治理工程外资项目运行维护计划	2014年8月14日	颍东区水务局工管股及有关乡镇人民政府	济河、公平沟、黑风沟、北新河及其建筑物	颍东区口孜、老庙、枣庄、正午等乡镇	颍东区水务局
	24	西淝河洼地济河闸移址重建工程运行维护计划	2015年6月28日	颍上县水利工程管理所	济河闸	颍上县	颍上县水务局
	25	八里河洼地保丰沟工程运行维护计划	2015年6月20日	颍上县水资源所及慎城镇政府	保丰沟及其建筑物	颍上县慎城镇	颍上县水务局
	26	八里河洼地建南河工程运行维护计划	2015年7月20日	颍上县水资源管理所及建颍乡政府	建南河及其建筑物	颍上县建颍乡	颍上县水务局
	27	戚家圩站、护桥站运行维护计划	2015年6月30日	十八集电灌站	戚家圩站、护桥站	天长市	天长市水利局
	28	阚疃镇镇东区委员会蒋圩西站运行管护方案	2015年8日	阚疃镇蒋圩西电灌站农场排灌协会	阚疃镇蒋圩西电灌站农场排灌协会	利辛县阚疃镇	利辛县水务局

续表

单位	序号	运行维护计划名称	实施时间	管理单位	工程名称	工程地点	批准单位
安徽省	29	浦东站运行维护计划	2015 年 6 月 8 日	永丰镇水利服务站	高邮湖洼地治理浦东站	天长市永丰镇	天长市永丰镇人民政府
	30	上泊湖站配套工程运行维护计划	2013 年 6 月 26 日	天长市上泊湖排涝总站	东控制闸、上泊湖站西闸、上泊湖站南闸、上泊湖站北闸	天长市永丰镇	天长市水利局
	31	三汊河闸、大河湾闸运行维护计划	2015 年 6 月 30 日	天长市淮河修防所	大河湾闸、三叉河闸	天长街道	天长市水利局
	32	侯老家站管护计划	2015 年 9 月 8 日	利辛县机电中心管理站	侯老家站	利辛县展沟镇	利辛县人民政府
	33	木岗孜排灌站扩建和技改工程运行维护计划	2015 年 8 月 25 日	颍上县机电排灌所	木岗孜排灌站	颍上县刘集乡	颍上县水务局
	34	架河节制闸运行维护计划	2014 年 11 月 25 日	淮南市架河电力排灌站	架河闸	淮南市架河镇	淮南市潘集区人民政府
	35	毛集境内焦岗湖洼地治理工程	2015 年 1 月	焦岗湖镇水利工程管理委员会	乔口站、乔口圩、便民沟、枣林圩	淮南市毛集区焦岗湖镇	淮南市毛集实验区管理委员会
	36	天长市牧马湖农民排灌协会田间工程运行维护计划	2016 年 1 月	天长市牧马湖农民排灌协会	天长市牧马湖农民排灌协会田间工程	滁州市天长市	天长市水务局
	37	六安市正南洼地正阳关农场排管协会田间工程运行维护计划	2016 年 1 月	六安市正南洼地正阳关农场排管协会	六安市正南洼地正阳关农场排管协会田间工程	六安市正南洼	六安市水务局
	38	凤台县城北湖泵站运行维护计划	2016 年 1 月 21 日	凤台县城北湖泵站	凤台县城北湖泵站	凤台县	凤台县机构编制委员会
	39	濉溪县澥河工程(洼地)双龙沟闸运行维护专题	2016 年 1 月 19 日	濉溪县水务局	双龙沟闸	濉溪县	濉溪县水务局
	40	罗塘社区田间工程运行维护计划	2016 年 7 月 11 日	罗塘社区	田间工程	长丰县	长丰县水务局

续表

单位	序号	运行维护计划名称	实施时间	管理单位	工程名称	工程地点	批准单位
安徽省	41	焦岗湖中期调整工程运行维护计划的批复	2016年8月23日	焦岗湖人民政府	中期调整工程	淮南市	毛集实验区水务局
	42	淮南市境内中期调整项目(尚塘乡港河上段)运行管理	2016年8月3日	尚塘乡水利站	中期调整工程	淮南市	凤台县水利局
	43	沱河河道运行维护计划	2016年9月7日	县河道管理局	沱河河道	蚌埠市	固镇县水务局
	44	澥河河道运行维护计划	2016年9月4日	固镇县河道管理局	澥河河道	蚌埠市	固镇县水务局
	45	蚌埠市隔子沟、大洪沟、芦干沟运行维护计划	2016年9月5日	固镇县河道管理局	中期调整工程	蚌埠市	固镇县水务局
	46	沱河河道、提防及穿堤函工程运行维护计划	2016年9月7日	五河县水利工程管理所	沱河河道	蚌埠市	五河县水利局
	47	五河县大洪沟及桥梁配套工程运行维护计划	2016年9月7日	五河县浍南水利规划管理站	大洪沟	蚌埠市	五河县水利局
	48	北淝河下游淝北站和常郢站等泵站运行维护计划	2016年10月15日	蚌埠市淮上区水利局	淝北站和常郢站等泵站	蚌埠市淮上区	蚌埠市淮上区人民政府
	49	北淝河下游曹老集圩和邵河圩等圩堤工程运行维护计划	2016年10月15日	蚌埠市淮上区水利局	曹老集圩和邵河圩等圩堤工程	蚌埠市淮上区	蚌埠市淮上区人民政府
	50	北淝河下游曹老集站引排涵和新河沟涵等涵闸工程运行维护计划	2016年10月15日	蚌埠市淮上区水利局	曹老集站引排涵和新河沟涵等涵闸工程	蚌埠市淮上区	蚌埠市淮上区人民政府
	51	澥河河道运行维护计划	2016年7月26日	包基镇水利站	澥河河道疏浚	蚌埠市怀远县	怀远县水利局
	52	北淝河清沟圩加固、重建姜家站等工程运行维护计划	2016年7月26日	魏庄镇水利站	北淝河清沟圩加固、重建姜家站等工程	蚌埠市怀远县	怀远县水利局

续表

单位	序号	运行维护计划名称	实施时间	管理单位	工程名称	工程地点	批准单位
安徽省	53	宿州市境内中期调整项目1标段运行维护计划	2016年10月14日	灵璧县水利工程管理站	宿州中期调整项目1标	灵璧县	灵璧县水利局
	54	泗县沱河洼地治理工程运行维护计划	2016年5月15日	泗县水利局草沟水利站	沱河洼地治理泗县段	泗县	泗县水利局
	55	桂集镇黄庙社区农民排灌协会运行维护计划	2016年9月28日	桂集镇黄庙社区农民排灌协会	田间工程	桂集镇黄庙	凤台县永幸河灌区管理办
	56	东风湖农民排灌协会小型水利设施维护过程运行维护计划	2016年9月20日	安徽省东风湖农场	田间工程	安徽省东风湖农场	安徽省东风湖农场
	57	灵璧县黄湾镇砂坝村农民排灌协会运行维护计划	2016年10月14日	灵璧县水利工程管理站	田间工程	灵璧县	灵璧县水利局
	58	蚌埠姚郢站的运行维护计划	2016年10月26日	怀远县市政管理局	姚颍站	怀远县	怀远县城乡建设局
	59	宿州市埇桥区禅堂农场排灌协会田间工程	2017年1月12日	埇桥区禅堂农场排灌协会	田间工程	埇桥区	埇桥区水利局
江苏省	1	东台市溱东镇双超南圩农民排灌协会工程运行维护计划	2013年7月	东台市溱东镇双超南圩农民排灌协会	东台市溱东镇双超南圩农民排灌协会工程	东台市溱东镇	东台市水务局
	2	东台市五烈镇东里圩农民排灌协会工程运行维护计划	2016年5月	东台市五烈镇东里圩农民排灌协会	东台市五烈镇东里圩农民排灌协会工程	东台市五烈镇	东台市水务局
	3	东台市南沈灶镇万桥村农民排灌协会工程运行维护计划	2016年5月	东台市南沈灶镇万桥村农民排灌协会	东台市南沈灶镇万桥村农民排灌协会工程	东台市南沈灶镇	东台市水务局
	4	泰州市姜堰区俞垛镇姜茅村农民排灌协会工程运行维护计划	2016年5月	泰州市姜堰区俞垛镇姜茅村农民排灌协会	泰州市姜堰区俞垛镇姜茅村农民排灌协会工程	泰州市姜堰区俞垛镇	姜堰区水务局
	5	泰州市姜堰区淤溪镇卞庄村农民排灌协会工程运行维护计划	2016年5月	泰州市姜堰区淤溪镇卞庄村农民排灌协会	泰州市姜堰区淤溪镇卞庄村农民排灌协会工程	泰州市姜堰区淤溪镇	姜堰区水务局

续表

单位	序号	运行维护计划名称	实施时间	管理单位	工程名称	工程地点	批准单位
江苏省	6	泰州市姜堰区俞垛镇祝庄村农民排灌协会工程运行维护计划	2016年5月	泰州市姜堰区俞垛镇祝庄村农民排灌协会	泰州市姜堰区俞垛镇祝庄村农民排灌协会工程	泰州市姜堰区俞垛镇	姜堰区水务局
	7	泰东河草舍、台广大桥运行维护计划	2015年9月	东台市梁垛镇、五烈镇人民政府	泰东河草舍、台广大桥	东台市梁垛镇、五烈镇	东台市人民政府
	8	兴化市张郭镇欧家村、五星村农民排灌协会工程运行维护计划	2016年10月	兴化市张郭镇欧家村农民排灌协会、五星村农民排灌协会	兴化市张郭镇欧家村农民排灌协会工程、五星村农民排灌协会工程	兴化市张郭镇	兴化市水务局
	9	泰州市农业开发区红旗农民排灌协会工程运行维护计划	2016年10月	泰州市农业开发区红旗农民排灌协会	泰州市农业开发区红旗农民排灌协会工程	泰州市中菱、南舍、红旗社区	农业开发区水务局
	10	泰东河开庄大桥运行维护计划	2016年10月	东台市溱东镇人民政府	泰东河开庄大桥	东台市溱东镇	东台市人民政府
	11	泰东河东台市段运行维护计划	2016年10月	东台市河道堤防管理处	泰东河河道整治（东台市段）	东台市溱东、时堰、梁垛、五烈镇及西溪景区	东台市人民政府
	12	泰东河农业开发区段段运行维护计划	2016年10月	泰州市水利局水工程管理处	泰东河河道整治（农业开发区段段）	泰州市中菱、南舍、红旗社区	泰州市水利局
	13	泰东河姜堰区段运行维护计划	2016年10月	姜堰区城市河道管理所	泰东河河道整治（姜堰区段）	泰州市姜堰区溱潼、淤溪、俞垛镇	泰州市水利局
	14	泰东河兴化区段运行维护计划	2016年10月	兴化市河道管理所	泰东河河道整治（兴化区段）	泰州市兴化区张郭镇	兴化市水务局
	15	泰东河溱潼北、读书址、淤溪、里溪大桥运行维护计划	2016年10月	泰州市姜堰区人民政府	泰东河溱潼北、读书址、淤溪、里溪大桥	泰州市姜堰区溱潼、淤溪镇	姜堰区人民政府
	16	泰东河张郭大桥运行维护计划	2016年10月	兴化市张郭镇人民政府	泰东河张郭大桥	兴化市张郭镇	兴化市人民政府
	17	泰州市五叉河闸站、九龙河闸、五叉港闸管护运行计划	2013年7月	泰州市城区河道管理处五叉河闸站管理所	泰州市五叉河闸站、九龙河闸、五叉港闸	泰州市海陵区	泰州市水利局

续表

单位	序号	运行维护计划名称	实施时间	管理单位	工程名称	工程地点	批准单位
江苏省	18	泰州市圩口闸、小型排涝站运行维护计划	2014年9月	泰州市水利局农业开发区分局	泰州市圩口闸、小型排涝站	泰州市农业开发区	泰州市水利局
	19	泰州市苏红河圩堤加固工程运行维护计划	2015年3月	泰州市水利局农业开发区分局	泰州市苏红河圩堤加固工程	泰州市农业开发区	泰州市水利局
	20	泰州市王墩河整治工程运行维护计划	2015年3月	泰州市城区河道管理处	泰州市王墩河整治工程	泰州市海陵区	泰州市水利局
	21	泰州市大寨河整治工程运行维护计划	2016年5月	泰州市城区河道管理处	泰州市大寨河整治工程	泰州市海陵区	泰州市水利局
	22	徐州废黄河运行维护计划	2013年7月	徐州市云龙区水利局(云龙区河道管理所)、经济技术开发区水务处(经济技术开发区河道管理所)、铜山区水利局(铜山区河道管理所)	徐州废黄河整治工程	徐州市云龙区、经济技术开发区、铜山区	徐州市水利局
	23	淮安市内衣、西小闸站项目运行维护计划	2013年7月	清浦区城区河道泵站管理所	淮安市内衣泵站、西小闸泵站	淮安市清河区	淮安市水利局
	24	清隆桥站项目运行维护计划	2013年7月	清河区泵站管理所	淮安市清隆桥泵站	淮安市清河区	淮安市水利局
	25	淮安市越河、西郊站项目运行维护计划	2013年7月	淮安市经济技术开发区水利服务站	淮安市越河泵站、西郊泵站	淮安市经济开发区	淮安市水利局
	26	淮安市月湖泵站工程运行维护计划	2015年9月	淮安区城市排涝泵站管理所	淮安市月湖泵站工程	淮安市淮安区	淮安市水利局
	27	淮安市里运河护岸工程运行维护计划	2016年5月	淮安区城市水利管理管理处	淮安市里运河护岸工程	淮安市新城区	淮安市水利局

续表

单位	序号	运行维护计划名称	实施时间	管理单位	工程名称	工程地点	批准单位
山东省	1	任城区（原市中区）世界银行贷款洼地治理工程运行维护计划	2012年5月	任城区唐口街道办事处	老赵王河	老赵王河	任城区水利局
			2013年5月	任城区唐口街道办事处、安居街道办事处	龙拱河	龙拱河	
			2014年5月	任城区唐口街道办事处	大魏站、后王提水站、河长口南站、鲍屯站、景村站、程庄站、前王站	老赵王、龙拱河	
			2014年5月	任城区安居街道办事处	白庄站、张天楼站、大辛庄站、十里站	龙拱河	
	2	鱼台县老万福河运行管理计划	2014年7月	鱼台县水利局	老万福河	老万福河	鱼台县水利局
	3	鱼台县泵站运行维护计划	2013年4月	鱼台县清河镇水利站	李桥站（排灌协会）、张庄站、于屯站、张集站、清河站、勺头刘站、杨口站	老万福河	鱼台县水利局
				鱼台县罗屯乡水利站	军民站、罗屯站、孙桥站	老万福河	
	4	微山县老泗河运行管理计划	2015年3月	微山县水利局	老泗河	老泗河	微山县水利局
	5	微山县老运河运行管理计划	2015年3月		微山老运河	微山老运河	微山县水利局
				微山县马坡乡	马前站	微山老运河	
	6	薛城区东泥河运行维护计划	2013年4月	薛城区河道管理所	小沙河故道		薛城区水利局
					小沙河、东泥河		
	7	峄城河道运行维护计划	2014年8月	峄城区河道管理所	二支沟、阴平沙河	韩庄运河	峄城水利局
					大枣庄站	三支沟	
					巨桥站	魏家沟	

续表

单位	序号	运行维护计划名称	实施时间	管理单位	工程名称	工程地点	批准单位
山东省	8	台儿庄区世界银行贷款洼地治理工程新沟河河道、堤防及防汛路运行维护计划	2012年	台儿庄河道管理所	越河、新沟河	越河、新沟河	台儿庄水利局
	9	台儿庄洼地治理泵站管理运行维护计划	2013年3月	台儿庄邳庄镇、泥沟镇人民政府	前石佛泵站、后石佛泵站、冯湖泵站;	新沟河	台儿庄水利局
					前石佛闸	新沟河	
	10	郯城县白马河运行维护计划	2016年10月	郯城县安子桥闸管理所	白马河(小埝生产桥)	白马河	郯城县水利局
	11	郯城县洼地治理运行维护计划	2011年		十里铺涵闸、郯城后涵闸、北马庄涵闸、前小埠涵闸、吴庄涵闸、吴庄涵闸、西圈子涵闸、西圈子涵闸、徐庄涵闸、官庄涵闸、班庄涵闸、赵庄涵闸、凌高册涵闸	白马河	郯城县水利局
					小马头涵闸、房后涵闸、刘庄涵闸、仇高册涵闸、寨子园涵闸、大坊涵闸、小埝涵闸		
	12	苍山县吴坦河运行维护计划	2013年4月	苍山县水利局河道理所	吴坦河	吴坦河	苍山县水利局
				苍山县长城镇政府	粮田河口涵闸、郯薛公路路南涵闸、沙元生产桥、八大洼排灌站	吴坦河	
				苍山县芦柞镇政府	前芦柞北涵闸、顾庄生产桥	吴坦河	
				苍山县南桥镇政府	邹圣庄涵闸、邹庄生产桥、刘庄生产桥	吴坦河	
				苍山县水利局庞庄排灌站管理所	庞庄排灌站	燕子河	

续表

单位	序号	运行维护计划名称	实施时间	管理单位	工程名称	工程地点	批准单位
山东省	13	世界银行贷款梁山县重点平原涝洼地治理工程泵站管理运行维护计划	2013年3月	梁山县水利局	王路站、潘庄站、琉璃井站、信楼站	郓城新河	梁山县水利局
					方西站	琉璃河	
	14	世界银行贷款嘉祥县重点平原涝洼地治理工程泵站管理运行维护计划	2010年	嘉祥县水利局	龙桥站	老赵王河	嘉祥县水利局
					后王站	龙拱河	
					韩桥站、任堤口站、北湾站、彭东站、红旗站、韩井站、李桥村站	红旗河	
	15	金乡县泵站管理运行维护计划	2010年	金乡县水利局	南胡站、北李站	新万福河	金乡县水利局
	16	世界银行贷款汶上县重点平原涝洼地治理工程运行维护计划	2013年3月	汶上县南旺镇政府	人民站	泉河	汶上县水利局
					南旺站、胜利站	梁济运河	
	17	枣庄市沿运洼地治理滕州市排灌站运行维护计划	2010年	滕州市水务局	邓集站、丁堂站、甘桥站	城郭河	枣庄市水利局
					后王晁站（排灌协会）、翟庄站	北沙河	
	18	水文设施工程（枣庄洪涝灾情巡测基地）运行管理计划	2015年	枣庄市水务局	水文设施工程（枣庄洪涝灾情巡测基地），主要监测台儿庄沿运洼地、峄城沿运洼地和薛城滨湖洼地		枣庄市水利局
	19	沿运洼地中期调整薛城区子项目土建工程（三期）运行维护计划	2011年	薛城区水利局	小沙河生产桥	小沙河	薛城区水利局
	20	李桥站排灌协会运行维护计划	2012年	鱼台县清河镇水利站	李桥站排灌协会	老万福河	鱼台县水利局
	21	后王晁排灌协会运行维护计划	2013年	腾州市水务局	后王晁排灌协会	北沙河	腾州市水务局
	22	鱼台肖庄排灌协会运行维护计划	2013年	鱼台清河镇肖庄灌区	鱼台肖庄排灌协会	红旗河	鱼台县水利局
	23	金乡南胡排灌协会运行维护计划	2013年	金乡羊山镇水利站	金乡南胡排灌协会	新万福河	金乡县水利局

续表

单位	序号	运行维护计划名称	实施时间	管理单位	工程名称	工程地点	批准单位
山东省	24	梁山潘庄排灌协会运行维护计划	2013年	梁山县拳铺镇水利站	梁山潘庄排灌协会	郓城新河	梁山县水利局
	25	嘉祥韩桥排灌协会运行维护计划	2013年	嘉祥梁宝寺水利站	嘉祥韩桥排灌协会	红旗河	嘉祥县水利局
	26	峄城大枣庄排灌协会运行维护计划	2013年	峄城古邵镇水利站	峄城大枣庄排灌协会	三支沟	峄城水利局
	27	台儿庄前石佛寺排灌协会运行维护计划	2013年	台儿庄邳庄镇水利站	台儿庄前石佛寺排灌协会	新沟河	台儿庄市水利局

附表 3:项目详细投资进度完成情况表

单位:万元

项目内容	单位	项目评估		中期调整		累计完成		完成占评估的百分比/%		完成占中调的百分比/%	
		数量	投资	数量	投资	数量	投资	数量	投资	数量	投资
项目总投资			407 850		417 667		402 085		99		96
A. 防洪除涝治理工程			204 517		231 638		226 774		111		98
1. 堤防工程	公里	417.45	18 239	413.59	34 146	445	18 992	107	104	108	56
2. 河道整治工程		980.51	84 259	944.12	8 194	1 024	85 871	104	102	108	96
a. 河道疏浚工程	公里	814	78 956	777	79 252	822	78 019	101	99	106	98
b. 排水沟开挖工程	公里	166	5 304	167	9 942	201	7 852	121	148	121	79
3. 建筑物工程		806	101 212	794	122 315	989	118 502	123	117	125	97
a. 涵闸工程	个	427	30 960	415	33 609	487	32 460	114	105	117	97
b. 泵站工程	个	182	49 159	182	58 873	252	56 398	138	115	138	96
c. 除涝应急抽排中心	个		200		200		213		107		107
d. 桥梁工程	个	197	20 893	197	29 632	250	29 431	127	141	127	99
4. 农民排涝协会			807		2 562		2 198		272		86
a. 示范区开发		4	490	4	780	4	924	100	188	100	119
b. 排灌协会开办费			27		53		50		185		94
c. 排灌协会推广费			290		1 730		1 224		423		71
5. 环境			0		923		1 210		0		131

续表

项目内容	单位	项目评估		中期调整		累计完成		完成占评估的百分比/%		完成占中调的百分比/%	
		数量	投资	数量	投资	数量	投资	数量	投资	数量	投资
B. 灾情评估及决策支持系统			13 278		15 787		16 308		123		103
1. 信息采集系统			2 284		2 822		1 487		65		53
2. 洪涝灾情评估系统			2 095		2 619		3 333		159		127
3. 淮河防洪除涝减灾实体模型			6 574		8 405		9 588		144		114
4. 淮河流域洼地涝灾成因及对策研究			600		300		275		46		92
5. 四省子系统			1 626		1 640		1 625		100		99
C. 机构加强			3 664		3 613		2 381		65		66
1. 能力建设			511		626		566		111		90
a. 国内培训			25		100		112		447		112
b. 国内考察			28		28		57		203		203
c. 国外考察			298		498		397		133		80
2. 运行维护能力建设			3 153		2 987		1 815		58		61
a. 管理房屋建筑工程			1 434		649		549		38		85
b. 管理设备			1 466		914		568		39		62
c. 生产准备费			177		182		104		59		57
d. 大型工程运行维护研究			77		77		39		51		51
e. 工程科研费			0		1 165		207		0		18
D. 移民行动计划实施			109 836		116 299		108 323		99		93
E. 环境管理			5 443		2 222		2 177		40		98
1. 水土保持投资			3 705		1 125		1 375		37		122

续表

项目内容	单位	项目评估		中期调整		累计完成		完成占评估的百分比/%		完成占中调的百分比/%	
		数量	投资	数量	投资	数量	投资	数量	投资	数量	投资
2. 环境保护投资			1 739		927		803		46		87
F. 项目管理			30 144		36 076		41 247		137		114
1. 工程设计与建设监理费			17 254		19 124		19 453		113		102
a. 工程设计			0		14 227		8 496		0		60
b. 建设监理			0		3 266		1 741		0		53
2. 项目管理办公室			9 715		10 401		9 432		97		91
a. 开办费			1 446		1 211		955		66		79
b. 办公设施			116		104		29		25		28
c. 车辆			355		275		55		16		20
d. 经常费			6 850		8 249		8 149		119		99
e. 专家咨询小组			947		522		245		26		47
3. 管理信息系统			110		110		75		69		69
4. 监测与评价			402		560		340		85		61
5. 其他项目管理费用			2 663		3 586		10 079		378		281
6. 文物保护费			0		966		900				93
7. 工程检测评估与安全监测等费用			0		1 327		966				73
G. 其他			40 967		12 033	0	4 876		12		41
1. 基本预备费			29 202		3 446						
2. 建设期融资利息			11 463		8 292	0	4 531		40		55
3. 先征费			301		301	0	301		100		100

附表4:分子项目投资完成情况汇总表(人民币)

单位:万元

项目内容	评估值			中调值			实际完成				
	世界银行贷款	国内配套	合计	世界银行贷款	国内配套	合计	世界银行贷款	国内配套	合计	占评估的百分比/%	占中调的百分比/%
A. 防洪除涝治理工程	127 294	82 654	209 948	116 688	114 637	231 325	124 158	104 793	228 950	109	99
B. 灾情评估及决策支持系统	6 302	11 597	17 899	6 076	9 711	15 787	6 023	10 285	16 308	91	103
C. 机构能力加强	1 380	2 137	3 517	575	2 469	3 044	184	2 197	2 381	68	78
D. 征地移民行动计划实施	—	107 006	107 006	—	116 299	116 299	—	108 323	108 323	101	93
E. 项目管理	1 222	27 289	28 511	320	36 129	36 449	316	40 934	41 250	145	113
实物和价格不可预见费	—	29 334	29 334	—	6 304	6 304	—	—	—	—	—
建设期利息	—	11 293	11 293	—	8 118	8 118	—	4 531	4 531	40	56
先征费	341	—	341	341	—	341	341	—	341	100	100
合计	136 540	271 310	407 850	124 000	293 667	417 667	131 021	271 064	402 085	99	96

附表5:分子项目投资完成情况汇总表(美元)

单位:万美元

项目内容	评估值			中调值			实际完成				
	世界银行贷款	国内配套	合计	世界银行贷款	国内配套	合计	世界银行贷款	国内配套	合计	占评估的百分比/%	占中调的百分比/%
A. 防洪除涝治理工程	18 646	12 107	30 753	18 908	18 490	37 316	18 976	15 975	34 951	114	94
B. 灾情评估及决策支持系统	923	1 699	2 622	898	1 566	2 546	898	1 592	2 489	95	98
C. 机构能力加强	202	313	515	93	398	491	28	335	363	71	74
D. 征地移民行动计划实施	—	15 674	15 674	—	18 758	18 758	—	16 535	16 535	105	88
E. 项目管理	179	3 997	4 176	52	5 827	5 879	48	6 248	6 297	151	107
实物和价格不可预见费	—	4 297	4 297	—	1 017	1 017	—	—	—	—	—
建设期利息	—	1 654	1 654	—	1 309	1 309	—	692	692	42	53
先征费	50	—	50	50	—	50	50	—	50	100	100
合计	20 000	39 741	59 741	20 000	47 366	67 366	20 000	41 377	61 377	103	91

附表6:实施机构项目资金支付情况表(人民币)

单位:万元

单位	项目评估						实际完成					
	总投资	项目评估融资计划					总投资	实际资金支付情况				
		世界银行	配套资金					世界银行	配套资金			
			小计	中央政府	省级政府	市/县级政府			小计	中央政府	省级政府	市/县级政府
淮委	19 267	6 144	13 123	13 123	—	—	21 536	6 023	15 513	15 513	—	—
河南	32 316	10 241	22 076	12 900	6 431	2 745	29 578	9 761	19 817	12 900	6 431	486
安徽	162 167	51 203	110 965	64 900	15 520	30 545	156 365	47 436	108 929	64 900	17 755	26 274
江苏	166 579	61 443	105 136	33 300	32 094	39 742	168 023	60 936	107 087	33 300	41 056	32 731
山东	27 521	7 510	20 011	5 500	5 500	9 011	26 584	6 865	19 719	5 500	5 505	8 714
总计	407 850	136 540	271 310	129 723	59 545	82 043	402 085	131 021	271 065	132 113	70 747	68 204

附表 7:实施机构项目资金支付情况表(美元)

单位:万美元

单位	项目评估						实际完成					
	总投资	项目评估融资计划					总投资	实际资金支付情况				
		世界银行	配套资金					世界银行	配套资金			
			小计	中央政府	省级政府	市/县级政府			小计	中央政府	省级政府	市/县级政府
淮委	2 822	900	1 922	1 922	—	—	3 287	900	2 387	2 387	—	—
河南	4 734	1 500	3 234	1 890	942	402	4 515	1 500	3 015	1 963	978	74
安徽	23 754	7 500	16 254	9 506	2 273	4 474	23 869	7 500	16 369	9 752	2 668	3 948
江苏	24 400	9 000	15 400	4 878	4 701	5 821	25 648	9 000	16 648	5 177	6 383	5 088
山东	4 031	1 100	2 931	806	806	1 320	4 058	1 100	2 958	825	826	1 307
总计	59 741	20 000	39 741	19 001	8 722	12 017	61 377	20 000	41 377	20 104	10 855	10 418